辽河油田储气库运行知识

LIAOHE OILFIELD GAS STORAGE
OPERATION KNOWLEDGE
TRAINING COURSE

培训教程

辽河油田（盘锦）储气库有限公司 ⊙ 编

石油工业出版社

内 容 提 要

本书主要介绍储气库构筑的地质气藏及地面设备设施相关专业知识，包括地质、开发、储气库的基本知识，注采工艺、辅助生产工艺原理，所用到的设备以及安全管理等方面内容。本书是储气库采气工作的专业指导书，可作为储气库相关工作人员的工作指南及培训教材。

图书在版编目（CIP）数据

辽河油田储气库运行知识培训教程 / 辽河油田（盘锦）储气库有限公司编.

北京：石油工业出版社，2022.11

　ISBN 978-7-5183-5742-0

　Ⅰ.①辽… Ⅱ.①辽… Ⅲ.①地下储气库—运行—辽宁—技术培训—教材

Ⅳ.①TE972

中国版本图书馆CIP数据核字（2022）第194726号

辽河油田储气库运行知识培训教程
辽河油田（盘锦）储气库有限公司　编

出版发行：石油工业出版社
　　　　　（北京市朝阳区安华里二区 1 号楼 100011）
网　　　址：www.petropub.com
编 辑 部：(010) 64523714　图书营销中心：(010) 64523633
经　　　销：全国新华书店
印　　　刷：北京中石油彩色印刷有限责任公司

2022 年 11 月第 1 版　2022 年 11 第 1 次印刷
787×1092 毫米　开本：1/16　印张：24
字数：490 千字

定　价：128.00元
（如发现印装质量问题，我社图书营销中心负责调换）

《辽河油田储气库运行知识培训教程》

编 委 会

主　　任：张金利

副 主 任：赵万辉

委　　员：檀德库　沈　冰　赵　春　朱立明　汪生平

　　　　　王江宽　陈显学　赵建国　王　亮　朱健辉

　　　　　田国涛　何　帅

编审组

主　　编：汪生平

副 主 编：丰先艳　王军飞

编写人员：（按姓氏笔画排序）

　　　　　王　浩　王　鑫　王广军　王海龙　王梓吉

　　　　　王瑞平　任玉洁　刘长连　刘东洋　刘应青

　　　　　何　帅　张天恒　张学斌　陈治军　邵　智

　　　　　季政君　金元平　周梦宇　赵亮亮　贺梦琦

　　　　　黄剑华　董奇玮　温海波　蔡庆龙　潘卫东

审核人员：（按姓氏笔画排序）

　　　　　丰先艳　王　亮　王江宽　王军飞　田国涛

　　　　　朱健辉　汪生平　张宝疆　陈显学　檀德库

　　"百亿立方米储气库建设"作为辽河油田公司三篇文章之一，辽河油田储气库公司担负着储气库高质量建设、运营的重担，为不断提升储气库从业人员素质能力，加强员工对储气库地质气藏、井身结构、地面工艺设备设施等相关专业知识的熟知，特编制此教程。

　　党委组织部（人事科）牵头组织此汇编编制任务，生产运行科、工艺设备科、质量安全环保科、地质工艺研究所、工程技术研究所、运维应急中心、双6储气库作业区、雷61储气库作业区负责地质基础知识、油气藏、注采井、注采工艺、辅助生产工艺、压缩机、工艺阀门、机泵、检测及控制仪表、电气设备、站控系统、腐蚀与防腐、清管及管道工艺计算、常用工器具使用与维护、安全管理等相关知识查阅、收集编制工作。本书注重实用性，对员工在储气库生产运行工作中起到知识普及与技术指导的作用。

　　此培训教程可作为生产及安全管理的基础资料，由于编者自身水平有限，编写中难免存在遗漏和不足，在生产与安全管理决策的使用中应进一步核实其准确性。此次编写作为初版，后续根据实际生产情况可进行版本升级。

目录
Contents

第一章　地质基础知识

第一节　油气藏形成

地质学是以地球为研究对象的一门自然科学，主要研究对象是固体地球的表层——岩石圈，研究其物质组成、形成特征、分布及演化规律。

岩石圈可分为三大类岩石（岩浆岩、变质岩、沉积岩），其中沉积岩主要分布在岩石圈的上部和表层部分，在地壳表层分布很广，陆地面积的大约 3/4 被沉积物（岩）所覆盖，而海洋面积的全部被沉积物（岩）所覆盖，其具体厚度变化很大，有的地方达几十千米，有的地方则很薄。世界资源总储量的 75% ~ 85% 是沉积和沉积变质成因的，石油和天然气大部分在沉积岩中形成和储集。图 1–1 为岩石圈物质循环示意图。

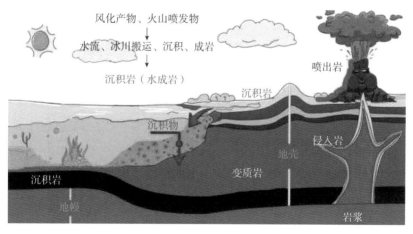

图 1–1　岩石圈物质循环示意图

沉积岩根据形成作用划分为以下大类和基本类型（图 1–2）：

（1）主要由母岩风化产物组成的沉积岩；

（2）主要由火山碎屑物质和深部卤水组成的沉积岩；

（3）主要由生物遗体组成的沉积岩；

（4）主要由宇宙物质来源组成的沉积岩。

油气藏是油气聚集的基础单位，是油气勘探的对象。石油和天然气在形成初期呈

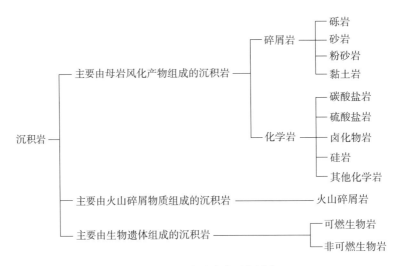

图 1-2 沉积岩基本类型的划分

现分散状态，存在于生油气地层中，必须经过运移、聚集才能形成可供开采的工业油气藏。因此油气藏的形成必须具备六大要素：生油气层、储集层、盖层、圈闭、运移和保存条件。整个油气藏形成过程可以简单描述为有机质在泥质岩层或碳酸盐岩层（生油气层）中在特定的温度和压力环境下转换成油气资源，并通过孔隙、裂缝、断层等通道进行运移，当油气运移到一个具有良好盖层和遮挡物条件的储集层后，将开始聚集并保存起来形成油气藏（图 1-3）。

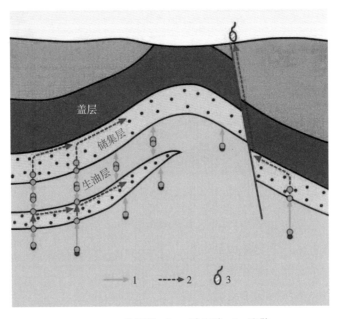

1——一次运移　2—二次运移　3—逸散

图 1-3 油气藏形成示意图

第二节 常规地质基本术语

一、圈闭

指能阻止油气在储层中继续运移，并使油气聚集起来的场所。

二、断层

岩层或岩体沿断裂面发生显著位移的构造叫断层。断层在油气藏中分布广泛，其规模大小不一，对油气聚集和油气田开发有着不同的影响。

三、断层密封性

指断层对阻止油气运移或注入水推进的封隔程度。能阻挡油气运移或注入水推进的叫密封性好，相反则差。

四、背斜与向斜

由于地壳运动等作用，使岩层发生弯曲，倾向相背，向上凸起部分叫背斜，亦称背斜构造；倾向相向，向下凹陷部分叫向斜，亦称向斜构造。背斜核部的岩层较两翼岩层老，向斜则相反。背斜构造是油气聚集最有利的场所，因此是油气田中最常见的油气圈闭类型（图1-4）。

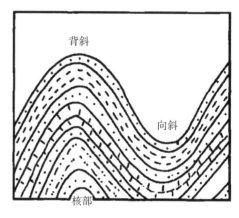

图1-4 背斜与向斜

五、储层

能够使石油、天然气在孔隙中（或孔洞、裂缝）流动、聚集和储存的岩层，叫储层，储集油的岩层叫油层，储集气的岩层叫气层。常见储层类型有碎屑岩层、碳酸盐岩层、裂缝的变质岩及岩浆岩等。双6储气库属于碎屑岩，碎屑岩又包含砂岩、砂砾岩和砾岩，双6储气库与雷61储气库均为砂岩储层。

六、盖层

位于储层上部的、能阻止油气逸散的不渗透层。

七、干层

在油气藏中，既不含石油、天然气及其他气体，又不含地层水的储集层叫干层。

八、单砂层

在一定沉积条件下形成的、上下被不渗透层分隔，层内岩性较均一，具有一定厚度和分布范围的砂岩层或粉砂岩层叫单砂层。

九、单油（气）层

含油（气）的单砂层叫单油（气）层，俗称小层。

十、亚组（段）

又称砂岩组或复油层。指上下被较稳定的低渗透或不渗透层分隔，由连续沉积的若干单砂层按一定规律组合的一个较小的沉积旋回。

十一、油（气）层组（段）

在同一沉积环境下沉积，其分布状态、岩石性质、物性特征、流体性质相似，并互相靠近的一套油（气）层组合叫油（气）层组（段）。一个油（气）层组（段）内可包含几个亚组（段），其顶、底界有分布稳定、厚度较大的隔层，可作为油（气）田开发初期组合开发层系的基本单元（兴隆台油层段：沙河街组中 $S_1^{下}$ 与 $S_2^{上}$ 亚段内油气层组合，如表1-1所示）。

十二、隔层（阻渗层）与夹层

隔层是指在一定压差范围内能阻止流体在层组之间互相渗流的非渗透岩层。单砂层之间或内部分布不稳定的不渗透或极低渗透的薄层叫夹层。

表1-1 辽河坳陷新生界地层层序与油层（西部凹陷西斜坡）简表

界	系	统	组	段	亚段	油层段
新生界	第四系	更新统	平原组			
	新近系	上新统	明化镇组			大平房
		中新统	馆陶组			绕阳河
	古近系	渐新统	东营组	一		海外河
				二		马圈子
				三		
			沙河街组	一	上	黄金带
					中	于楼
					下	兴隆台
				二	上	
		始新统		三	上	热河台
					中	大凌河
					下	莲花
				四	上	杜家台
						高升
						牛心坨
		古新统	房身泡组	上		
				下		

十三、油气藏

在单一圈闭中，属同一压力系统，并具有统一油气水界面的石油和天然气聚集称为油气藏，它们是地壳中油、气聚集的基本单位。

十四、常规气藏

指气藏组分以烃类为主的干气或凝析油含量小于 $50g/m^3$、不具油环的常压气藏。

十五、干气气藏

指甲烷含量大于 95%，且不含凝析油的天然气藏。

十六、湿气气藏

指甲烷含量小于 95%，且凝析油含量小于 $50g/m^3$ 的天然气藏。

十七、凝析气藏

在高温高压条件下烃类呈气态存在，当开采时因压力、温度的降低，反转凝析出液态烃（凝析油），凝析油含量大于 $50g/m^3$，这种气藏叫凝析气藏，也称凝析油气藏或凝析油藏。

十八、水压驱动气藏

指天然气的采出主要靠地层水和岩石体积弹性膨胀能量，或靠不断补充地层水能量的气藏。

十九、气压驱动气藏

指天然气的采出主要靠天然气本身弹性膨胀能量的气藏。

二十、边水

气层边缘部分，顶部或底部包含气的水，处于气藏外圈的水或含气外边界外围的水（图 1-5）。双 6 储气库与雷 61 储气库的地层水就属于边水。

二十一、底水

根据水在气藏中的位置和活动性，底水是底部托着气的水，水在气之下，与储层相连通（图 1-6）。双台子库群中双 51 与双 601 块的地层水就属于底水。

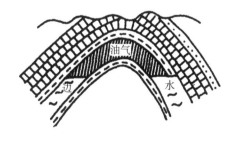

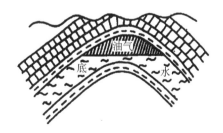

图 1-5　边水示意图　　　　　　　图 1-6　底水示意图

二十二、渗透率

渗透率是指在一定压差下，岩石允许流体通过的能力。

二十三、孔隙度

孔隙度是指岩样中所有孔隙空间体积之和与该岩样体积的比值，称为该岩石的总孔隙度，以百分数表示。储集层的总孔隙度越大，说明岩石中孔隙空间越大。双 6 储气库孔隙度约为 18%，属于中等孔隙度。

二十四、油（气）层非均质性

由于沉积环境、物质供应、水动力条件及成岩作用等影响，使油（气）储层的不同部位，在岩性、物性、产状、内部结构等方面都存在显著的差异。

二十五、总矿化度

单位体积水中所含各种离子、分子及化合物的总量，不包括游离状态的气体成分。

二十六、油气界面、油水界面及气水界面

在油气藏、油藏、气藏中，油与气的接触面叫油气界面，油与水的接触面叫油水界面，气与水的接触面叫气水界面。

二十七、地质储量

指在地层原始状态下，油（气）藏中油（气）的总储藏量。

第二章　开发基础知识

第一节　天然气基本术语

一、天然气

天然气是指在不同地质条件下生成、运移，并以一定压力储集在地下构造中的气体。天然气是以碳氢化合物为主的可燃性气体混合物。常见的烃类组分是甲烷、乙烷、丙烷、丁烷、戊烷和少量的己烷、庚烷、辛烷以及一些更重的气体。

二、气藏气

气藏气是指单独聚集成气藏不与石油共生的天然气，其主要成分是甲烷（95%以上），重烃含量很少，一般称为干气。

三、气顶气

气顶气又称湿气，是与石油共生的烃类气体，可溶于石油中或呈游离状态。其基本特征是甲烷的含量低于95%，乙烷以上的重烃含量较高，可达百分之几甚至50%以上。在地层中呈气态，采出后在一般地面设备的温度、压力下即有液态烃析出。按 C_5 界定法，是指在 $1m^3$ 井口流出物中 C_5 以上液态烃含量高于 $13.5cm^3$ 的天然气。

四、凝析气田气

矿藏流体在地层原始状态下呈气态；但开采到一定阶段，随着地层压力下降，流体状态跨过露点线进入相态反凝析区，部分烃类在地层中呈液态析出。

五、油田伴生气

在地层中与原油共存（溶解气和气顶气），采油过程中与原油同时被采出，经油气分离后所得到的天然气称为油田伴生气。

六、贫气

贫气为丙烷及以上烃类含量（按液态计）少于 $100cm^3/m^3$ 的天然气。

七、富气

富气为丙烷及以上烃类含量（按液态计）大于 $100cm^3/m^3$ 的天然气。

八、天然气相对密度

天然气相对密度是指在相同温度、压力下，天然气的密度与空气密度之比。

九、偏差系数

实际气体状态偏离理想气体状态的程度。

十、天然气等温压缩系数

在等温条件下，天然气随压力变化的体积变化率。

十一、天然气体积系数

天然气在地层条件下所占体积与其在地面标准条件下的体积之比。

十二、天然气膨胀系数

天然气体积系数的倒数。

十三、天然气密度

单位体积天然气的质量。天然气密度随重烃含量特别是高碳数的重烃含量增大而增大，也随二氧化碳和硫化氢含量增大而增大。

十四、天然气的含水量

天然气中水蒸气的含量。天然气是由地下开采出来的，在地层里长期与水接触，一部分天然气溶解于水中，一些水蒸气也进入天然气。天然气中水蒸气的含量与天然气的压力、温度有关，当压力不变时，天然气温度越高则天然气中水蒸气含量就越多，当温度不变时，天然气中水蒸气含量随压力的增高而减少，通常用绝对湿度、相对湿度和露点来表示天然气的含水量。

十五、天然气的绝对湿度

单位体积或单位质量天然气所含水蒸气的质量，通过测量得到。

十六、天然气的相对湿度

绝对湿度与相同条件下呈饱和状态的单位体积天然气中所含水蒸气质量之比。

十七、天然气的水露点

一定压力下与天然气的饱和水蒸气量对应的温度；或在一定压力下，天然气中的水蒸气开始冷凝结露的温度。

十八、天然气的烃露点

一定压力下，气相中析出第一滴"微小"的烃类液体的平衡温度。

十九、天然气脱水

天然气脱水方法有三类：低温分离、固体干燥剂吸附和液体吸收。

二十、天然气的可燃性和爆炸性

天然气与空气组成的气体混合物，其中天然气的体积占总体积的 15% 以上时着火为正常燃烧，若占 5% ~ 15% 时点火即爆炸。天然气的爆炸是在一瞬间产生高压、高温的燃烧过程，爆炸波可达 2000 ~ 3000m/s，造成很大的破坏力。天然气在大口径输气管线里和空气混合发生爆炸时，就会出现迅速着火爆燃现象。爆燃现象是由于在着火介质中有冲击波产生，并且迅速运动，使介质温度、压力和密度急剧增大，加速了它的化学反应，从而使破坏性增强。

二十一、天然气水合物

天然气水合物是在一定压力和温度（高于水的冰点温度）的条件下，天然气中水与烃类气体构成的结晶状的复合物。

天然气水合物在聚集状态下是白色的结晶体，或带铁锈色，依据它的生成条件，一般天然气水合物类似于冰或致密的雪。天然气水合物是不稳定的结合物，在低压或高温的条件下易分解为气体和水。天然气水合物形成于特定的温压条件下：较低的温度和较高的压力。因此，天然气水合物分布在冻土、极地和深海沉积物分布区。

（一）天然气水合物结构

天然气水合物是由氢键连接形成的笼形结构，气体分子在范德华力作用下被包围在晶格中，有Ⅰ型、Ⅱ型结构（图 2-1 和图 2-2）。

结构Ⅰ　　　　　　　结构Ⅱ

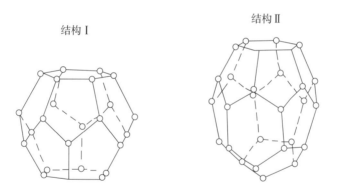

图 2-1　立方晶体结构天然气水合物　图 2-2　菱形晶体结构天然气水合物

（二）天然气水合物的生成条件

（1）有自由水存在。天然气的温度必须等于或低于天然气中水的露点。

（2）低温。体系温度必须达到天然气水合物的生成温度。天然气水合物形成的临界温度是天然气水合物可能存在的最高温度，高于此温度，不论压力多高，也不会形成天然气水合物，表 2-1 是不同气体生成天然气水合物的临界温度。

表 2-1　不同气体形成的天然气水合物的临界温度

气体	CH_4	C_2H_6	C_3H_8	$i-C_4H_{10}$	$n-C_4H_{10}$	CO_2	H_2S
临界温度（℃）	21.5	14.5	5.5	2.5	1.0	10	29

（3）高压。组成相同的气体，天然气水合物生成温度随压力升高而升高。

（4）其他条件：高流速、压力波动、气体扰动、H_2S 和 CO_2 等酸性气体存在和微小天然气水合物晶核的诱导等（如弯头、阀门、孔板和其他局部阻力大的地方，因压力的脉动、流向的突变，特别是节流阀、分离器入口、阀门关闭不严处及压缩机出口等处气体节流的地方，由于焦耳—汤姆逊效应而使气体温度急剧降低，会加速天然气水合物的形成）。

相对密度曲线法是一种有效的图解方法。利用甲烷和天然气（相对密度为 0.6、0.7、0.8、0.9 和 1.0）预测生成天然气水合物的压力和温度曲线。曲线左区是天然气水合物生成区，右区是非生成区（图 2–3）。

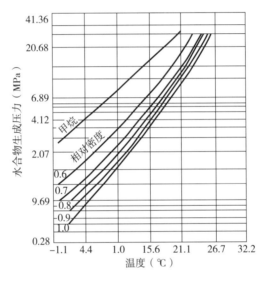

图 2–3 水合物生成压力—温度曲线

（三）天然气水合物的危害

天然气水合物若在井底、井口针型阀、场站设备或集输管线中生成，会降低气井产能，严重影响气井正常生产，甚至会造成停产事故。

（四）天然气水合物的防治

常用防治天然气水合物的方法有：

（1）干燥气体（脱水）。天然气中含有水分是生成天然气水合物的内在因素，因此，脱除天然气的水分是杜绝天然气水合物生成的根本途径。包括单井脱水、集气站集中脱水。

（2）提高气流温度（加热法）。提高温度防止生成天然气水合物的实质是把气流温度提高到生成天然气水合物的温度以上。加热方法有蒸汽加热法和水套炉加热法。

（3）加防冻剂。向天然气中加入各种能降低天然气水合物生成温度的天然气水合物抑制剂，降低天然气的露点，防止天然气水合物的生成。

热力学抑制剂：甲醇，乙二醇（EG），二甘醇（DEG）等。

近年来，国外开发了新型天然气水合物抑制剂（LDHI）：动力学抑制剂与防聚剂。

热力学抑制剂性能比较：乙二醇和二甘醇挥发性低，易于与所吸收的水分离，易回收；甲醇易挥发，也可回收，但不经济。

乙二醇 VS 二甘醇：普遍使用乙二醇，因为乙二醇价格便宜，性能优良，但乙二醇黏度高，在低温系统流动阻力大。

甲醇：易挥发、刺激性、有毒。但其沸点低，水溶液冰点低，在较低温度时不易冻结，适用于低温场合，防冻效果好，价格便宜。

（4）降压。降压法又称井下节流防治水合物法，井下节流工艺是利用井下节流嘴实现井筒降压，利用低温加热，使节流后气流温度基本能恢复到节流前温度（图2-4），由于大大降低了节流器下游系统的压力，从而减少了天然气水合物形成的机会。

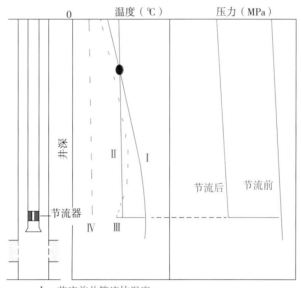

Ⅰ—节流前井筒流体温度；
Ⅱ—节流前天然气水合物生成温度；
Ⅲ—节流后井筒流体温度；
Ⅳ—节流后天然气水合物生成温度。

图2-4　井下节流前后井筒温度、压力剖面图

第二节　地层水基本术语

地层水是一种埋藏在地下的水，它与天然气关系密切。地层水在气田开发或者储气库采气过程中可导致气井水淹，造成气井产量降低或气井关井。因此需要研究地层水的活动规律，了解地层水的性质和特征。

地层水的水型通常分为：硫酸钠（Na_2SO_4）型、碳酸氢钠（$NaHCO_3$）型、氯化镁（$MgCl_2$）型、氯化钙（$CaCl_2$）型。

一、硫酸钠型

多属地表水的水型，也可分布于油气田垂直剖面的上部。此水是环境封闭性差的反映，不利于油气的聚集、保存。在成因上为大陆环境下形成，反映所处气藏的封闭情况为开敞式。

二、碳酸氢钠型

在油气田中此水型分布广泛，但在有大量石膏分布的地区此水型不可能出现。此水型水的 pH 值常大于 8，为碱性水，在油田分布广，可作为含油良好的标志。在成因上为大陆环境下所形成，反映所处气藏的封闭情况为半开敞式。

三、氯化镁型

代表海洋环境下形成的水，如果是油藏则多数情况下代表海相沉积储层。氯化镁水型多为过渡类型，在封闭环境中要向氯化钙水转变。因此，在很多情况下，氯化镁水型存在于油气田内部。

四、氯化钙型

在完全封闭的地质环境中，地层水与地表完全隔离而成的唯一最深部水型，有利于油气聚集、保存。此水型的 pH 值在 4～6 之间，为酸性水。在成因上为海洋环境下形成，反映所处气藏的封闭情况为封闭式，且封闭性好。

由此可知，气层封闭性差，易与地面有联系的水型多为硫酸钠型和碳酸氢钠型的水型。气层封闭条件好的地层水多为氯化镁型和氯化钙型的水型。实际情况中地层水多属于氯化钙型和碳酸氢钠型。

第三节　凝析油和原油

一、凝析油

凝析油是在地下呈气态，在开采时因为降温降压，凝结为液态而从天然气中分离出来的轻质石油。凝析油主要成分是 C_5～C_8，并含有少量 C_8 以上的烃类或二氧化硫等物质。凝析油的相对密度比原油小，一般在 0.75 左右。

双 6 储气库采气过程中由于温度压力的变化，也会有凝析油采出，密度大约为 0.75，呈黄绿色透明液体，挥发性强（图 2-5）。

二、原油

在地下构造中及常温常压下呈液态，且以烃类化合物为主的可燃液体，加工提炼前称为原油。原油颜色较深（图 2-6），一般比水轻，相对密度在 0.75～1.0。双 6 储气库地下含油，部分采气井或排液井可采出原油，呈黑色，密度一般在 0.8 左右。

图 2-5　凝析油照片

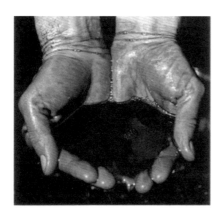

图 2-6　常规原油照片

第四节　生产开发基本术语

一、油压

井内流体的压力称为油压，可以通过油管头上压力表测得。

二、套压

井内套管环形空间内流体的压力简称套压。可通过井口油层套管头侧压力表测出，又称环空压力。

三、静压

油气井关井后，待压力恢复到稳定状态时，所测得的油气层中部压力，简称静压，也就是目前地层压力。油气层静压的大小，反映地层能量大小。地层压力的下降速度，反映了地层能量的变化情况。

四、流压

流压也叫井底流动压力，气井生产时所测得的产层中部的压力，它是流体从底层流入井底的压力。井底流压的高低，反映地层流体生产能力。

五、生产压差

生产压差等于目前地层压力减去流动压力。生产压差越大，采气量越高；同样采气量条件下，生产压差越大，说明地层供给能力越弱。

六、地层压力

地层压力也叫原始地层压力，也叫储层压力，如果地下储层流体为气体，也叫气层压力或气藏压力。以双 6 储气库为例，双 6 块在开发初期测得原始地层压力为 24.3MPa，压力系数约为 1.0，属于正常压力系统的油气藏。

七、压力系数

实测地层压力与同深度静水压力之比。压力系数 0.8 ~ 1.2 为正常压力，大于 1.2 为高压，小于 0.8 为低压。

八、静液面

当油气井或储气库注采井关井后，环空液面或油管内液体缓升到一定位置稳定下来的液面，可衡量地层压力。

九、绝对无阻流量

是在气井井底流动压力等于 0.1MPa（近似等于 1 大气压）时的气井产量，它是气井的最大理论产量。

十、采气流程

把气井采出的含有液固体杂质的高压天然气变成适合矿场输送的合格天然气的各种设备组合，称为采气流程。

十一、气井试气

在钻井中或完井后，对可能出气层位进行射孔，降低井内液柱压力（气层所受的钻井液压力），使地层内的流体流入井内，并测定流体的性质及流动规律，这一整个过程叫作试气。

十二、近井地层伤害

在钻穿油（气）层或修井、油（气）层处理中引起油（气）井周缘生产层段物理或化学堵塞，可不同程度地降低地层的产出和注入量，称为近井地层伤害。

十三、井底污染

在钻井、射孔或修井过程中，由于工作液渗漏入地层，使井底附近地区的地层渗透率降低，称为井底污染。

十四、水气比

指气井正常生产时，月产每 $10^4\mathrm{m}^3$ 气量的产水量。

$$水气比 = 月产水量 / 月产气量$$

十五、采出程度

气藏开采过程中，某一时刻的累计采气量占地质储量的百分数。

采出程度 = 累计产气量 / 地质储量 ×100%

十六、稳产年限

稳产年限指气田达到要求或规定的采气速度后，能维持此水平的年数，亦称稳产时间。

十七、采收率

油（气）田废弃时，累计采出油（气）量占原始地质储量的百分率。

十八、日产气量

日产气量指全气田实际每日采出的气量，单位为 m^3/d，它是表示气田日产气水平的一个指标。

十九、日产气能力

日产气能力指全气田所有生产井都投产时的日产气量。计算时一般用平均单井日产气量乘以生产井数求得。它的数值要大于气田日产气量，是表示气田生产能力的一个指标。

二十、采气速度

采气速度指年产气量占气藏地质储量的百分比。

二十一、采气强度

采气强度指单位厚度油气层的日产气量。

二十二、采气指数

采气指数指在不同生产压差下气井的日产气量（q_g）。它代表气井生产能力的大小，并可用来判断气井的工作状况，符号为（J_g）：

$$J_g = q_g / (p^2 - p^2_{wf})^n \ [m^3 / (MPa \cdot d)]$$

式中 p——地层压力；p_{wf}——井底流压。

二十三、米采气指数

米采气指数指单位气层有效厚度和不同生产压差下气井的日产气量，其单位 $[m^3/(m \cdot MPa \cdot d)]$ 或 $[10^4 m^3/(m \cdot MPa \cdot d)]$，它表示每米厚度气井生产能力的大小。

二十四、储采比

油（气）田年初剩余可采储量与当年产油（气）量之比。

二十五、单井采气曲线

单井采气曲线反映采气井生产状况随时间的变化，是采气井生产情况的记录。根据此曲线，可了解气井的生产情况和生产状况，分析气井工作制度是否合理，检查增产措施效果，判断气井生产变化趋势等。

二十六、分层试气

利用封隔器，自下而上分层进行求产、测压、取样等工作，以便认识和鉴别气层性质，了解气层的生产能力、流体性质等。

二十七、采气井口装置

气井完井后，用于控制气井开、关，调节压力和气产量的装置，也叫采气树。

第三章 储气库基本知识

第一节 储气库相关概念

一、天然气地下储气库

用于天然气地下注入、储存、采出的所有地下和地面设施，包括天然形成的储气地质体或人工建设的地下储气空间、注采气井筒、地面设施等，具备天然气季节调峰、应急供气、战略储备及平衡输气管道峰谷差等功能，简称储气库。

二、储气库类型

根据储存空间和储存机理的不同，储气库划分为孔隙型储气库和洞穴型储气库。孔隙型储气库包括气藏型、油藏型、含水层型等，洞穴型储气库包括盐穴型、岩洞型、废弃矿坑型等。

三、气藏型储气库

指利用地层原始流体为天然气的地下构造改建形成的储气库。气藏型储气库具有储气规模大、调峰能力强、成本低等优点，是储气库建设的主要对象。

四、油藏型储气库

指利用地层原始流体为原油的地下构造，通过高压将天然气注入，以气驱油的方式形成次生气顶，从而改建形成的储气库。

五、含水层型储气库

利用地下含水构造，通过高压将天然气注入，以气驱水的方式形成次生气顶而建成的储气库。

六、储气地质体

由建库储集层、盖层、断层、上下监测层及相关油气水流体组成的一个或多个圈闭构成，对天然气多周期注采具备"纵向封存、横向遮挡、渗漏监测"的地质单元，是储气库研究评价的核心对象。

七、监测层

指与建库层相邻的非渗透性地层，如直接盖层、区域盖层、上覆含水层、下伏地层，目的是评价建库层注入天然气的渗漏风险。

八、库容参数

指在储气库建设、运行的各个阶段，利用取得的储气库静态和动态资料，计算得到的储气库技术参数。主要库容参数包括上限压力、下限压力、库容量、垫气量、工作气量、基础垫气量、附加垫气量、补充垫气量等，其相互关系见图3-1。

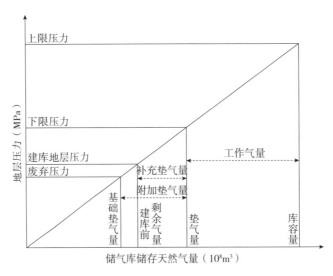

图3-1 库存量构成

九、储气体积

储气层中充填天然气的原始孔隙体积或孔洞的总体积。

十、有效储气体积

储气库建库可利用的储气体积。

十一、上限压力

根据地质/工艺条件和完整性要求，储气库方案设计允许达到的最大地层压力，需要综合考虑圈闭动态密封性、经济性，以及盐腔长期蠕变、稳定性等因素。

十二、下限压力

根据地质/工艺条件和完整性要求，储气库方案设计允许达到的最小地层压力，需要综合考虑调峰能力、边底水和油环、地面工程、外输条件、经济等因素。

十三、增压系数

储气库设计上限压力与静水压力之比值。

十四、库容量

储气库上限压力时储存的天然气量在标准参比条件下的体积。

十五、有效库容量

储气库上限压力时有效储气体积内储存的天然气量在标准参比条件下的体积。

十六、工作气量

储气库从设计的上限压力运行到下限压力时采出的天然气量在标准参比条件下的体积。

十七、垫气量

储气库下限压力时储存的天然气量在标准参比条件下的体积。

十八、基础垫气量

储气库废弃压力时储存的天然气量在标准参比条件下的体积。

十九、附加垫气量

地层压力从废弃压力提高到设计的下限压力时，需向储气库中注入的天然气量在标准参比条件下的体积。

二十、日注气能力

在地下/地面设施和技术经济条件约束下，储气库每天能够注入的天然气量。

二十一、最大日调峰能力

在地下/地面设施和技术经济条件约束下，储气库每天能够采出的最大天然气量。

二十二、注采井

同时具有注气和采气功能的井。

二十三、监测井

专门用于监测储气库密封性、生产动态、流体运移特征、地层稳定性等不同功能的井。

二十四、平衡转换期

指储气库注气和采气过程转换的时间段，一般开展工程测试、设备检维修、资料录取、评估和排出潜在风险等工作。

二十五、注采周期

经历一个注气和采气的循环操作过程。

二十六、应急调峰能力（运行模式）

在紧急情况下，综合考虑地质和工程因素，储气库在某一压力下，能够达到的最大日采气量。

二十七、注气速度

在地面/地下设施和技术经济条件约束下，考虑地层稳定注气方程、垂直管流、冲蚀流量、压缩机注入压力等因素，采用压力节点系统分析方法，综合确定的储气库合理日注气量。

二十八、库存量

在某地层压力下储存的天然气在标准状态下的体积（图3-2）。

二十九、可动用库存量

在现有注采井网条件下能够动用的库存量（储气库多周期注采运行阶段压力波及范

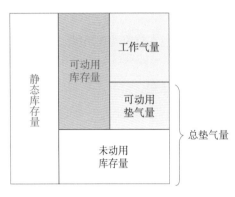

图3-2 水淹枯竭气藏型储气库模型

围内能有效动用的静态库存量，与地层压力及地层混合流体密度密切相关）。

三十、未动用库存量

在现有注采井网条件下无法动用的库存量。

三十一、可动用垫气量

在下限压力时对应的有效库存量。

三十二、调峰气量

从某地层压力运行到下限压力时能够采出的库存量。

三十三、损耗气量

储气库在注气和采气过程中损耗的全部天然气量。包括地质损耗、井筒损耗和地面损耗三部分。

三十四、损耗率

损耗气量与注气量比值的百分率。

三十五、垫气量损耗量

本周期垫气量与上一周期垫气量之差。

三十六、垫气量损耗率

周期垫气量损耗量与本周期注入气量的比值。

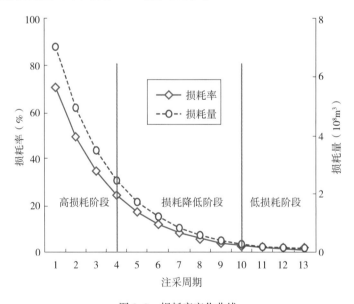

图3-3 损耗率变化曲线

典型垫气损耗分为三个阶段：高损耗阶段、损耗降低阶段、低损耗阶段（图3-3）。

（1）高损耗阶段：气体沿优势孔道突进，气水前缘推进迅速，注气驱替顶驱扩容及形成部分未控制库存，总垫气量大幅增加，天然气损耗水平较高。

（2）损耗降低阶段：井控范围内气驱效果进一步改善，注气驱替速度降低，天然气损耗水平逐步降低。

（3）低损耗阶段：气水前缘推进基本终止，井控范围内含气饱和度变化不大，储气库处于低损耗基础上的良性注采循环阶段，储气库的运行效率较高。

三十七、工作气量变化率

周期工作气量变化量与本周期注入气量的比值。

三十八、漏损

在输送过程中因泄漏等造成的天然气损失。

三十九、气体泄漏率

密封检测过程中单位时间内的气体漏失量。

四十、储气库完整性

储气库处于安全可靠的服役状态，主要包括地质体、井筒、集注（配）站和注采管道安全可靠的服役状态；储气库在结构和功能上是完整的；储气库处于风险受控状态；储气库的安全状态可满足当前运行要求。

第二节 井身结构

一、钻井井身结构分类

（一）导管

一段大直径的短套管，其主要作用是保持井口敞开，防止钻井液冲出表面地层，可将上溢的钻井液传输到地面。

（二）表层套管

表层套管是油气井套管程序里最外层的套管。

（三）技术套管

技术套管又称中间套管，是套管程序罩中间一层或两层的套管。

（四）油层套管

油层套管又称生产套管，是油气井套管程序里的最后一层套管，从井口一直下到穿过的油气层以下。油层套管下入的深度，基本就是钻井的深度。

二、注采井管柱及井口结构

为满足储气库注采气及测试需要，保障储气库安全平稳生产，储气库注采井完井管柱采用气密封油管连接，自上而下设计有安全阀、循环滑套、永久式封隔器、坐落短节、打孔油管、测试坐落短节、喇叭口。油套环空封隔器以上空间，灌注环空保护液及氮气。

（一）注采井完井管柱具有的功能

储气库注采井工艺管柱必须具有以下功能：满足"强注强采"的需要；实现井下安全控制；满足储气库注采期间温度、压力监测需要；环空注氮气，保护套管内壁和油管外壁；消除注采期间温度、压力交变应力对套管产生的影响；满足不压井起下管柱的要求。

（二）完井管柱结构

定向井注采管柱结构自上而下依次为（图3-4）：油管挂 +ϕ114.3mm L80-13Cr 气密封油管 + 安全阀（两端带流动短节）×120m+ 循环滑套 ×2408m+ 永久式封隔器 ×2418m+ 坐封工作筒 ×2428m+ 筛管 ×2438m+ 测试仪表座 ×2448m+ 喇叭口 ×2458m。

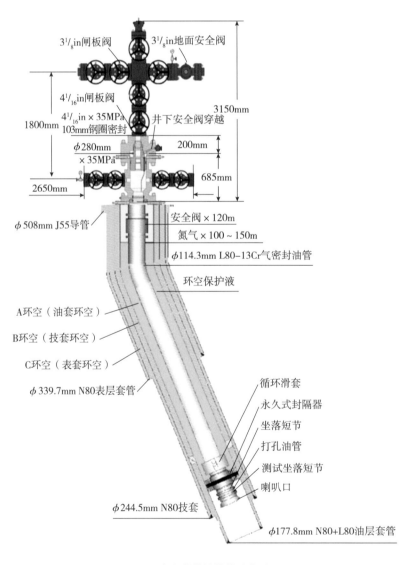

图 3-4　定向井管柱结构示意图

水平井注采管柱结构自上而下依次为（图3-5）：油管挂 + ϕ114.3mm L80-13Cr 气密封油管 + 安全阀（两端带流动短节）×120m+ 循环滑套 ×2695m+ 永久式封隔器 ×2705m+ 坐封工作筒 ×2715m+ 筛管 ×2725m+ 测试仪表座 ×2735m+ 喇叭口 ×2745m。

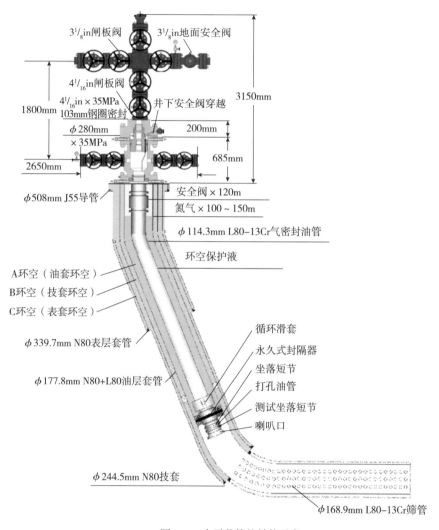

图 3-5　水平井管柱结构示意

注：以上深度按照各注采井平均深度给出。

环空加注聚季铵盐类保护液，要求腐蚀速率小于 0.076mm/a。环空上段充填 100～150m 氮气。优化设计后的注采管柱具备以下功能：

（1）多工序联作，减少了作业环节，避免了储层的二次污染，有效保护了储层；

（2）能够实现注采井的自动控制；

（3）可以实现后期的不压井作业；

（4）能够建立油套环空的沟通通道，以利于后期作业；

（5）能够实现监测地层参数的要求。

三、注采井关键井下工具

根据双 6 储气库注采井的特点，在井下注采管柱配套了流动短节、安全阀、循环滑套、封隔器、堵塞器坐落短节和测试坐落短节等工具，来实现相应的功能（表 3-1）。

表 3-1　管柱应有的功能和对应的配套工具

项目	应有的功能	配套工具
完井作业	循环洗井、掏空诱喷	循环滑套
	管柱憋压	堵塞器、坐落短节
注采气生产	安全控制	井下安全阀、封隔器
	油套管保护	封隔器
	地层参数监测	测试坐落短节
修井作业	循环压井	循环滑套
	不压井作业	堵塞器、坐落短节

（一）井下工具技术、性能要求

（1）采用气密封螺纹，满足气密封要求；

（2）金属材质具有不低于油管材质的抗腐蚀性能；

（3）耐压等级不低于 35MPa，耐温不低于地层温度的 1.2 倍，即 108℃；

（4）抗拉强度不低于油管的抗拉强度；

（5）封隔器和井下安全阀及其他相关配件要相互配套；

（6）封隔器要满足耐酸要求。

（二）循环滑套

由于钢丝开关滑套价格便宜、现场使用量多、技术成熟，因此，选用钢丝作业开关式滑套。循环滑套参数见表 3-2。

表 3-2　循环滑套参数表

项目	规格（ϕ114.3mm 油管）
外径（mm）	≤ 152
内径（mm）	≥ 96
工作压力（MPa）	35
扣型	气密封
工作方式	机械开关
材质	13Cr

（三）井下封隔器

永久式封隔器的使用寿命和密封性能都高于可取式封隔器，因此储气库注采井常用永久式封隔器。井下封隔器参数见表 3-3。

表 3-3　井下封隔器参数表

项目	规格（ϕ114.3mm）
外径（mm）	≤ 152
内径（mm）	≥ 96
压力级别（MPa）	35
耐温等级（℃）	≥ 108
扣型	气密封
坐封方式	液压
材质	13Cr

（四）坐落短节

在管柱设计中，考虑使用两个坐落短节，上部堵塞器坐落短节设置在封隔器以下，主要是用来坐落密封隔绝工具，用于坐封封隔器和对管柱试压；下部测试工作筒位于管柱底端，用于悬挂测试仪表。堵塞器坐落短节参数见表 3-4，测试坐落短节参数见表 3-5。

表 3-4　堵塞器坐落短节参数表

项目	规格（ϕ114.3mm）
外径（mm）	≤ 128
内径（mm）	≥ 96
压力级别（MPa）	35
扣型	气密封
材质	13Cr

表 3-5　测试坐落短节参数表

项目	规格（ϕ114.3mm）
外径（mm）	≤ 128
内径（mm）	≥ 94
压力级别（MPa）	35
扣型	气密封
材质	13Cr

四、监测井井身结构

本着安全、经济、适用的原则，储气库监测井实现的主要功能有：（1）圈闭安全性检测；（2）气水界面监测；（3）储气库内部温压监测；（4）生产动态监测；（5）分层监测管柱可实现分层监测功能；（6）必要时可作为注采井生产。双6储气库分层监测井管柱结构示意图见图3-6。

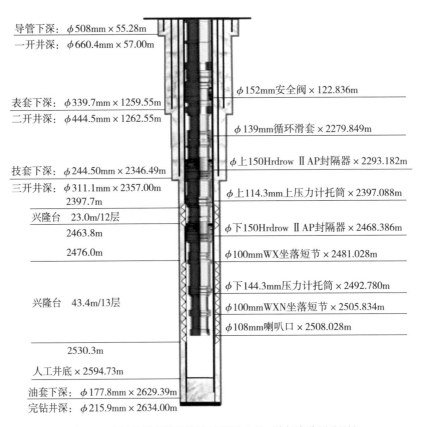

导管下深：ϕ508mm×55.28m
一开井深：ϕ660.4mm×57.00m

表套下深：ϕ339.7mm×1259.55m
二开井深：ϕ444.5mm×1262.55m

技套下深：ϕ244.50mm×2346.49m
三开井深：ϕ311.1mm×2357.00m
2397.7m
兴隆台　23.0m/12层
2463.8m
2476.0m

兴隆台　43.4m/13层

2530.3m
人工井底×2594.73m
油套下深：ϕ177.8mm×2629.39m
完钻井深：ϕ215.9mm×2634.00m

ϕ152mm安全阀×122.836m
ϕ139mm循环滑套×2279.849m
ϕ上150Hrdrow Ⅱ AP封隔器×2293.182m
ϕ上114.3mm上压力计托筒×2397.088m
ϕ下150Hrdrow Ⅱ AP封隔器×2468.386m
ϕ100mmWX坐落短节×2481.028m
ϕ下144.3mm压力计托筒×2492.780m
ϕ100mmWXN坐落短节×2505.834m
ϕ108mm喇叭口×2508.028m

图3-6　分层监测井管柱结构示意图（双6储气库分层监测）

第三节　井口装置

一、采气树基础知识

采气树是油气井用来采气的井口装置，它是气井最上部控制和调节油气生产的主要设备。

井口装置的选择要满足注采过程中井口极限温度、压力的要求，同时材质要满足防腐、耐冲蚀，保证酸洗施工，符合工况要求及长期安全工作。

二、储气库采气树组成及作用

储气库采油树主要由油管挂、油管头四通、闸阀、采气树总成、侧翼安全阀组成；可控制生产，为钢丝作业、生产测试等作业提供条件。采气井口装置示意图见图 3-7，现场采气树井口示意图见图 3-8。

（一）油管挂

采用 ϕ114.3mm 注采油管的注采井：上部 $4^1/_2$in[①] 加厚内螺纹，下部 $4^1/_2$in 气密封内螺纹，按要求连接好双公短节（两端为气密封外螺纹）。

与油管头四通的密封为金属对金属的密封，能同时整体穿过 1/4in 井下安全阀控制管线和毛细管测温度压力管线（所预留的接口上要配套相应的连接头，且耐压要符合整体气密封试压的要求）。

（二）油管头四通

下法兰：11in，35MPa，螺栓、螺母、钢圈型号要与套管头配套；

两端：$3^1/_8$in，35MPa，法兰连接，密封 7in 油层套管。

（三）闸阀

尺寸：$3^1/_8$in，工作压力：35MPa；

螺纹法兰：尺寸：$3^1/_8$in，工作压力：35MPa。

主闸阀尺寸：$4^1/_{16}$in，翼闸阀尺寸：$3^1/_8$in。

（四）仪表法兰、螺纹法兰

尺寸：$3^1/_8$in；

配套带测验功能的阀组和压力表。

（五）连接四通

采用 ϕ114.3mm 注采油管的注采井：主阀方向为 $4^1/_{16}$in，翼阀方向为 $3^1/_8$in。

（六）采气树帽

采用 ϕ114.3mm 注采油管的注采井：$4^1/_{16}$in × $3^1/_2$in（$4^1/_2$in 油管）采气树帽外部 ACME 外螺纹，内部 $4^1/_2$in EUE 内螺纹，配套两阀组和压力表。

配套带测验功能的两阀组和压力表。

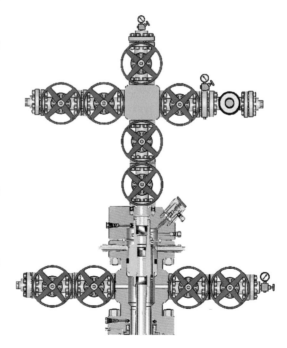

图 3-7　采气井口装置示意图

---

① 　1 in=2.54cm。

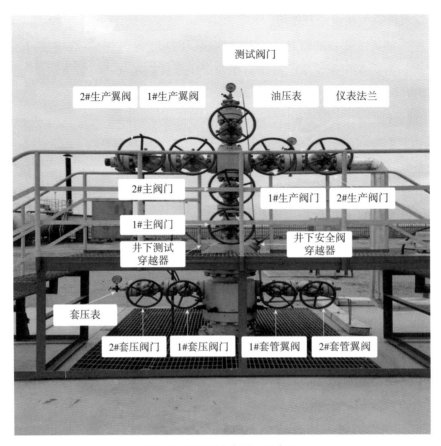

图 3-8 现场采气树井口示意图

三、采气树防腐等级

根据双台子地下储气库群来气组分计算，井口的腐蚀工况条件为：CO_2 分压最大为 0.41MPa，H_2S 分压最大为 0.08kPa，注采井井口环境为酸性腐蚀环境，因此井口装置防腐等级采用 FF 级（表 3-6）。

表 3-6　井口防腐蚀等级表

API 6A 分级	CO_2 分压（MPa）	H_2S 分压（kPa）	
BB—普通工况	≤ 0.21	—	
CC—普通工况	> 0.21	—	
DD—酸性工况	< 0.05	DD-3.4	≤ 3.4
		DD-10	≤ 10
		DD-NL	未规定
EE—酸性工况	≥ 0.05 ~ 0.21	EE-3.4	≤ 3.4
		EE-10	≤ 10
		EE-NL	未规定

续表

API 6A 分级	CO_2 分压（MPa）	H_2S 分压（kPa）	
FF—酸性工况	> 0.21	FF–3.4	≤ 3.4
		FF–10	≤ 10
		FF–NL	未规定

第四节 单井安全控制系统

一、安全控制系统的作用

单井安全控制系统是通过输出液压实现阀门的开启，通过相关的触发机制，如易熔塞熔化，手动按压按钮换位，切断电磁阀的电源供给，实现切断输出液压，从而关闭相应阀门，以保护油气井的安全。

单井安全控制系统主要由井下安全阀、地面侧翼安全阀及地面控制系统三部分组成。

二、井下安全阀

井下安全阀装在井口以下 120m 左右，通过地面液压控制其开关。安全阀阀板在液压作用下打开时正常生产，失去液压作用时自动关闭，起到安全控制的作用。双 6 储气库选用油管起下地面控制的自平衡式井下安全阀。

井下安全阀地面控制：通过一根 1/4in 液压管线，整体穿越井口油管挂，连接到地面的安全控制系统，由地面安全控制系统控制其开关。

三、地面侧翼安全阀

使用液压油作为开启动力，方便控制系统进行操作控制；要求设计为安全防护型，弹簧复位。要求执行器活塞、活塞杆等部位具有减磨、防磨设计，以保障其灵敏的反应和更长的使用寿命。标准的执行机构作为独立的部件，与安全阀连接方便可靠，更换执行机构无须重新调试安全阀。在特殊情况下，即使没有液压源，执行器亦可使用机械方式强行开启安全阀，以维持正常生产。

四、地面控制系统

（一）地面控制系统的组成

控制系统所使用的液压元件有：液压油箱，液位计，高低压先导阀，电磁阀，传感器，中继阀，压力表，储能器，易熔塞，针阀，换位阀，调节阀，单向阀，过滤器，手动液压泵，球阀，溢流阀等。所有这些元件通过管线接头、高压管线组装连接成一个完整的具有一定逻辑功能的液压系统。井口控制柜实物照片见图 3-9。

图 3-9　井口控制柜实物照片（双 6 储气库）

（二）地面控制系统实现的主要功能

（1）当温度达到 95℃（火灾），易熔塞熔化的时候，将自动关断该井台的井下安全阀（SCSSV）和地面安全阀（SSV），关闭顺序为：地面安全阀→井下安全阀。

（2）当集输管线压力超过高压设定值或低于低压设定值的时候，控制系统将自动关闭地面安全阀（SSV）。

（3）注采井：RTU 可以远程操作控制系统关断任一口井的地面安全阀（SSV），或先后关闭地面安全阀（SSV）和井下安全阀（SCSSV）。

（4）现场可以就地手动关断地面安全阀（SSV），或关断地面安全阀（SSV）和井下安全阀（SCSSV），就地关断时间不大于 15s。

（5）接线箱、电磁阀、防爆电机和其他的电子元件的防爆等级不低于 Exd IIBT4，控制盘防护等级不低于 IP65。

（6）井下安全阀（SCSSV）及地面安全阀（SSV）的液压驱动管路上安装压力变送器，信号通过井口控制盘传送至站场 RTU，之后到中控室，用以指示地面安全阀及井下安全阀的阀位状态信号。压力变送器输出信号为带 HART 协议的 4 ~ 20mA 两线制标准信号，变送器 24VDC 供电由站场 RTU 供给。

（7）设置单井远程关断电磁阀，接收站场 RTU 的关断指令，对单井的地面安全阀或单井的井下安全阀和地面安全阀进行远程关断，控制信号为 24VDC，当无电压（0VDC）时，相应单井的井下安全阀和地面安全阀关断。

（8）控制盘高压回路中设有蓄能器，蓄能器需在 –40 ~ 45℃的温度范围，日环境温度变化 25℃的温度范围内保证液压系统压力稳定；其中用于井下安全阀驱动回路的蓄能器容积不少于 1L，压力等级 5000psi①，用于地面安全阀驱动回路的蓄能器容积不少于 1.5L，压力等级 5000psi。

（9）每条液压回路有过压保护功能。

（10）控制柜为独立安装，柜体选用 316 不锈钢材质，设计上考虑防雨、防尘、防误操作；控制面板带有防护罩。

（11）控制系统可在不影响正常生产的情况下进行测试和维护。

（12）控制系统外部地面安全阀液压管路采用直径 3/8in 不锈钢管，井下安全阀液压管路采用直径 1/4in 不锈钢管。

（13）注采井井口控制盘面板至少具有易熔塞回路压力、逻辑回路压力、井下安全阀驱动压力、地面安全阀驱动压力显示。

（14）储油箱具有液位显示功能、防火功能。

（15）卖方向买方提供液压油性能和参数。

（16）在立管水平段 1m 处设置取样点，由卖方提供管线连接件（焊接凸台 / 法兰支管台材质为 16Mn Ⅲ），连接件出口为 1/2in NPT 母扣、由卖方提供截止阀、高低压传感器及相应的连接附件。

（17）控制系统关断功能（表 3–7）。

表 3–7 注采井控制系统

控制方式	自动控制动作			手动控制
	远程 ESD	易熔塞	高低压传感器	
地面安全阀 SSV	√	√	√	√
井下安全阀 SCSSV	—		—	√

（18）电动泵在压力低于设定压力时自动启动补压，当达到预设压力值时停止工作，工作电压 380V，启停控制信号为 24VDC；

（19）控制系统用于地面安全阀和井下安全阀的动力源为电动泵自动供压，压力等

① 1 psi=6.895kPa。

级分别为5000psi，并提供手动泵辅助打压；

（20）井下安全阀控制回路需设置延时阀和容量瓶，延时关断动作时间30～60s可调。

五、控制系统工作原理

（一）注采井控制系统工作原理

注采井正常生产时，是系统向地面安全阀和井下安全阀提供液压供给，保持阀门开启，一旦有如下触发机制，系统就会自动切断地面安全阀和井下安全阀的压力供给，实现紧急关井，保护油气井的安全（图3-10）。

（1）手动操作柜体上的换位按钮。

（2）中控室切断电磁阀的24V电源供给。

（3）易熔塞熔化。

（4）生产管线上高低压先导阀感测到的生产管线压力值，超高压或超低压。

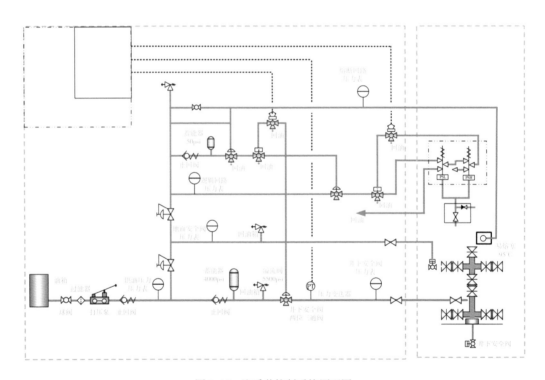

图3-10　注采井控制系统原理图

（二）监测井控制系统工作原理

为保障监测井正常监测功能，通过地面安全控制系统向监测井井下安全阀提供液压供给，保持阀门开启，与注采井相比，监测井一般不设置地面安全阀及生产管线上的高低压先导阀，有异常情况时，将会触发如下机制，系统就会自动切断给地面安全阀的压力供给，实现紧急关井（图3-11）。

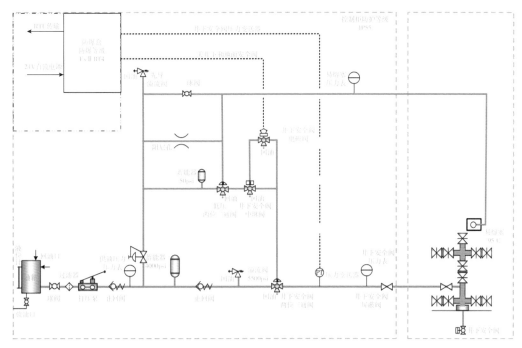

图 3-11　监测井控制系统原理图

（1）手动操作柜体上的换位按钮。

（2）易熔塞熔化。

（3）中控室切断电磁阀的 24V 电源供给。

第五节　井控基础知识

一、井控风险评估

井下作业井控风险由施工井的地层压力、周边地面环境、有毒有害气体含量、生产状况四种因素构成，具体划分如下：

（1）按施工井地层压力系数划分为高压井、常压井、低压井。

①高压井：压力系数 ≥ 1.0。

②常压井：0.7 ＜压力系数＜ 1.0。

③低压井：压力系数 ≤ 0.7。

（2）按施工井周边地面环境条件的危险程度划分为高危地区、危险地区、一般地区。

①高危地区：井位在城区，井口周围 300m 范围内有居民区、学校、医院、工厂等人员集聚场所或油库、炸药库等易燃易爆物品存放点；井口 100m 边缘临近海洋、河流、水库等易受污染的水资源区。

②危险地区：井口周围 150m 范围内有铁路、高速公路、国防设施等；井口周围

75m 范围内有民宅；井口周围 40 ~ 50m 范围内有高压线（6kV 以上）及变电站、联合站等。

③ 一般地区：高危地区和危险地区之外的地区。

（3）按施工井井口有毒有害气体（硫化氢、二氧化硫、一氧化碳、二氧化碳）浓度划分为高危害井、危害井和低危害井。四种有毒有害气体其中一种满足条件即可判定危害类型。

① 高危害井：井口硫化氢浓度 ≥ 150mg/m³；二氧化硫浓度 > 270mg/m³；一氧化碳浓度 > 30mg/m³；二氧化碳浓度 > 18000mg/m³。

② 危害井：井口硫化氢浓度为 30 ~ 150mg/m³；二氧化硫浓度为 13.5 ~ 270mg/m³；一氧化碳浓度为 20 ~ 30mg/m³；二氧化碳浓度为 9000 ~ 18000mg/m³。

③ 低危害井：井口硫化氢浓度 <（含）30mg/m³；二氧化硫浓度 < 13.5mg/m³；一氧化碳浓度 < 20mg/m³；二氧化碳浓度 < 9000mg/m³。

（4）按施工井生产状况划分为高危井、危险井、普通井。

① 高危井：预探井；气井；自喷或间喷的稀油井；气液比大于（含）500 的机采井；射孔投产的新井；待射层为气层或气水同层的调（补）层井；有井喷史对应层位或浅层气对应层位的调（补）层井；重新动用停产超过三个月的长停井。

② 危险井：蒸汽驱井、SAGD 井、非烃类气驱井、火驱井等；气液体积比大于（不含）100 且小于 500（不含）的机采井；不能用常规井控设备关井的特殊工艺井；非射孔投产的新井；高危井以外的其他射孔井；有汽窜、气窜、水窜的井。

③ 普通井：高危井、危险井之外的井。

二、井控风险分级

综合评估四种井控风险因素，将油气水井的井控风险级别划分为以下四个级别：

一级井控风险井：在高危地区实施的高压井、高危害井、危害井和高危井。

二级井控风险井：在高危地区实施的常压井、危险井；危险地区和一般地区实施的高压井、高危害井、高危井。

三级井控风险井：在高危地区实施的低压井、低危害井、普通井；危险地区实施的常压井、危害井、危险井；一般地区实施的危害井、危险井。

四级井控风险井：在危险地区实施的低压井、低危害井、普通井；一般地区实施的常压井、低压井、低危害井、普通井。

三、井喷事件分级

（一）Ⅰ级井喷突发事件（集团公司级）

凡符合下列情形之一的，为Ⅰ级井喷突发事件：

（1）陆上油（气）井发生井喷失控，并造成超标有毒有害气体逸散，或窜入地下矿产采掘坑道；

（2）陆上油（气）井发生井喷，并伴有油气爆炸、着火，严重危及现场作业人员和周边居民的生命财产安全；

（3）引起国家领导人关注，或国务院、相关部委领导做出批示的井控事件；

（4）引起人民日报、新华社、中央电视台、中央人民广播电台等国内主流媒体，或法新社、路透社、美联社、合众社等境外重要媒体负面影响报道或评论的井控事件。

（二）Ⅱ级井喷突发事件（油田公司级）

凡符合下列情形之一的，为Ⅱ级井喷突发事件：

（1）陆上含超标有毒有害气体的油（气）井发生井喷；

（2）陆上油（气）井发生井喷失控，在12h内仍未建立井筒压力平衡，企业自身难以在短时间内完成事故处理；

（3）引起省部级或集团公司领导关注，或省级政府部门领导做出批示的井控事件；

（4）引起省级主流媒体负面影响报道或评论的井控事件。

（三）Ⅲ级井喷突发事件（厂处级）

凡符合下列情形之一的，为Ⅲ级井喷突发事件：

（1）陆上油（气）井发生井喷，能够在12h内建立井筒压力平衡，企业自身可以在短时间内完成事故处理；

（2）引起地（市）级领导关注，或地（市）级政府部门领导做出批示的井控事件；

（3）引起地（市）级主流媒体负面影响报道或评论的井控事件。

四、井控装备的管理与维保

（1）运至作业现场的采油树在车间试压到额定工作压力，试压合格后方可在现场使用。

（2）双闸门采气树，内侧闸门保持全开状态，使用外侧闸门；有两个总闸门时，下部闸门保持全开状态，使用上部闸门。

（3）作业施工时从井口拆下的采油树、油管悬挂器、井口螺栓、钢圈等应摆放合理，密封处应检查保养、处于完好。

五、井控安全措施和井控应急

（一）井控安全措施

施工现场要注意防火、防爆、防硫化氢等有毒有害气体。井场设备的布局要考虑防火的安全要求，井场内严禁烟火，在进行井下作业施工时，必须设置警戒线，发电房、锅炉房等宜在井场季节风的上风处，距井口原则上不小于30m且相互间距不小于20m，井场内应设置明显的风向标和防火防爆安全标志。若需动火，应执行《辽河油田公司动火作业安全管理暂行规定》中的相关规定。当井口有可燃气体时，动力设备的排气管应安装防火帽。防火期在苇塘等区域的一级井控风险井中的高压气井作业，应采取有效的防火隔离措施。

井场电器设备、照明器具及输电线路的安装应符合 SY 5727—2014《井下作业安全规程》、SY 5225—2019《石油天然气钻井、开发、储运、防火防爆安全技术规程》等标准要求。井场必须按消防规定备齐消防器材并定岗、定人、定期检查维护保养。

（二）井控应急管理

储气库公司应使用具有完善井控应急保障体系的承包商队伍，发生井喷突发事件时，应急抢险救援应以承包商为主体，储气库公司负责地方协调、技术支持等辅助工作。

当承包商无能力独立完成应急抢险救援工作时，应由储气库公司单位负责协调油区内其他应急抢险队伍、装备和物资，开展应急抢险工作。

井控设备组合示意图见图 3-12。

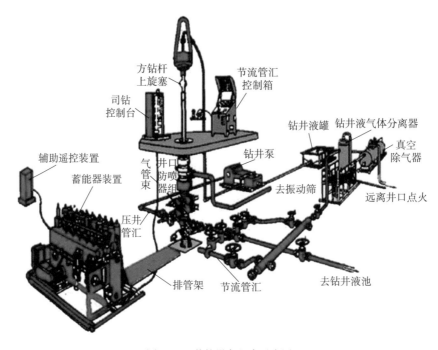

图 3-12　井控设备组合示意图

六、井控相关概念

（1）井侵：当地层孔隙压力大于井底压力时，地层孔隙中的流体（油、气、水）将侵入井内，通常称之为井侵。

（2）溢流：当井侵发生后，井口返出的钻井液的量比泵入的钻井液的量多，停泵后井口钻井液自动外溢，这种现象称之为溢流。

（3）井涌：溢流进一步发展，钻井液涌出井口的现象称之为井涌。

（4）井喷：地层流体（油、气、水）无控制地涌入井筒，喷出地面的现象称为井喷。井喷流体自地层经井筒喷出地面叫地上井喷，从井喷地层流入其他低压层叫地下井喷。

（5）井喷失控：井喷发生后，无法用常规方法控制井口而出现敞喷的现象称为井喷失控。

总之，井侵、溢流、井涌、井喷、井喷失控反映了地层压力与井底压力失去平衡以后井下和井口所出现的各种现象及事故发展变化的不同严重程度。

第六节　注采井试井及测试

储气库运行管理不同于油气田的开发管理。储气库具有高压、强注强采、交变载荷等特点，储气库建设在中国尚属起步阶段，储气库是一项新业务，在相关技术标准和要求上还在逐步探索和完善。动态监测数据对注采动态分析提供可靠依据，应加强动态监测工作。

动态监测为储气库运行管理提供理论依据。为储气库的运行提供准确、可行的监测资料，应加强储气库动态监测工作，设计内容要全面、具体，监测内容主要分为动态监测（压力和温度、吸气剖面和采气剖面、油气水界面等）和油气藏的封闭性监测（盖层、断层、溢出点等）两大类。

应用先进的动态监测技术，实施系统化、动态化的监测，为优化运行提供第一手资料，监测储气库的动态变化状况，准确地获取储气库各阶段、各项动静态资料，及时准确地了解油层、气层动用程度，掌握油气水界面状况和油气水运移规律，了解井筒完整性状况。为储气库气藏的动态分析、措施优选、方案制定提供齐全、准确的资料，使储气库的注采方案更加科学合理，以保障储气库安全平稳运行。

根据辽河储气库监测特点、方式与原理包含以下几个方面：

一、常规静压及温度测试

为监测双6储气库地层压力变化情况，进行常规静压及温度测试（根据常规静压及温度测试设备的防喷能力），加强老井压力监测，对断层外老井定期进行常规静压及温度测试。

常规静压及温度测试，通过钢丝方式连接存储式测井仪器对油层静态压力和温度进行测试，了解井间连通性及渗漏情况，同时也检测地层压力改变引起的液面位置的动态变化。

采用钢丝下放存储式测井仪器进行定点测试，具有测井成本低，施工速度快的特点。主要设备有测井车、ϕ2.4mm测试钢丝、钢丝防喷装置、存储式压力计等。井下仪器主要参数测试范围：压力为 0 ~ 60MPa，温度为 0 ~ 150℃。

二、定向井注（采）气剖面高压带压测试

为了解储层纵向上的吸（采）气能力，优选定向井进行注（采）气剖面高压带压测试。通过对各注采气周期进行注（采）气剖面高压带压测试，认识各层系注采气能力变化情况。各层注采能力受储层物性、注采井网双重控制。井下仪器主要由扶正器、数据遥传短节、石英压力计、自然伽马、磁性定位、温度、流量短节组成。测试仪器见图 3-13 和图 3-14。测试现场见图 3-15。

井下仪器结构：

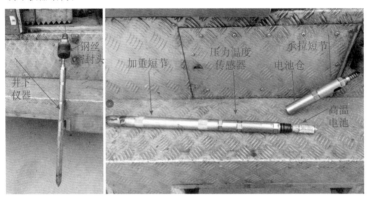

图 3-13　测试仪器（结构）

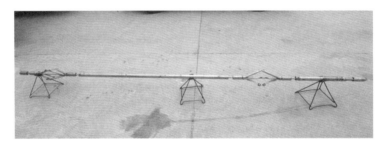

图 3-14　井下测试仪器（外观）

图 3-15　测试现场

三、流压及温度高压带压测试

为了解注采井注（采）气时井底流压及温度，为注采动态分析、注采气量的调整提供依据，根据流量与流压可计算生产压差，计算采气指数，评价采气能力。

注、采气平衡期对注采井进行压力测试，可以对储气库内压力分布进行精确监测。通过多周期监测表明平面上储层连通性好，不同部位地层压力趋于一致，没有因为各注采井注采气量存在区别，形成局部高低压区。注采气过程中定期对注采井井底流压进行测试，结合静压测试，可以得到不同时期注采井生产压差，保证注采压差小于临界出砂生产压差。

测试仪器与测试现场见图 3-16 和图 3-17。

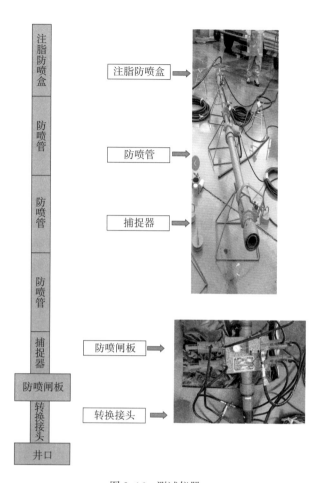

图 3-16　测试仪器

图 3-17　测试现场

四、流量测试

为了进行精确计量注采井流量，需要进行流量测试，确保注采井日注采气量按计划进行。

五、饱和度测试试压测试

储气库注采运行过程中，需要根据饱和度测试评价流体中油气水的饱和度，了解油气水界面变化。在不同部位优选注采井和监测井，监测流体气液界面。

双 6 储气库地下存在油气水三相，使用油气水 TNIS 饱和度组合测试。雷 61 储气库地下不含油，仅含有气和水，使用中子寿命测试进行气水饱和度测试（图 3-18）。

图 3-18　中子寿命测试现场

通过测量中子发生器处于寿命发射时间内，其打中子期间的非弹计数值与后段的慢热中子俘获值进行比值，俘获伽马能谱、热中子衰减时间谱充分反映了井眼和地层信息，通过两个 LaCl（氯化镧）探测器测量地层俘获后产生的次生伽马曲线时间谱，获得两条热中子寿命曲线，这是反应被地层已经吸收的那部分中子，称为 PN 方式中子寿命。通过测量的俘获截面曲线可判定潜力含油气层，并定量计算含水饱和度和剩余油饱和度等参数。仪器具有三个探头：两个溴化镧探测器、一个金刚石（或碘化钠）探测器。测量数据：近、远探测器非弹、俘获、活化等全谱数据、时间谱数据；超远探测器非弹或俘获伽马计数；测井模式：全谱模式、寿命模式、碳氧比模式、含气饱和度测量模式、GR+CCL+P+T 四参数模式；技术指标：外径：$\phi 41 \sim 54mm$；耐压：100MPa；耐温：175℃，探测深度：$529 \sim 605mm$，垂直分辨率：0.64m；测量误差：$\leqslant \pm 5\%$。测井施工过程主要包括：生产准备阶段、现场施工阶段和测后工作阶段。中子寿命测试现场见图 3-18。数据收集见图 3-19。

六、压力恢复与压力降落试井

为了解地层参数，以及停注、停采初期地层压力变化情况，进行地层压力恢复（压力降落）测试。压力恢复测试时采气关井前将压力计下入井下，关井后压力恢复，根据压力恢复曲线，利用试井软件进行计算，可推算储层参数。同理，压力降落试井是测量注气井关井后压力降落趋势，解

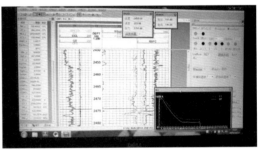

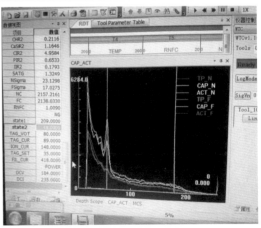

图 3-19　数据收集

释储层参数。一般压力恢复或降落速度越快，储层物性越好。

井下压力恢复测试，通过钢丝方式连接存储式测井仪器，将仪器下放到井下目的位置，测试停注后井下压力变化趋势。采用钢丝下放存储式测井仪器进行定点测试，具有测井成本低，施工速度快的特点。主要设备：测井车、$\phi 2.4mm$ 测试钢丝、钢丝防喷装置、存储式压力计等。井下仪器主要参数测试范围：压力：$0 \sim 60MPa$，温度：$0 \sim 150℃$。试井测试车见图 3-20。

图 3-20　试井测试车

七、产能试井或系统试井

通过进行一系列工作制度调整，如不同油嘴下的采气量测试，通过记录井底流压，推测或测量地层压力，建立气井产能方程，评价气井在不同地层压力下的采气能力。例如推测气井理论上的极限产量，即将井底流压降低到零，称为气井的无阻流量。

八、微地震监测

当储气库注采气或盐穴造腔活动产生地下应力场变化时，收集岩层裂缝或错断所产生的地震波，对储气库密封性或流体运移进行监测，作为常规监测手段的有效补充，为储气库安全预警和优化运行提供科学依据。微地震监测需安装的仪器及地面配套见图 3-21。

图 3-21　微地震监测需安装的仪器及地面配套

九、微地震监测方式

微地震监测方式有井中监测、地面监测和浅井长期埋置监测。不同监测方式示意图见图 3-22。

井中监测　　　　　　　地面监测　　　　　　　浅井长期埋置

  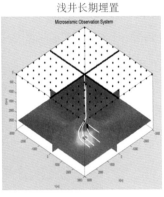

■ 12～30级3-C检波器　　■ 1-C or 3-C检波器　　■ 100～600 3-C检波器
■ 监测距离：100～800m　　■ 8～16线：800～1000道　■ 适合于多井多段
■ 准备时间：2～3d　　　　■ 准备时间：5～10d　　　■ 准备时间：2～4周

图 3-22　不同监测方式示意图

十、微地震监测的作用

通过储气库圈闭密封性（盖层、断层、溢出点等）、气液界面及流体运移的动态监测，实现注采参数动态调整，提压安全预警，减少常规监测井数量，捕捉记录地震活动，评估储气库安全稳定状态。

第七节　储气库动态分析内容

一、注采情况

通过储气库生产历程、周期注采特征、动态监测数据等各项生产指标，评估储气库生产特征。

二、地质再认识

根据储气库新井钻井资料、三维地震资料、生产动态资料，对地质特征进行再认识，同时结合地应力测试、岩石力学实验等资料，完善地质模型。

三、库容动用分析

通过油气水的分布特征、运移规律以及压力分布状况，评价储层纵横向的连通关系、连通程度以及储层的动用状况。

四、注采能力分析

注采能力分析应包含但不限于以下内容：

气井注采能力评价：根据稳定试井等资料，建立注采能力方程，确定单井合理注采气量参考范围。当注采井多层合采（合注）时，可根据分层试气（产吸）剖面测试等资料，分析分层注采气能力。

气井注采能力变化趋势分析：对比气井不同时期注采能力变化情况及影响因素，预测未来周期注采能力的变化趋势。

气井增产措施效果分析：分析气井措施后储层渗流及井筒流动能力的改善状况，综合评价增产效果及稳产能力。

储气库总体注采气能力评价：包括合理调峰能力评价和应急调峰能力评价。合理调峰能力评价：根据气井注采能力评价结果，结合库存量、运行上下限压力、地面装置配套能力、下游用气需求等各项参数，确定储气库周期合理注采安排。应急调峰能力评价：利用节点法或数值模拟分析等技术手段，建立"地层压力—应急调峰能力"关系曲线，评估储气库应急调峰能力。

五、库存量分析

通过建立库存特征曲线等手段，分析库存量状态、调峰气量影响因素，结合有效库存量计算对比，评估井网控制程度，指导注采方案调整。

六、驱替效果分析

开展油气藏型储气库注气驱替提高凝析油采收率、气驱采油提高原油采收率等效果分析。

七、动态密封性评价

根据储气库监测井（盖层、断层及溢出点等）动态资料，结合微地震、地应力分析及库存特征曲线等手段，开展地质体密封性评价。

八、动态分析报告编制

分析注（采）气期结束时库存量和气库各项指标，评估注（采）气能力，分析、制定周期及月度注采气计划。

编制分析报告，剖析存在问题，提出下步措施和建议，编制各周期储气库注（采）气运行方案。

第四章 注采工艺

第一节 分离工艺

一、注气系统分离工艺

从外网输送到储气库的天然气，有时还带有少量的游离水或砂粒，如天然气在长距离输送中，由于压力和温度的下降，天然气中会有水泡凝析为液态水，天然气中残存的酸性气体及水会腐蚀管内壁，产生腐蚀物，对储气库压缩机组也会造成损害，因此上游天然气在进入压缩机进行压缩前，必须分离除掉天然气中的各种杂质成分。

储气库注气过程采用的净化天然气的工艺方法有离心分离、过滤分离等，分离设备主要有旋风分离器和气体过滤器，主要工艺流程见图4-1。

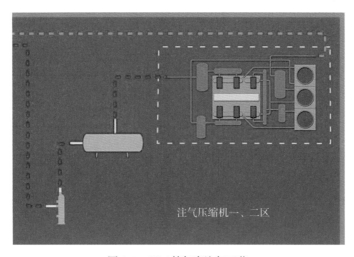

图4-1 双6储气库注气工艺

（一）注气系统分离过程

管网来气经联络站调压计量后，分两路进入注气管道。首先进入旋风分离器除去 $10\,\mu m$ 以上的粉尘和杂质，之后进入过滤分离器，继续分离天然气中的液滴和杂质，最终使天然气中的杂质颗粒小于 $1\mu m$，保证压缩机入口天然气的清洁。洁净的天然气经压缩机增压后注入储气库的气藏中。

（二）旋风分离器

旋风分离器是对利用离心力将颗粒从气流中分离出来的装置的统称。在工业净化控制领域，旋风分离器是最有效、最经济的惯性分离器，也是最通用的除尘设备。旋风分离器亦称为离心式分离器，它用来分离重力式分离器难以分离的颗粒和更微小的液固体杂质。天然气中的杂质颗粒小，仅靠重力分离，就得加大分离器筒体的直径，这样不仅筒体直径大，且壁厚也增加，加工困难、笨重。离心式分离器结构简单、处理量大，分离效果比重力式分离器好。

1. 旋风分离器结构

旋风分离器由筒体、进口管、出口管、螺旋叶片、中心管、锥形管和排污管组成。其结构与重力式分离器的主要差别在于进口管为切线方向进入筒体，并与筒体内的螺旋叶片连接，使天然气进入分离器筒体发生旋转运动（图4-2）。

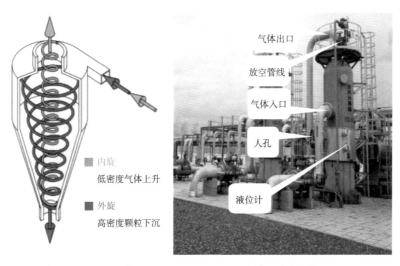

（a）旋风分离器原理示意　　　　（b）旋风分离器外观

图4-2　旋风分离器原理及旋风分离器外观

2. 旋风分离器工作原理

当天然气由切线方向从进口管进入筒体时，在螺旋叶片的引导下，做回转运动。气体和液固体颗粒因质量不同，其离心力也就不一样，液固体杂质的离心力大，被甩向外圈，质量小的气体因处于内圈，从而气体与液固体杂质分离。天然气由出口管输出，而液固杂质在自身重力作用下，沿锥形管下降至筒底，然后由排污管排出分离器（图4-3）。分离器内的锥形管是上大下小的筒状管，气流进入筒体内产生回转运

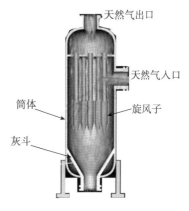

图4-3　旋风分离器结构示意图

动，当下降到锥管部分时，回旋半径逐渐减小，因而气流回旋速度逐渐增加，到锥形管下端时速度最大，而出锥形管后，速度急剧下降，促使液固体杂质下沉分离。加设锥形管，进一步提高了旋风分离器的分离效果。

（三）过滤分离器

旋风分离器对气体流量变化的适应性较差，在实际流量低于设计流量时，分离效果迅速降低；此外，由于被分离的气体在分离器中具有很高的旋转速度（以增大离心力），所以气体在分离器中的能量损失也较大；旋风分离器对气体中的粉尘杂质（如管道内的硫化铁粉末）的分离效果差（颗度很小），而天然气在管道内长距离输送后，其中的主要杂质是腐蚀产物和铁屑粉末，分离器又很难分离这些粉尘，因此需要用过滤分离器来解决天然气的分离除尘问题，过滤分离器外观见图4-4。

图4-4 过滤分离器外观

过滤分离器的工作弹性范围大，在50%负荷时仍能达到满意的分离效果。这种深层过滤所脱除的固体微粒和液滴的粒径，要比旋风、重力式等过滤器小许多倍，它可以过滤99%的小到$1\mu m$以上的液滴和固体杂质。因此这种分离器通常用于对气体净化要求较高的场合，如气体处理装置、压缩机站进口管路或涡轮流量计等较精密的仪表之前。

1. 过滤分离器结构

过滤分离器主要由圆筒形玻璃过滤元件和不锈钢金属丝除雾器组成，它是一个分成两级的压力容器。第一级装有可换的玻璃纤维膜滤芯（管状），焊接在管板上的支座上。第二级分离室装有金属丝网（或叶片式）的高效液体分离装置。

2. 过滤分离器工作原理

过滤分离器的主要特点是当要过滤的气体通过过滤介质或过滤元件时，过滤掉气流中的固体杂质或液滴。常用的过滤介质或过滤元件有纤维制品、金属丝网、陶瓷和泡沫塑料等。具体的分离过程为气体中的固体微粒和液滴流过过滤层曲折的通道（图 4-5），不断与玻璃纤维发生碰撞，而每次碰撞都要降低其动能，当动能降低到一定值时，所有大于或者等于 1μm 的固体微粒就黏附在玻璃纤维的过滤层中，滞留在玻璃纤维中的固体微粒的粒径随着过滤层的深度增加逐渐减小。而气体中的液滴也会逐渐聚集成较大的液滴，这是由于玻璃纤维和黏合剂（酚甲醛）之间存在有电化学相容性，提供了微小液滴聚结成大液滴的有利条件。随着更多的液滴被分离，液滴因其表面相互吸引而凝聚和结合成大的液滴，当这些聚集起来的液滴比进入过滤层前增大 100～200 倍时，重力与气体通过过滤层摩擦阻力使这些液滴流出过滤层，进入滤芯的中心，而被带进容器的第二级。由于液滴具有这样大的尺寸，所以它们被二级分离装置迅速地分离出，排至容器底部，通过排液管进入储液罐（图 4-6）。

图 4-5　过滤分离器快开盲板

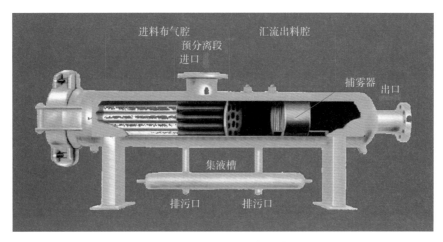

图 4-6　过滤分离器结构示意图

气体经过过滤元件后，进入不锈钢金属丝网除雾器，进一步脱除微小液滴，来达到高的脱除效率。其作用是基于带有雾沫或雾滴的气体，以一定的流速所产生的惯性作用，不断地与金属表面碰撞，由于液体表面张力而在金属丝网上聚结成较大的液滴，当聚集到其本身重力足以超过气体上升的速度力与液体表面张力的合力时，液体就离开金属网而沉降。因此当气体速度显著地降低时，就不能产生必要的惯性作用，其结果导致气体中的雾沫漂浮在空间，而不撞击金属丝网，便得不到分离。如果气体速度过高，那么聚集在金属网上的液滴不易脱落，液体便充满金属丝网，当气体通过金属丝网时又重新被带入气体中。

二、采气分离工艺

储气库的采气生产过程其实就是对气井采出的天然气进行净化处理的过程，因此采气生产设备的主要功能是除去天然气中的液、固体杂质，使合格的天然气输送到下游用户。储气库采气过程采用的净化天然气的工艺方法主要是沉降分离，主要工艺流程见图 4-7。

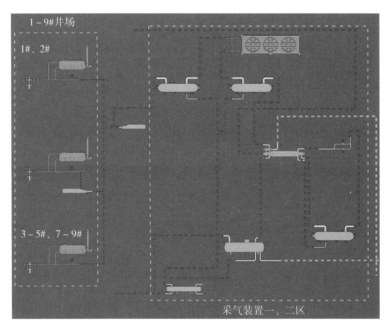

图 4-7 双 6 储气库采气工艺

（一）采气系统分离过程

从井口来的高压天然气（湿气），经节流阀节流降压到 10MPa 左右，进入生产分离器除去游离水、凝析油和固体杂质；湿气经过预冷器降温之后进入生产分离器，再次将冷凝出来的水和重烃组分分离出来；湿气进入绕管式换热器管程，和换热器壳程的由低温分离器出来的冷天然气（干气）进行热交换，降温后的湿气由节流阀（J-T 阀组）进行节流降压至 5.3MPa 左右，使湿气的温度急剧降低。由于温度下降，湿气中的重烃组分和水蒸气由气态变成液态，经过低温分离器分离后湿气变成了干气。干气进入换热器的壳程，与管程的湿气进行热量交换后，进入天然气外输系统，向下游输出合格的天然气；低温分离器分离出来的凝液进入乙二醇凝液与富液分离器中进行二次分离，分离出来的乙二醇富液去乙二醇再生系统，凝液去注采站。

（二）两相卧式重力分离器

预分离器、生产分离器、低温分离器均属于两相卧式重力分离器。

两相分离器也称为气液两相分离器。顾名思义，当不需要将复杂的液相组分彼此分离时，它可用于分离湿气流中的气体和液体，或更通常的是分离气/液流。由于料流条件和所需效率可能会有很大差异，因此两相分离器可以设计成多种型号，并且性能各不相同。

1. 两相卧式重力分离器结构

初级分离段——在入口内增设一个小内旋器，即在入口对气、液进行一次旋风分离。

二级分离段——为气体与液滴实现重力分离的主体。在立式重力分离器的沉降段内，气流大部分向上流动，而液滴向下运动，两者方向完全相反，因而气流对液滴下降的阻力较大。而卧式重力分离器的沉降段内，气流水平流动与液滴下降成 90° 夹角，因而对液滴下降阻力小于立式重力分离器，通过计算可知卧式重力分离器的气体处理能力比同直径立式重力分离器的气体处理能力大。

除雾段——可设置在筒体内，也可设置在筒体上部紧接气流出口处。除雾段除设置纤维或金属网丝外，也可采用专门的除雾芯子。

液体储存段（积液段）——此段决定液体在分离器内的停留时间。一般储存高度按 D/2 考虑。

两相卧式重力分离器结构示意图见图 4-8。

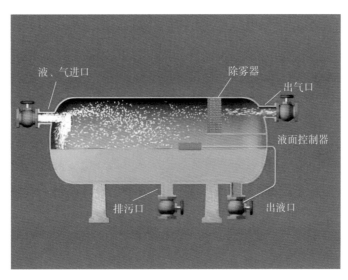

图 4-8　两相卧式重力分离器结构示意图

预分离器工艺流程及低温分离器工艺流程分别见图 4-9 和图 4-10。

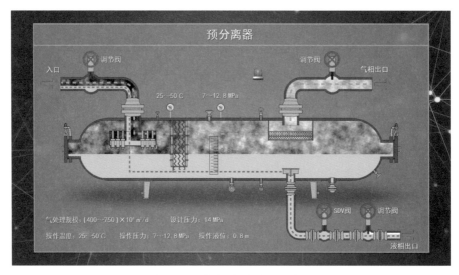

图 4-9　预分离器工艺流程示意图

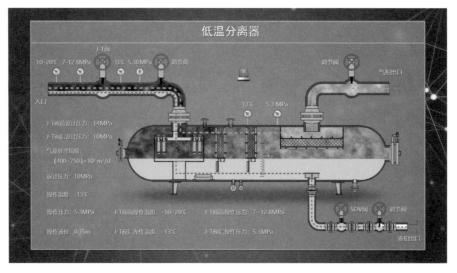

图 4-10　低温分离器工艺流程示意图

2. 两相卧式重力分离器工作原理

气体由顶部入口进入，经过旋流组件进行一次分离，由于液滴及固体杂质的密度远远大于气的密度，在离心力的作用下气体和较大的液固体杂质被轻易地分离开来；经过初次分离后的气体进入到重力分离段进行二次分离，在重力的作用下，气体和较小的液固体杂质经过较长时间运动后液体沿抛物线路径向下沉淀，而气体则奔向较高位置的出口，更小的液体形成雾气很难通过重力和离心力分离出去；因此需要在出口前安装一个除雾器，一般由金属和过滤网制成，气体经过除雾器时，由小液滴形成的雾气与捕雾器发生碰撞，并附着在捕雾器上形成大液滴向下流动；最后洁净的天然气由出口排出。

（三）三相卧式重力分离器

乙二醇凝液与富液分离器属于三相卧式分离器。

三相分离器就是处理含气、水、油的分离器，必须有油、气、水三个出口，这种分离器内部有多种结构形式。

1. 三相卧式重力分离器结构

三相分离器主要由罐体、入口折流板（挡板）、除雾器、混合室，油室、富液室、加热盘管等组成，双6储气库使用的三相分离器在油室和富液室处各有一个就地压力表，混合室内有一个远传界位计；油室、富液室下部各有一个排液口，即出口，而气相出口则在容器顶部的除雾器后（图4–11）。

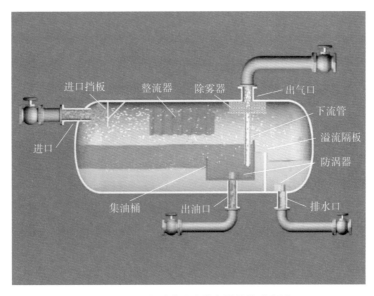

图4–11　三相卧式重力分离器结构示意图

2. 三相卧式重力分离器工作原理

从低温分离器来的凝液进入三相分离器后，分离器筒体直径远远大于进口管线的直径，在进口挡板的作用下，气体的方向迅速发生改变，流速突然下降，由于液与气的密度不一样，液滴下降速度大于气流上升速度，经过波纹板时发生浅池效应，加速气液分离，液体下沉到分离器底部，气上升经除雾器进行碰撞分离除去液雾后，从出口管输出；分离器分离出的液体混合物在分离器底部继续进行分离，油和富液的分离是在混合室与油室中间安装一个堰板，由于油的密度小于富液的密度，油浮在上面，当油的高度超过堰板顶部时，翻过堰板进入油室。当油室内的油面达到一定高度时，排油阀自动或手动打开，将油排出分离器。乙二醇富液通过富液室与混合室在底部的联通管进入富液室，当水室内的液面达到一定高度时，排富液阀自动或手动打开，将富液排出分离器。分离器排出的油经凝液外输管线输送至注采站进行处理，富液则输送至再生橇再生后循环使用。

（四）分离器组件

旋流器：常见的分离分级设备，工作原理是将具有一定密度差的两种介质在离心力的作用下进行分离。

分布器：将液体均匀分布在分离器内，使其能够更快地被分离开来。

填料：填料种类较多，分离器内常见的是波纹板，其主要作用是利用浅池效应来加快分离器内两种物质的分离速度。

堰板：镶嵌在分离器内的一块直板，可以是整体，也可以是分体连接，其主要作用是将腔体分离成若干个小腔体，并可以帮助各个腔体建立起相应的液位。

连通管：连接两个或多个腔体，帮助保持各个腔体内液位平衡。

除雾器：一般安装在气相出口前端，作为分离器中的最后一项分离组件，由框架和捕雾网组成，捕雾网可以有效地将气体中携带的较小的液滴分离出来。

过滤器：聚结分离器（过滤分离器）中的常见组件，其可以分离气体中携带的微小的液滴及固体颗粒，分离效果较好。

第二节　换热工艺

一、采气系统换热工艺

气体由井口采出后，需经过一系列的分离和降温控制露点后，再次分离并升温输送至下游管道。采气系统换热工艺流程图见图4–12。

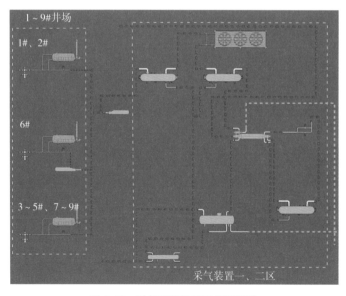

图4–12　采气系统换热工艺流程图

（一）空冷器

空冷器是天然气进站后的第一道降温装置，对天然气进行初次降温，使天然气中的部分水及重烃析出。

1. 空冷器结构

空冷器主要由管束、通风机、构架等组成（图4-13）。

管束包括传热管、管箱、侧梁和横梁等。传热管是空冷器的核心部件，采用翅片管。以增加传热面积和流体湍动，减小热阻。翅片管分层排列，其两端用焊接方法连接在管箱上。通风机采用的是鼓风式的通风模式。管箱上边有百叶窗来控制经过管箱的送风量，预冷器结构见图4-14。

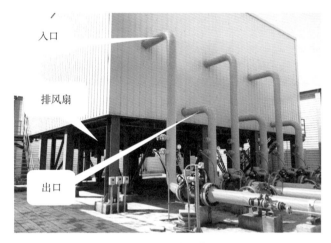

图4-13 空冷器外观

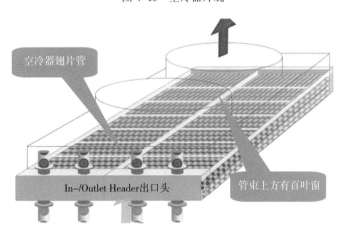

图4-14 预冷器结构示意图

2. 空冷器原理

空冷器利用动力带动叶轮转动，产生的涡流不断将空气吸入，冷空气与换热管道接触后传递热量，管内的天然气通过管壁和翅片与管外空气进行换热，将管道内的热物质冷却。通过手动开启百叶窗的开度来调节天然气温度。如果不需要换热，打开旁通阀直接进入下游工艺流程，见图4-15。

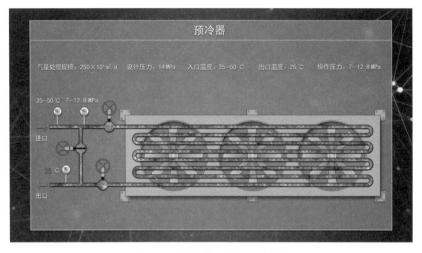

图4-15　预冷器工艺流程示意图

（二）绕管式换热器

绕管式换热器是天然气进入集注站后的第二道降温装置。对湿天然气进行降温，水合物抑制剂（乙二醇）在其湿气管程入口处注入，对干气及凝液进行升温。提高采气系统换热效率，取消集注站内辅助冷却设施，降低能耗。

1.绕管式换热器结构

换热器的换热管呈螺旋绕制状（图4-16至图4-18），且缠绕多层。每一层与前一层

图4-16　绕管式换热器各组件名称

之间逐次通过定距板保持一定的距离，层间缠绕方向相反。由于换热器在壳体内的长度可以加长，从而缩短了换热器的外壳尺寸，使传热效率提高。绕管式换热器工艺参数示意图见图4-19。

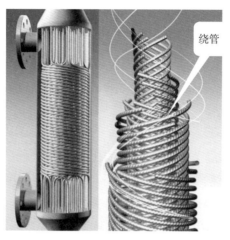

图4-17　绕管式换热器绕管排列方式示意图

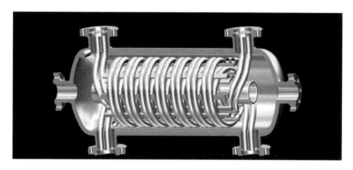

图4-18　绕管式换热器结构示意图

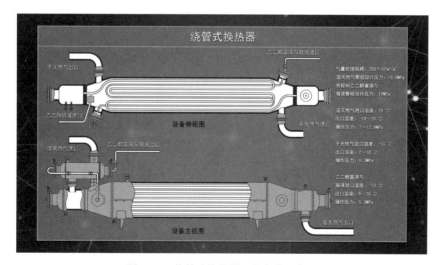

图4-19　绕管式换热器工艺参数示意图

2.绕管式换热器工作原理

从生产分离器来的湿气温度较高走湿气路管层，并在入口处加入雾化后的乙二醇，喷嘴见图 4-16，防止湿气冷却的过程中发生冻堵；从低温分离器来的凝液与湿气对向进入绕管式换热器的凝液路管层；从低温分离器来的干气与湿气对向进入绕管式换热器的壳层，与凝液一起给管层的湿气降温，从而提升自身的温度。

第三节　天然气凝液回收与脱水工艺

一、J-T 阀节流制冷工艺

J-T 阀又称焦耳—汤姆逊节流膨胀阀，利用焦耳—汤姆逊节流膨胀降温效应，使气体膨胀而产生低温，调节天然气露点温度，简称 J-T 阀。

K-J-T 效应是一个不可逆的等焓过程。对于理想气体，其焓值仅是温度的函数；而真实气体的焓值则是温度和压力二者的函数。故在节流膨胀时随压力的变化为维持焓值不变其温度也要变化，这就是 J-T 效应。

节流膨胀这一等焓过程所产生的冷量在图 4-20 中则为 02bc 所圈闭的面积，它大大低于等熵膨胀可以获得的冷量。

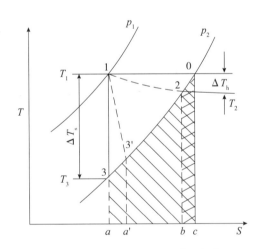

图 4-20　等焓及等熵膨胀的温降和制冷量

主要设备及控制参数：

J-T 节流阀是一个十分简单的制冷元件，即使有液烃也能正常运行。作为一个将压能转换为冷能的元件，较大的压降可使节流阀产生较大的温降。然而应当指出，在较低的温度下节流膨胀可取得更佳的降温效果。此外，天然气组分越富，温降也越大。通常每降低 0.1MPa，可使气温下降 0.5 ～ 1℃。节流阀制冷可在不适于采用膨胀机的工况条件下采用，虽然降温效果差一些，NGL 回收率低一些，但投资很少。为防止水合物生成，在节流阀之前需先行脱水或注入水合物抑制剂。

二、三甘醇脱水工艺

溶剂吸收脱水工艺是目前天然气工业中使用较为普遍的脱水方法，由于甘醇类化合物具有很强的吸水性，其溶液冰点较低，故广泛应用于天然气脱水装置。对于天然气吸收法脱水，美国与加拿大使用三甘醇较多，美国甘醇脱水装置有 85% 都使用三甘醇。中国 20 世纪 30 年代后期二甘醇脱水装置最先应用于天然气脱水，后经过不断发展，又出现了三甘醇等多种甘醇脱水工艺。三甘醇（TEG）的沸点高、热稳定性更好，且易于再生，蒸气压也更低，携带损失量更小，可以获得更大的露点降（33 ~ 47℃），使用不会引起呼吸性中毒，与皮肤接触也不会引起伤害，因此 20 世纪 50 年代后三甘醇逐步取代二甘醇成为最主要的脱水溶剂。

三甘醇的优点是：

（1）沸点较高（287.4℃），可在较高的温度下再生，贫液浓度可达 99% 以上，因此露点降比二甘醇多 8 ~ 22℃；

（2）蒸气压较低，27℃时仅为二甘醇的 20%，因而携带损失小；

（3）热力学性质稳定，理论热分解温度（207℃）比二甘醇（164℃）高约 40℃；

（4）脱水操作费用比二甘醇法低。

工艺流程：

三甘醇脱水工艺流程见图 4–21。

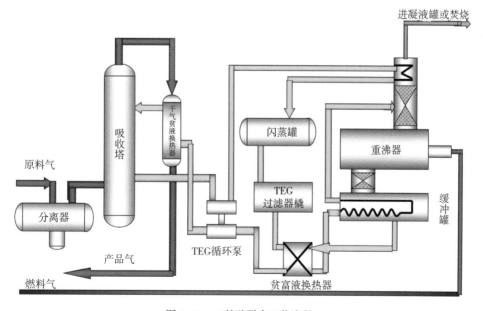

图 4–21　三甘醇脱水工艺流程

三甘醇法脱水主要包括两大部分：

高压力吸收工艺部分。湿天然气（原料气）经过分离过滤初步脱水、控温、调压后，呈饱和状态的湿天然气由吸收塔下部进入吸收塔的气液分离腔，分离掉可能被带入吸收塔的游离液体。在吸收塔填料段与从塔顶部进入的贫三甘醇对流充分接触，传质交换进行脱水。脱除掉水分的天然气经塔顶捕雾丝网除去甘醇液滴后出塔。出塔后经过套管式换热器，与进塔前热贫甘醇换热，以降低进塔三甘醇的温度。换热后，天然气经过管线进入干净化气分离器，分离可能夹带的三甘醇小液滴，进入下游工艺流程。

低压再生工艺部分。吸收了天然气中水分的富三甘醇从吸收塔流出，进入三甘醇再生塔顶回流冷却盘管，与重沸器内产生的热蒸汽换热加热，出盘管进入三甘醇富液闪蒸罐，在闪蒸罐内由于升温和降压的作用，溶解在三甘醇内的烃类气体及其他气体被闪蒸出来。富三甘醇出闪蒸罐后进入活性炭过滤器，通过活性炭进一步吸附掉溶解于三甘醇中的烃类物质及三甘醇的降解物质。出活性炭过滤器进入滤布过滤器，过滤掉液体中大于 $5\mu m$ 的固体杂质。经过滤后的三甘醇富液进入三甘醇贫—富液换热器，与三甘醇缓冲罐出来的高温贫三甘醇换热后进入三甘醇再生塔。在三甘醇再生塔底重沸器内，三甘醇被加热至 198℃，并经过精馏柱的分馏作用，三甘醇中的水分分离出来从精馏柱顶部排出。浓度约为 99% 的贫甘醇由重沸釜内贫液汽提柱溢流至下部三甘醇缓冲罐内。在贫液汽提柱中通过干气的汽提作用，进入三甘醇缓冲罐的贫甘醇浓度可达到 99.5% ~ 99.8%。三甘醇缓冲罐中贫甘醇进板式贫—富液换热器与富甘醇换热，进三甘醇循环泵，进入气体—贫三甘醇换热器与出塔气体换热冷却后，由套管上部进入吸收塔顶部。

主要设备及控制参数：

（1）原料气分离器：主要作用是防止液态水和液态烃进入脱水装置。液态水进入甘醇吸收塔将会冲淡甘醇溶液，降低甘醇的吸收效率，水里的盐和固体沉积在重沸器上，使热表面结垢而烧坏炉管。液态烃进入吸收塔和重沸器，将会增加重沸器的热负荷和甘醇损耗。

我们选用立式旋风分离器 + 卧式过滤分离器组合，旋风分离器通过离心作用分离出游离水和 $10\mu m$ 以下固体杂质，过滤分离器通过滤芯分离去除 $5\mu m$ 以下液滴和固体杂质。

（2）吸收塔：可以采用填料塔或板式塔，塔顶应设置捕雾丝网，除去 $5\mu m$ 以下甘醇液滴，但由于三甘醇溶液比较黏稠，而且塔内的液 / 气比较低，故采用泡罩塔盘更为适宜，实际塔板数一般为 4 ~ 10 块，塔径小于 30mm 时应采用填料塔，常用的填料为瓷质鞍形填料和不锈钢环，后者虽然价格较贵，但不会破碎，且可以达到较高的流率。

降低出吸收塔干气露点的主要手段是提高贫三甘醇浓度、提高贫三甘醇循环量或降低湿天然气进塔温度，但后者工艺上较难实现。理论上去除 1kg 水需要三甘醇循环量为 17 ~ 24L，考虑重沸器热负荷压力不宜高于 33L/kg 水。

三甘醇溶液的吸收温度一般为 10 ~ 54℃。SY/T 0602—2005《甘醇型天然气脱水装置规范》推荐天然气进塔温度为 15 ~ 48℃，有的文献推荐不低于 10℃，美国有的公司推荐气体进塔温度为 18℃。《天然气利用手册》推荐的三甘醇脱水装置原料气进吸收塔的温度为 27 ~ 38℃。雷 61 储气库湿天然气的进吸收塔温度需控制在 15 ~ 30℃。由于原料气量远大于甘醇溶液量，故吸收塔内吸收温度主要取决于原料气温度。较低的进气温度将使甘醇变得非常黏稠，导致塔盘效率降低，压降增大和甘醇携带，所以要求不低于 10℃；较高的进气温度会增加装置的脱水负荷和增大甘醇的汽化损失量，因此需设进气冷却装置，控制在 50℃以下。

甘醇与气流中水蒸气的平衡条件受温度影响，温度高遗留在气流中的水多，甘醇温度低可减少甘醇汽化损失，但烃类可能在吸收塔内凝结。有的文献推荐高于气流温度 10℃，SY/T 0602—2005《甘醇型天然气脱水装置规范》要求高于气流温度 6 ~ 16℃。经验值一般为塔顶气流温度比来气进塔温度高约 2℃。《天然气利用手册》推荐的贫甘醇进吸收塔的温度高于气流温度 3 ~ 8℃。

三甘醇脱水操作压力大于 2.86MPa，不超过 10.5MPa，推荐大于或等于 2.5MPa。在一定温度条件下，过小的压力会使天然气含水量高，脱水负荷增加。

（3）闪蒸罐：闪燕罐的功能是在升温、降压的作用下闪蒸出溶解在三甘醇溶液中的烃类及其他气体，以防止三甘醇溶液发泡。闪蒸罐的一般操作压力为 0.35 ~ 0.53MPa（雷 61 储气库控制参数范围 0.4 ~ 0.5MPa），溶液在罐内的停留时间为 5 ~ 20min，对于重烃含量低的贫天然气，一般停留 10min 就足够了。如果原料气中所含重烃和三甘醇溶液形成了乳状液就会导致发泡现象。雷 61 储气库三甘醇再生装置闪蒸罐设置了蓖油口，通过临时升高闪蒸罐内液位，并经蓖油口去除三甘醇表面的浮油。

（4）过滤器：富三甘醇出闪蒸罐后进入过滤器，除去三甘醇溶液中的固体颗粒和溶解性杂质。常用的有固体过滤器和活性炭过滤器两种。前者以纤维制品、纸张或玻璃纤维为滤料，除去 5μm 以上的粒子。活性炭过滤器则主要用于除去溶液中溶解性杂质，如高沸点的烃类、表面活性剂、压缩机润滑油以及三甘醇降解产物等，保障三甘醇再生溶液相对清洁。

（5）贫—富液换热器：用来控制进闪燕罐和过滤器的富液温度，并回收贫液的热量，使富液升温至 95 ~ 160℃进入再生塔，以减轻重沸器的热负荷，最常用的是管壳式换热器。

（6）再生塔和重沸器：主要由再生塔（包括精馏柱）和重沸器组成溶液再生系统，

其功能是蒸出富三甘醇溶液中的水分而使之被提浓，由于三甘醇287℃与水100℃的沸点相差很大，且不生成共沸物，故再生塔只需2～3块理论塔板即可，其中1块即为重沸器。重沸器一般采用釜式，使用火管、蒸汽或导热油加热。经过精馏柱的分馏作用，三甘醇中的水分分离出来从精馏柱顶部排出。浓度约为99%的贫甘醇由重沸釜内贫液汽提柱溢流至下部三甘醇缓冲罐内。由于三甘醇在206℃会热分解，不宜超过204℃。如需要进一步提纯三甘醇溶液，可在贫液汽提柱中通过干气的汽提作用，进入三甘醇缓冲罐的贫甘醇浓度可达到99.5%～99.8%（雷61储气库预留该功能作为备用）。

汽提气对三甘醇浓度的影响关系图见图4-22。

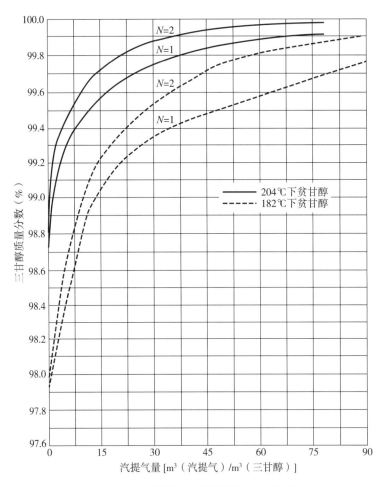

图4-22　汽提气对三甘醇浓度的影响关系图

（7）三甘醇缓冲罐：温度约198～200℃的贫甘醇进板式贫—富液换热器与富甘醇换热，温降至45～68℃（注意控制进入三甘醇吸收塔温度）左右出换热器，通过三甘醇循环泵经过循环管线、气体—贫三甘醇换热器，进入吸收塔顶部。

三甘醇会在吸收塔、再生塔（重沸器）中损失，由于三甘醇价格较贵，理论上每处理 $100 \times 10^4 m^3$ 天然气控制损失量在 8 ~ 16kg 比较合适。超过 50℃三甘醇蒸发损失量大，所以控制吸收塔温度在 50℃以下；重沸器温度控制在 204℃以下，防止热分解和蒸发；当三甘醇溶液被污染发泡时，也可以选择加注消泡剂（常用的消泡剂为磷酸三辛酯）。

第四节　防冻工艺

油气田地层中开采出的天然气中还含有液态水、油（重烃组分）和其他杂质等成分。天然气工艺管线轻度冻堵会堵塞管道，影响正常生产，严重时会冻裂阀门、设备和管线，可能造成大量天然气泄漏，引起人身中毒、设备爆炸或着火等安全事故。

一、天然气冻堵原因

天然气工艺设备冻堵分为液态水冰堵和天然气水合物冻堵。液态水冰堵防冻总体思路：一是将天然气中液态水分离出去；二是对工艺设备进行伴热保温或天然气加热升温，使其温度在冰点以上；三是介质中加入防冻剂，如甲醇、乙二醇等。

天然气水合物（又称天然气水化物）在外观上类似于不干净的冰，它是由某些气体分子嵌入水的晶格中，形成的疏松结晶化合物，外观类似松散的冰或致密的雪。天然气水合物通常是当气流温度低于天然气水合物形成的温度而生成。在高压下，这些固体可以在高于 0℃的温度下生成。天然气水合物晶体会引起流体管线、节流阀、各种阀门以及检测仪表被堵塞，降低管线流通能力或产生物理性破坏。这些天然气水合物尤其在节流阀和控制阀内，有大的压力降和小的流通孔眼的地方容易形成，因为压力降低会引起温度下降，如果形成天然气水合物，孔眼就很容易被堵塞。天然气水合物形成而导致流动受到限制，这就被认为是"结冰"了。

促使天然气水合物形成的两个必要条件是：（1）气体必须有足够低的温度和足够高的压力；（2）气体必须处于或低于水汽的露点，出现"自由水"时。对于第一个条件，一定组成的气体，给定一个压力，就相应有一个温度值，若低于这个值就会形成天然气水合物，而高于这个值，就不会形成天然气水合物。当压力升高时，形成天然气水合物的温度值也会升高。如果没有"自由水"，即液态水，也不会形成天然气水合物。天然气水合物形成的次要条件是：（1）气体的高速流动；（2）任何形式的搅动；（3）"结晶核"的存在。第二个条件几乎总是存在于工艺过程的物流管线中。

天然气形成水合物可以通过工艺系统中的温度、压力和气体组分进行预测。一是在知道气体组分的前提下，可以通过气—固平衡常数方程计算预测；二是可以通过查图法，在已知天然气密度的条件下，依据图 4-23 查出天然气在一定温度下形成天然气水合物的最低压力，或查出天然气在一定压力下形成水合物的最高温度（粗略估算）。

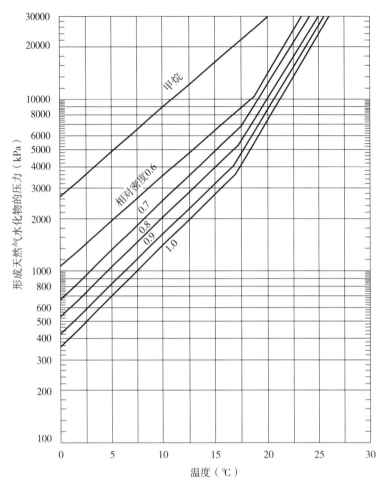

图 4-23　预测形成天然气水合物的压力—温度曲线

表 4-1 是依据天然气组分进行的测算预测值。

表 4-1　雷 61 储气库天然气水合物预测表

压力（MPa）	2.5	3	4	5	6	7	8	9	10	11	12
天然气水合物形成温度（℃）	8.03	9.48	11.71	13.36	14.65	15.68	16.53	17.25	17.87	18.40	18.88

　　防止天然气水合物形成的方法有：（1）加热，保证气流温度总是高于形成天然气水合物的温度。（2）用化学抑制剂或给气体脱水。这样，水汽就不会结为液态水。（3）设计一个工艺过程，使在水合物形成和阻塞设备之前就把天然气水合物溶解掉。（4）控制压力。在天然气生产实践中，往往是气体经过节流阀及其他限流设施后，气体膨胀、温度降低而产生天然气水合物。如果适当控制节流阀开度或设计合理的限流设施，既可以

达到调压的目的，又不生成天然气水合物。（5）控制温度。储气库通常选用在采气井口设置天然气加热炉流程，在采气工艺中也设置了加热流程，例如低温分离器后、燃料气压力调节阀后设置电加热器，提高气体温度至给定压力下形成天然气水合物温度以上，从而避免天然气水合物生成。（6）注化学抑制剂。加注化学抑制剂法是通过向工艺系统中注入一定量的化学抑制剂，改变天然气水合物形成的热力学条件、结晶速率或聚集形态，来达到防止天然气水合物的形成和聚集，保持流体流动的目的。该法是目前国内外油气集输和加工处理过程中防止天然气水合物形成的最重要方法之一。目前广泛采用的化学抑制剂仍以热力学抑制剂为主。常见抑制剂有甲醇、乙二醇、二甘醇和三甘醇等。乙二醇是一种最常用、且可回收的化学抑制剂。

二、甲醇防冻工艺

在油气田不具备抑制剂回收和再次利用的条件下，最常用的抑制剂为甲醇，它是一种相对廉价的化学抑制剂。由于储气库属于季节性间歇生产，开停井频繁，一般选用甲醇为抑制剂用于防冻、解冻堵，在井口开井初期和采气初期小气量运行时间歇注入甲醇。甲醇可溶于液态烃中，大约占质量的3%，所以如果气流中有凝析液就需要多用一些甲醇。另外，由于其沸点低，多用于低温场合，当工艺系统中温度较高时，甲醇也会被蒸发进入天然气，气相损失过大，所以回收经济性也较差。储气库通常会选择在采气井井口工艺处注入甲醇防冻，典型工艺流程见图4-24。

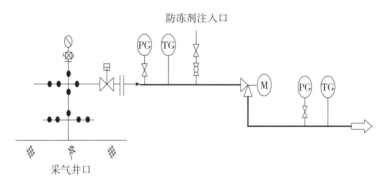

图4-24　注采气井注甲醇工艺流程图

为防止天然气预冷器、换热器或气液管道的冻堵，依据具体工况也会在以上设施入口设计甲醇注入点，工艺流程见图4-25。

甲醇使用注意事项：甲醇是中闪点易燃液体，宜储存于阴凉、通风良好的库房内，远离火种、热源，库温不宜超过37℃，保持容器密封。应与氧化剂、酸类、碱金属等分开存放，采用防爆型照明、通风设施。禁止使用易产生火花的机械设备和工具。储区应备有泄漏应急处理设备和合适的收容材料。可采用抗溶性泡沫、干粉、二氧化碳、砂土等材料灭火。甲醇为中度危害有毒物，毒性对人体的神经系统和血液系统影响最大，它经消化道、呼吸道或皮肤摄入都会产生毒性反应，甲醇蒸气能损害人的呼吸道黏膜和视力。甲醇装卸和工艺填装应穿戴护目镜、防护服、手套等个人防护用品，涉及甲醇蒸汽接触时应佩戴防毒面具。注甲醇橇见图4-26。

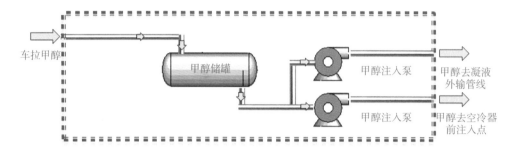

图4-25 集注站注甲醇流程示意图

图4-26 注甲醇橇

主要设备及控制参数：

隔膜泵：通常选用隔膜泵将甲醇注入天然气系统流程。隔膜泵是一种特殊形式的容积泵，它是依靠一个隔膜片的来回鼓动改变工作室容积吸入和排出液体的。隔膜泵工作时，曲柄连杆机构在电动机的驱动下，带动柱塞作往复运动，柱塞的运动通过液缸内的工作液体而传到隔膜，使隔膜来回鼓动。隔膜泵缸头部分主要由一隔膜片将被输送的液体和工作液体分开，当隔膜片向传动机构一边运动，泵缸内工作室为负压而吸入液体；当隔膜片向另一边运动时，则排出液体。被输送的液体在泵缸内被膜片与工作液体隔开，只与泵缸、吸入阀、排出阀及隔膜片的泵内一侧接触，而不接触柱塞以及密封装置，这就使柱塞等重要零件完全在油介质中工作，处于良好的工作状态。隔膜泵结构图见图4-27。

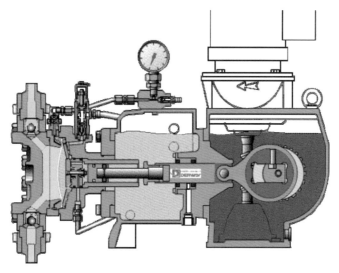

图 4-27　隔膜泵结构图

启泵加注操作前必须先导通泵出口至天然气管线流程，防止注醇管线超压；注醇操作宜同时保持工艺系统中天然气流动，将甲醇携带至节流或冻堵点，同时也防止液体聚集形成开关阀门水锤效应，影响安全生产。

三、乙二醇防冻工艺

乙二醇是一种最常用且可回收的化学抑制剂，由于成本低、黏度小，比起甲醇来说，其在液态烃中的溶解性和蒸发损失都要低些，回收再利用价值大。适用于处理量大的天然气加工工艺流程。储气库通常应用于天然气露点控制装置的防冻工艺。

辽河油田双 6 储气库为防止在绕管式换热器湿天然气换热降温后在管程的冻堵，防止 J-T 阀节流后降温造成冻堵，设计了乙二醇防冻工艺，包括乙二醇加注系统和再生系统。

乙二醇加注系统流程：乙二醇储罐→加注泵（包括流量计量）→乙二醇雾化装置→绕管式换热器湿气管程入口注醇点（图 4-28）。

乙二醇再生系统流程：乙二醇富液先进入再生塔塔顶进行第一次换热升温，再进入富液缓冲罐闪蒸后，乙二醇富液经二级过滤，通过管道泵泵入贫—富液换热器第二次升温，进入乙二醇再生塔进行第三次换热升温后进入再生釜，因为沸点不同将水分汽化排出，乙二醇贫液进入贫—富液换热器、散热器两次降温，通过乙二醇提升泵将其输送至乙二醇贫液储罐（图 4-29）。

主要设备及控制参数：

乙二醇再生塔：预热闪蒸，乙二醇富液（0.3MPa，20℃）先进入乙二醇再生塔塔顶进行一级换热，由 20℃预热至 60℃，同时将塔顶水蒸气冷凝。塔顶气体冷却过程，乙二醇再生塔顶部为冷凝段，自塔底吸收富液中水分后的水蒸气在冷凝段预热乙二醇富液后，经水蒸气冷却器，由 101℃冷却至 40℃，冷凝液进入埋地设备塔顶凝液收集罐，同其他污水通过液下泵排出橇装系统。

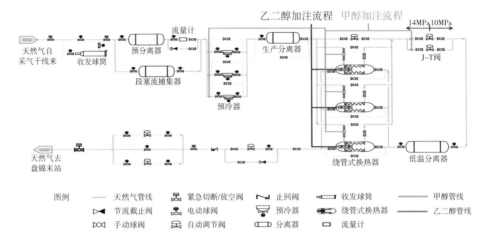

图 4-28　双 6 储气库采气系统工艺流程图

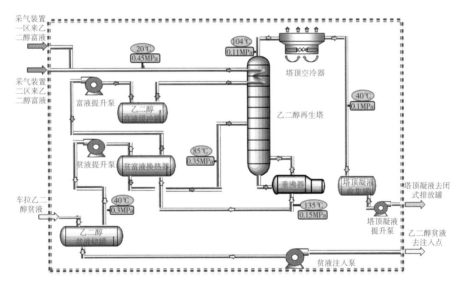

图 4-29　双 6 储气库乙二醇再生工艺流程图

富液缓冲罐：乙二醇富液在罐内经闪蒸后分离出的轻烃气体去下游系统。

富液换热器：从富液缓冲罐出来的乙二醇富液经两级过滤后，通过管道泵泵入贫—富液换热器，与塔底再生后的乙二醇贫液进行换热，温度从 60℃升至 85℃，最后进入乙二醇再生塔进行乙二醇再生。乙二醇贫液进入贫—富液换热器，换热后再经散热器由 110℃冷却至 40℃，通过乙二醇提升泵将其输送至乙二醇贫液储罐。

重沸器：乙二醇富液经过两段精馏后进入重沸器，再生塔精馏柱顶部设有回流换热冷凝设备，水蒸气与乙二醇富液换热后被冷凝回流，从而控制塔顶温度，并减少乙二醇损失，乙二醇溶液进入重沸器，通过导热油加热后将乙二醇富液所吸收的水分汽化并通过再生塔塔顶排出。

四、加热炉工艺

天然气加热是目前湿气输送过程中防止井下和地面集输管线与设备发生水合物堵塞的最主要的方案之一。天然气加热就是通过加热使气体流动温度在天然气集输压力条件下的天然气水合物形成平衡温度以上，从而防止天然气水合物形成或使得生成的固体天然气水合物分解。目前，采用的加热方式主要有蒸气加热、水套炉加热、电热带加热等方法。

储气库常采用水套炉加热的加热方式。该方式是对炉中水加热，再由水传给进入水套炉盘管的天然气，使天然气温度达到工艺要求的温度。水套炉可以根据热量的大小选择一台或多台；水套炉加热的控制方式较为简单，可以实现无人值守；水套炉的布置灵活多变，不会影响站场的管线布置；水套炉加热安全性能高，且加热效果稳定，热效率可达85%，经济性常压水套炉不属于压力容器，其燃烧方式可采用负压燃烧方式，燃烧所需的空气为自然进风，传热介质采用水（软化水）或"水＋乙二醇"的水溶液。火筒与烟管采用U形或类似结构，优点是结构简单、适应性强、密封效果好、热效率高。一般设自动点火、火焰检测与熄火保护装置及负荷调节等措施保证燃烧安全，进而实现水套炉加热的温度自动控制，从而实现安全运行。加热节流典型工艺流程见图4–30。

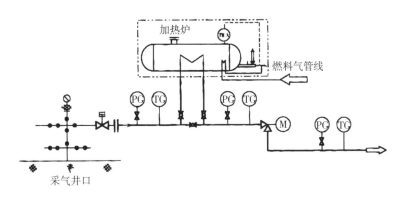

图4–30 注采气井单井加热工艺流程图

主要设备及控制参数：

天然气燃烧器，将物质通过燃烧这一化学反应转化为热能的一种设备，即将空气与燃料通过预混装置按适当比例混兑以使其充分燃烧。

天然气燃烧器构造由以下5个系统组成：

（1）送风系统。送风系统的功能在于向燃烧室里送入一定风速和风量的空气，其主要部件有：壳体、风机马达、风机叶轮、风枪火管、风门控制器、风门挡板、凸轮调节机构、扩散盘。

（2）点火系统。点火系统的功能在于点燃空气与燃料的混合物，其主要部件有点火变压器、点火电极、点火高压电缆。

（3）监测系统。监测系统的功能在于保证燃烧器安全、稳定运行，其主要部件有火焰监测器、压力监测器、温度监测器等。

（4）燃料系统。燃料系统的功能在于保证燃烧器燃烧所需的燃料。燃油燃烧器的燃料系统主要有：油管及接头、油泵、电磁阀、喷嘴、重油预热器。天然气燃烧器主要有过滤器、调压器、电磁阀组、点火电磁阀组、燃料蝶阀。

（5）电控系统。电控系统是以上各系统的指挥中心和联络中心。主要控制元件为程控器，针对不同的燃烧器配有不同的程控器，主要功能是控制炉膛吹扫，燃气点火、熄火，燃气超欠压，助燃风欠压，失火自动保护等。

加热炉燃烧器见图 4–31。

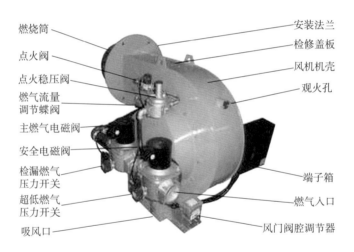

图 4–31　加热炉燃烧器

第五章 辅助生产工艺

第一节 导热油循环工艺

一、工艺简介

导热油供热系统以天然气作为燃料，以导热油为载热体，利用热油循环泵强制导热油液相循环，在炉内吸热升温后，将热能输送给用热设备，在放热降温后，返回加热炉重新加热，为乙二醇再生系统、分离器等设备提供加热源，为各工艺管线伴热和设备内部加热防止冻堵。

其特点是工质为液相循环，使用运行压力较低，320℃时压力小于1.0MPa，相对同温度水蒸气压力小，工质在运行过程中稳定、安全；工作温度较高，可作为350℃以下高温热源；供热温度稳定、并能精确地进行调整，在可调整负荷段内能稳定运行并均保持最佳热效率；设备较少，费用节省；不需要像蒸汽锅炉供热系统中要给水软化和除离子等水处理设备等。

二、设备结构及组成

由导热油橇、2台导热油加热炉组成；导热油橇由导热油储罐1台、导热油膨胀罐1台、油气分离器1台、循环泵3台、齿轮注油泵等组成。

三、设备功能

对导热油进行循环及加热，向乙二醇再生装置、采气区凝液换热器及需要保温的管线提供热能。

四、工艺流程

将导热油通过注油泵注入膨胀槽内，也可先注入储罐内，再泵入膨胀槽内连续运行排出系统中的气体，直至系统压力平稳，再开启加热炉加热，开始循环（图5-1）。

导热油工艺流程如下：

导热油→油气分离器→循环泵→导热油加热炉→各供热单元。

主要设备及作用：

膨胀槽的作用：一是导热油因温度变化而导致体积变化时向循环回路中补充或回收导热油；二是对循环回路起到稳压作用。

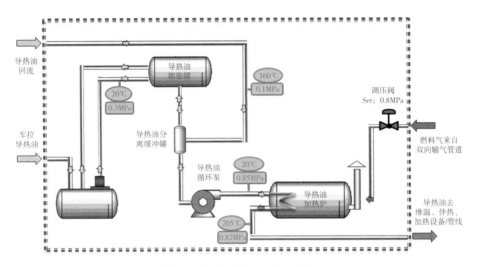

图 5-1　导热油循环工艺流程图

导热油储罐的作用：一是接收膨胀槽液位超高时溢流的导热油；二是接收由于安全阀开启后泄放的导热油。膨胀槽进行氮封，导热油储罐与其连通，不设置单独的氮封。

油气分离器的作用：一是分离排出循环系统中的不凝性气体、水蒸气及挥发组分；二是在导热油温度发生变化时，起到循环回路与膨胀槽之间的缓冲作用。

循环泵的作用：对工艺内导热油增压强制循环。

导热油循环橇见图 5-2。膨胀罐及储罐见图 5-3。

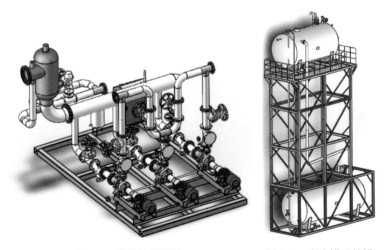

图 5-2　导热油循环橇　　　　图 5-3　膨胀罐及储罐

有机热载体炉的作用：有机热载体炉，是导热油加热炉的常用名，俗称导热油锅炉，它是以天然气为燃料，以导热油为循环介质供热的新型热能设备，天然气燃烧产生烟气和热能，以辐射、对流等传热方式将热能传递给盘管，盘管壁将热能传导到盘管内部的导热油，使导热油获得热量（图 5-4）。

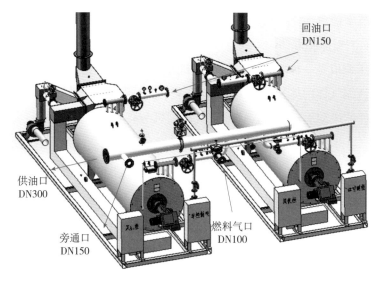

图 5-4 有机热载体炉

第二节 仪表风及制氮工艺

一、工艺简介

压缩空气、氮气制备装置通常设置在集注站辅助生产区域，仪表风（压缩空气）主要作用是集注站内自控阀门、仪表动力源、正压通风柜气源；氮气主要作用是放空火炬氮封、压缩机吹扫置换和零星设备氮气置换。压缩空气及氮气制备装置流程示意图见图 5-5。

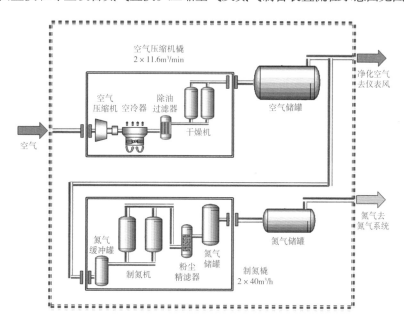

图 5-5 压缩空气及氮气制备装置流程示意图

二、设备基本信息

（一）螺杆空气压缩机

螺杆空气压缩机是一种容积式空气压缩机（图5-6），通过转子（图5-7）在机壳内的回转运动来压缩气体的体积，使单位体积内气体分子的密度增加以提高压缩空气的压力。从主要部件的运动形式来看，螺杆空气压缩机与离心式压缩机类似。

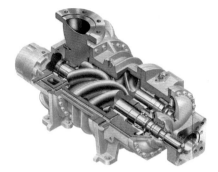 

图 5-6　螺杆结构图　　　　　　　图 5-7　螺杆空气压缩机转子

空气经过以下三个流程（图5-8）：

吸气过程：当转子转动时，主副转子的齿沟空间在转至与进气口连通时，外界空气开始向主副转子的齿沟空间充气，随着转子的回转，这两个齿间容积各自不断扩大，至临界封闭时为最大，此时转子的齿沟空间与进气口之间相通，外界空气即进入阴、阳转子齿沟内。当空气充满了整个齿沟时，两转子的进气侧端面及外径螺旋线转至机壳密封区，在齿沟间的空气即被封闭，进气停止。

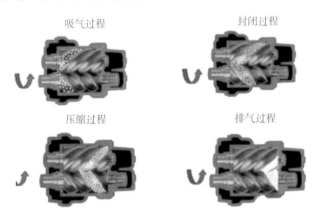

图 5-8　螺杆空气压缩机工作示意图

封闭和压缩过程：主副两转子在吸气结束时，其主副转子齿外缘会与机壳封闭，此时空气在齿沟内封闭不再外流。两转子继续转动，由于阴、阳转子齿的互相侵入，阴、阳转子齿间封闭容积渐渐减少，齿沟内气体逐渐被压缩，压力提高，直到该齿间容积与排气口相连通为止。而压缩的同时润滑油亦因压力差的作用而喷入压缩室内与空气混合。

排气过程：当阴、阳转子的封闭容积转到机壳排气口相通时，（此时压缩气体的压力最高）被压缩气体开始排出，直至两转子的齿间容积为零，随着转子的继续回转，上述过程重复进行，开始吸气过程，由此开始一个新的压缩循环。

（二）吸附式干燥机（压缩空气吸附桶）

吸附式干燥机是通过"压力变化"（变压吸附原理）来达到干燥效果。由于空气容纳水汽的能力与压力成反比，其干燥后的一部分空气（称为再生气）减压膨胀至大气压，这种压力变化使膨胀空气变得更干燥，然后让它流过未接通气流的需再生的干燥剂层（即已吸收足够水汽的干燥塔），干燥的再生气吸出干燥剂里的水分，将其带出干燥器来达到脱湿的目的。两塔循环工作，无须热源，连续向用户用气系统提供干燥压缩空气（图5-9）。

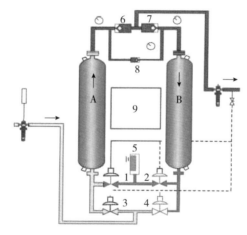

A、B—吸附塔　1、2、3、4—切换阀　5—消声器　6、7—止回阀　8—节流阀　9—程序控制器

图5-9　吸附干燥机干燥工艺流程图

干燥机前半工作周期：潮湿饱和的压缩空气经过前置除油过滤器过滤后，通过A塔气动进气阀进入A吸附塔，在塔内被吸附剂吸收水分而变成干燥的压缩空气，最终通过单向阀经排气口送出至用气点用气。同时，10% ~ 12%的小部分干燥的压缩空气经过限流板减压后，进入B吸附塔，对B塔内的吸附剂脱附水分，使其干燥再生，最后通过排气阀经消音器排至大气。

干燥机后半工作周期：潮湿饱和的压缩空气经过前置除油过滤器过滤后，通过B塔气动进气阀进入B吸附塔，在塔内被吸附剂吸收水分而变成干燥的压缩空气，最终通过单向阀经排气口送出至用气点用气。同时，10% ~ 12%的一小部分干燥的压缩空气经过限流板减压后，进入A吸附塔，对A塔内的吸剂脱附水分，使其干燥再生，最后通过排气阀经消声器排至大气。

（三）碳分子筛制氮机PSA

20世纪70年代国外发展了一种新型制氮技术，即利用碳分子筛变压吸附分离空气制取氮气的方法。辽河油田储气库从 20 世纪 80 年代起在消化、吸收国外设备的基础上，借助大专院校的优势，根据变压吸附（PSA）的原理，采用逆流自再生的方法设计自行研制生产了国内领先的新型碳分子筛制氮机。

原理：碳分子筛是一种以碳为主要原料经过特殊加工而成的、黑色表面充满微孔的颗粒，是一种半永久性吸附剂（可再生使用）。它对氧和氮的分离作用主要基于这两种气体在碳分子筛表面上的扩散速率不同，较小直径的气体分子（O_2）扩散较快，较多地进入分子筛固相（微孔），较大直径的气体分子（N_2）扩散较慢，进入分子筛固相较少，这样在气相中就可得到氮的富集成分。因此利用碳分子筛对氧和氮在某一时间内吸附量的差别这一特性，由微处理可编程序控制器（PLC）按特定的程序，结合加压吸附、减压脱附的快速循环过程（变压吸附），完成氧氮分离，从而在气相中获得高纯度的氮气。整套系统由压缩空气净化组件、空气储罐、氧氮分离装置、氮气缓冲罐等部件组成。

制氮系统见图 5-10 至图 5-12。

图 5-10　双 6 储气库制氮系统

图 5-11　雷 61 储气库制氮系统

图 5-12　制氢系统

三、氧氮分离装置

装有专用碳分子筛的吸附塔共有 A、B 两只。当洁净的压缩空气进入 A 塔入口端经碳分子筛向出口端流动时，O_2、CO_2 和 H_2O 被其吸附，产品氮气由吸附塔出口端流出。经一段时间后，A 塔内的碳分子筛吸附饱和。这时，A 塔自动停止吸附，压缩空气流入 B 塔进行吸氧产氮，对并 A 塔分子筛进行再生。分子筛的再生是通过将吸附塔迅速下降至常压脱除已吸附的 O_2、CO_2 和 H_2O 来实现的。两塔交替进行吸附和再生，完成氧氮分离，连续输出氮气。上述过程均由可编程序控制器（PLC）来控制。当出气端氮气纯度大于设定值时，PLC 程序作用，自动放空阀门打开，将不合格氮气自动放空，确保不合格氮气不流向用气点。气体放空时利用消声使噪声小于 75dB。

室外氮气储罐起到储存压缩空气和氮气的作用（图 5-13），又起到仪表风制氮系统与使用设备的缓冲作用，通常压力在 0.8 ~ 1MPa，压缩空气储罐压力过低会导致自动执行机构动力源不足、紧急放空阀误动作等事件发生。

图 5-13　氮气储罐和压缩空气储罐

第三节　火炬放空工艺

一、工艺简介

储气库集注站设置高、低压放空火炬各 1 套，用于集注站的事故和生产检修放空。火炬装置是石油化工厂的最后一道安全屏障。它要保证石油化工厂在事故状态下设备的安全、人的安全，且保护环境不受危害。

火炬系统分高压、低压火炬气排放系统，火炬总高为 70m，由高 / 低压火炬头（含动态密封器）、火炬筒体、火炬塔架组、高压放空收液罐、低压放空收液罐、凝液泵、控制盘等组成。

高 / 低压复合火炬头共用 3 台高空点火器，3 台节能长明灯。

火炬点火采用 1 套高空自动点火系统和 1 套地面手动传焰式点火器，可保证装置在开车状态、停车状态、正常状态和事故状态时产生的放空气能够及时、安全、可靠地放空燃烧。

二、工艺流程

高压可燃排放气来自高压工艺设备安全阀、压缩机安全阀等设备放空，由工艺设备经全厂系统管网进入火炬系统，放空气进入高压分液罐、阻火器、火炬筒体、动态密封器、复合式火炬头，并由长明灯和高空点火系统点燃。

低压可燃排放气由包括三甘醇再生系统、燃料气系统和注甲醇系统的少量低压气，经全厂系统管网进入火炬系统，放空气进入低压分液罐、阻火器、火炬筒体、动态密封器、复合式火炬头，并由长明灯和高空点火系统点燃。

点火系统燃料气由集注站内燃料气减压系统提供天然气，分别送至长明灯、高空自动点火系统、地面点火器。燃料气管线上设有低压报警系统，当燃料气压力过低时，发出报警，以确保高空自动点火系统燃料气供给正常（图5-14）。

图 5-14　火炬放空工艺流程图

三、设备及构成

（1）复合式火炬头（图5-15）：具有火焰稳定器，让放空排除天然气同空气充分混合，保持火焰稳定燃烧、不易回火、容易点火。高低压放空系统使用同一个复合型火炬头，此外火炬头上还集成有点火器、温感器、长明灯等设备，可在最小排放量至最大排放量之间稳定可靠工作，火炬头顶部耐温大于1200℃。

图 5-15　复合式火炬头

（2）节能长明灯：用于引燃放空气，在节能长明灯底部设置可调式空气引射器，其利用文丘里工作原理，用带一定压力及流速的燃料气通过引射器，当燃料气到达引射器最小流通面积时其流速达到极限值，引射器周围的大量空气被"吸入"至燃料气管路中，与燃料气混合直至节能长明灯顶部。

每套节能长明灯中有两根管，一根为爆燃管，另一根为燃料气管，并采用引射装置、过滤器、可调喷嘴，确保火焰刚度好，运行安全可靠，不受外界恶劣条件影响，燃烧稳定，节能长明灯

"长明"不灭。节能长明灯燃料气耗量小，耗量约 4.0m³/h，保证节能长明灯的运行安全可靠性及良好的节能效果。

（3）火炬塔：火炬塔采用三边形刚柔结合形桁架结构，火炬塔高 65m（含火炬头总高 70m），塔架的构件采用法兰及高强度螺栓连接。塔架设直爬梯，每间隔约 10m 设置中间休息平台，直爬梯设安全防护笼，中间休息平台设安全防护栏，塔架顶部和航空障碍灯均设维护检修平台（图 5-16）。塔架钢结构防腐涂装均采用热浸锌防腐，防腐寿命为 30a。

图 5-16　火炬塔

（4）火炬点火系统：为了保障放空气点火可靠，储气库火炬设置了三种点火工艺，长明灯点火、高空自动点火和地面内传燃点火。点火控制盘将高空自动点火系统与地面内传燃点火器成橇，所有的燃料气电磁阀组、阀门、管线、仪表空气管线、控制盘、指示灯等均装配在同一钢制橇座上。

高空自动点火器：当向火炬排放放空气时，可在选定时间内启用 3 套高空引火筒，自动点燃火炬。同时，系统允许在任何状态下手动点火，高空引火筒火焰高于 1m，能够引燃放空气。

地面内传燃点火器：带一定流量、压力的空气和燃料气，通过各自管道混合后进入爆燃发生室，当混合浓度达到爆燃范围时，点火器利用电容充放电原理输出 2500V 高能电压至高能半导体电嘴，放电产生电火花，引燃爆燃气体，爆燃气体产生的火焰通过爆燃管引至长明灯，并点燃长明灯。在地面点火器主控箱内部设置限流孔板以维持一定流量，使爆燃气体达到爆燃浓度范围，提高点火成功率。

（5）高低压凝液回收系统：包括高压放空收液罐、低压放空收液罐、凝液泵等设备，主要用于将放空气中存在的凝液分离出来，避免随放空气喷出火炬形成爆燃或溅落火雨。

第四节　水处理工艺

一、工艺简介

集注站给水水量分为三个部分，一是员工生活用水量，包括控制中心及生产用房等用水；二是集注站内厂房地面冲洗及绿化用水；三是站内消防系统用水。站内水源结合所在位置供水情况确定，如供水管网多采取打水源井方式，生活、生产用水取自水源井处理后的清水，消防水水源取自不经处理的水源井井水。

二、给水处理工艺流程

水源井出水→除砂器→曝气水箱→提升泵→锰砂过滤器→活性炭过滤器→恒压供水

装置→净化水外输泵→用水点。

反洗流程：净水箱→反洗泵→锰砂过滤器→室外生活污水排水管网。

水源井出水经旋流除砂器除砂后先经曝气水箱曝气溶氧，经过滤提升泵提升后再经过锰砂过滤器，除去水中铁离子、锰离子及部分杂质，然后进入净水箱，再由变频供水装置供给各用水点。在变频供水装置出口设紫外线杀菌装置。锰砂过滤器设反洗泵。反洗泵从净水箱吸水，反洗排水经室外管网进入生产、生活污水处理系统。

图 5-17　水处理橇装设备

主要设备：给水处理装置包括曝气水箱、变频供水装置、锰砂过滤器、反洗泵、全自动控制柜、配套管阀等，其中变频供水装置主要包括净水箱、加压泵、紫外线杀菌装置、气压罐等。水处理橇装设备见图 5-17。

非生活用水主要指消防用水，从水源井出水后不需处置直接进入消防水储罐备用。

第五节　生活污水处理工艺

生活污水处理工艺流程：生活污水→化粪池→格栅→调节池→地埋式生活污水处理装置→清水池→装车外运（或场地绿化）。

集注站生活污水首先进入化粪池，之后经排水管网自流通过格栅井进入调节池，经调节池内污水提升泵提升进入地埋式污水处理装置处理，处理后污水提升至生活污水池，用于场地绿化或装车外运污水处理站。化粪池内污泥定期清掏外运。

地埋式污水处理装置包括的调节池、厌氧池、接触氧化池、二沉池、消毒池、污泥池均设置在若干个罐体内，罐体间用钢管道或直接开口连接。

格栅井作用是拦截去除水中废渣、纸屑、纤维等固体悬浮物。

调节池起缓冲作用，让污水均质均量。

厌氧池内设置高效生物弹性填料作为细菌载体，培养厌氧微生物，依靠厌氧微生物将污水中可溶性有机物水解为有机酸，使大分子有机物分解为小分子有机物，不溶性有机物转化成可溶性有机物，同时通过回流的硝态氮在硝化菌的作用下，将蛋白质、脂肪部分硝化和反硝化，去除氨氮。

接触氧化池是污水处理的核心部分，分两段，前一段在较高的有机负荷下，通过附着于填料上的大量不同种属的微生物群落共同参与下的生化降解和吸附作用，去除污水中的各种有机物质，使污水中的有机物含量大幅度降低。后段在有机负荷降低的情况下，通过硝化菌的作用，在氧量充足的条件下降解污水中的氨氮，同时也使污水中的COD值降低到更低的水平，使污水得以净化。两段式设计能使水质降解成梯度，达到良好的处理效果，同时设计采用相应导流紊流措施，使设计更合理。该池需要曝气，也就是通过气泵打入氧气满足微生物氧气消耗。

二沉池（沉淀池）里污水中的悬浮物在重力作用下与水分离，去除生化池中剥落下来的生物膜和悬浮污泥，使污水真正净化，使出水效果稳定。

消毒池内设计消毒装置、导流板，消毒设计投加氯片或紫外线接触的消毒方式进行消毒，使出水水质符合卫生指标要求，合格外排。

第六节　采暖工艺

集注站内采暖单元为站内办公、门卫、压缩机厂房、辅助用房等场所采暖，以及消防水罐伴热等。供热系统为闭式循环系统，工艺伴热及站内单体采暖回水 70℃经除污器过滤，再经循环水压输送至加热炉，加热后产生 95℃热水给工艺伴热及单体采暖提供热源。采暖橇装设备见图 5-18。

工艺流程如下：

系统回水（70℃）→除污器→循环水泵→加热炉→工艺伴热及单体采暖（95℃）

　　　　　　　　　　　　　↑

补水泵←水箱←软化水处理装置←生水

主要设备：

采暖加热炉（图 5-19），燃料为天然气，气压力设计 0.05 ~ 0.1MPa，通常采用水套炉用软化水作为中间传热介质对采暖管线中水进行加热，进出水温度为 95℃和 70℃。

循环水橇，橇内设备包含热水循环泵 2 台、补水泵 2 台、软水装置 1 台、软化水水箱 1 台、立式除污器等。

图 5-18　采暖橇装设备　　　　　　　　图 5-19　采暖加热炉

第六章　压缩机

压缩机是把原动机的机械能转变为气体能量的一种机械,储气库常用压缩机进行天然气增压。按照压缩气体的方式不同,压缩机通常分为容积式压缩机和透平压缩机(离心压缩机)。

容积式压缩机通过在保持气体质量不变的条件下减小其容积达到提高气体压力的目的。典型的容积式压缩机又可大致分为两种:一种是往复式,例如活塞式压缩机;另一种是回转式,例如螺杆压缩机、涡旋压缩机、滑片压缩机等。

第一节　往复式压缩机原理及结构

一、基本概念

(1)往复式压缩机:活塞在气缸内做往复运动或膜片在气缸内做反复变形,压缩气体以提高气体压力的机器(图6-1)。

图6-1　往复式压缩机

(2)压缩介质:被压缩的气体。

(3)级:完成压缩循环的基本单元。

（4）段：工艺流程用压缩机中，气量和组分相同的相邻各级。

（5）列：在同一气缸轴线上的单个或多个气缸串联的结构。

（6）主机：压缩机的机体部分和压缩部分的总称。

（7）驱动机：驱动压缩机的动力机械或装置。

（8）附属设备：除主机和驱动机外，其余压缩机所需配套设备的总称。

（9）机体部分：压缩机的机身或曲轴箱和运动部件等的总称。

（10）压缩部分：压缩机的气缸、活塞、气阀、填函等部件的总称。

（11）吸气压力：在标准吸气位置的气体压力。

（12）进气压力：压缩机第 1 级的吸气压力。

（13）排气压力：在标准排气位置的气体压力。

（14）输气压力：压缩机末级的排气压力。

（15）吸气温度：在标准吸气位置的气体全温度。

（16）进气温度：压缩机第 1 级的吸气温度。

（17）排气温度：在标准排气位置的气体全温度。

（18）输气温度：压缩机末级的排气温度或经换热后的压缩介质温度。

（19）容积流量：经压缩机某级压缩并排出的气体，在标准排气位置的气体流量，换算到进气温度、进气压力及其组分（如湿度）时的值。

（20）实际容积流量：压缩机末级的容积流量。

（21）余隙容积：压缩循环终了时，残留气体所占的压缩腔容积。

（22）相对余隙容积：余隙容积与行程容积的比值。

（23）工作容积：行程容积与相应余隙容积之和。

二、往复式压缩机工作原理

往复式压缩机属于容积式压缩机，主要部件有曲轴、曲轴连杆、中体、十字头、气缸、活塞杆、活塞、气阀等，是使一定容积的气体顺序地吸入和排出封闭空间提高其静压力的压缩机。曲轴带动连杆，连杆带动活塞进行往复运动。当所要求的排气压力较高时，可采用多级压缩的方法，在多级气缸中将气体多级压缩。在每个气缸内都经历吸气、压缩、排气、膨胀四个过程。

三、往复式压缩机基本信息

ARIEL 压缩机内部结构见图 6-2。双 6 储气库和雷 61 储气库所用压缩机基本信息见表 6-1 和表 6-2。

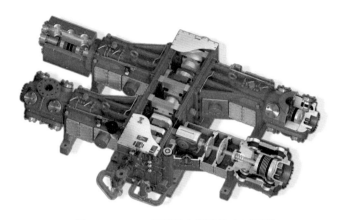

图 6-2　ARIEL 压缩机内部结构（4 拐型）

表 6-1　双 6 储气库压缩机基本信息

生产厂家：美国 ARIEL	设备型号：KBU/6
生产日期：2011 年 5 月	出厂编号：109479-111 ~ 118
长 × 宽（mm）：4648×4851	总体质量：31071kg
额定转速：1000r/min/ 最低转速：500r/min	曲轴中心线高度：609.6mm
曲轴箱润滑油压力：0.35 ~ 0.42MPa	曲轴箱润滑油最高允许温度：88℃
连杆最大压缩载荷：355856N	连杆最大拉伸载荷：333615N
活塞行程：146mm	活塞杆直径：73.025mm
活塞额定速度：5.8m/s	活塞杆总负荷：667233N

表 6-2　雷 61 储气库压缩机基本信息

机组型号	DTY4000H310（3）× 190（3）		
压缩机型号	6CFB		
进站压力（MPa）	1.6 ~ 2.4	7 ~ 9	1.5 ~ 3.1
进气温度（℃）	25	25	25
排气压力（MPa）	4.2 ~ 13	7.5 ~ 15	2.6 ~ 4.5
排气温度（℃）	夏季≤ 55，冬季≤ 25		
压缩机列数	6		
压缩机气缸数	6		
压缩机级数	1/2		
电机额定功率（kW）	4000		
电机转数（r/min）	994		

　　双 6 储气库注采站大罐抽气压缩机外观见图 6-3，其基本信息见表 6-3。

图 6-3　双 6 储气库注采站大罐抽气压缩机

表 6-3　双 6 储气库注采站大罐抽气压缩机基本信息

产品型号	VWF-4.1/（0.001-0.017）-4	吸气压力	0.0001 ～ 0.0017MPa
产品名称	混合气压缩机	排气压力	0.4MPa
介　　质	混合气	配备功率	30kW
容积流量	4.1m³/min	转　　速	740r/min

四、往复式压缩机运行的工况

（一）双 6 压缩机

在三级压缩注气工况下，设计入口压力在 20℃时为 2.3 ～ 4.2MPa，设计出口压力在 65℃时为 10 ～ 26MPa。

在二级压缩注气工况（现有天然气组分不变）下，（界定依据天然气气体组分和环境温度影响在活塞杆承载负荷范围内）设计入口压力在 20℃时为 5.0 ～ 6.0MPa，设计出口压力在 65℃时为 7.0 ～ 10.0MPa。

（二）雷 61 压缩机

4 种工况模式为低压进气注气（MDA）、高压进气注气（MDB）、并联采气（MDC）、串联采气（MDD）。低压进气注气为两级压缩；高压进气注气为一级缸直通不做功、3 个二级缸做功一级压缩；并联采气为一级压缩；串联采气为两级压缩。常用工况是低压进气注气、并联采气。

1. 低压进气注气工况（两级压缩）（MDA）

进气压力：1.6 ～ 2.4 MPa（设计点 1.7MPa）；

排气压力：4.2 ～ 13.0 MPa（设计点 13.0MPa）；

排 气 量：$100×10^4m^3/d$（设计点）（标准状态，101.325kPa，20℃）；

进气温度：25℃。

2. 高压进气注气工况（一级压缩，310 缸全部不做功）（MDB）

进气压力：7.0 ～ 9.0 MPa（设计点 7.0 MPa）；

排气压力：7.5 ～ 15.0 MPa（设计点 15.0MPa）；

排 气 量：$100×10^4m^3/d$（设计点）（标准状态，101.325kPa，20℃）；

进气温度：25℃。

3. 采气工况

进气压力：1.5 ～ 3.1 MPa（设计点 2.5 MPa）；

排气压力：2.6 ～ 4.5 MPa（设计点 4.5MPa）；

排 气 量：$225×10^4m^3/d$（设计点）（标准状态，101.325kPa，20℃）；

进气温度：25℃。

五、往复式压缩机主要结构与功能

往复式压缩机结构简图见图 6-4。

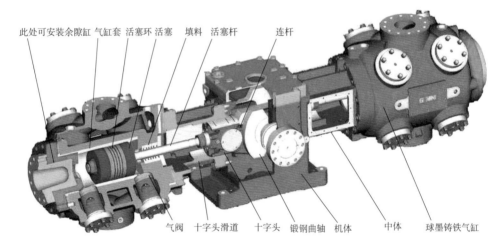

图 6-4 往复式压缩机结构简图

（一）机身

机身用来安装气缸和运动机构承受机器本身或部分重量，承受各运动件的作用力并将其传给基础。

机身为对称平衡型，合金铸铁制造，上部为开口匣式结构用支撑杆连接，机身下部为油池和预置的钢管主油道。

　　主轴承安置在与气缸中心线平行的板壁上，板壁上布置有筋条，机身顶部装有呼吸器和防爆阀，使机身内部与大气相通，降低油温和机身内部的压力，免使润滑油从连接面挤出来。4CFB 机身结构示意图见图 6-5。

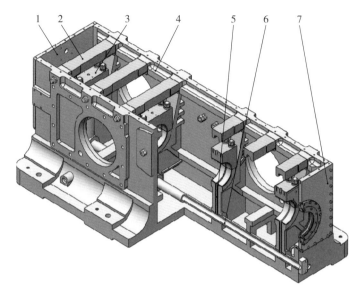

1—左侧盖板　2—支撑杆　3—主轴承盖　4—机身　5—支油道　6—主油道　7—右侧盖板

图 6-5　4CFB 机身结构示意图

（二）驱动联轴节

　　驱动联轴节的不当对中可能导致电机或压缩机主轴承过早发生故障。通过 TB-Woods（GCH-1100-94）柔性盘联轴节（图 6-6）把压缩机的曲轴直接连接在电机的轴上，可以减小过量的振动和补偿不当的对中。对中可以减少电机和压缩机轴承磨损和设备震动，常用激光对中仪或千分表测量径向、轴向偏差来对中找正。

图 6-6　TB-Woods 柔性盘联轴节

（三）曲轴

曲轴是往复式压缩机重要的传动部件。电机将动力通过电机的轴传递到压缩机的曲轴，再传递给连杆、十字头，将曲轴的回转运动转化为活塞的往复运动，从而实现天然气的压缩增压。4CFB曲轴结构示意图见图6-7。

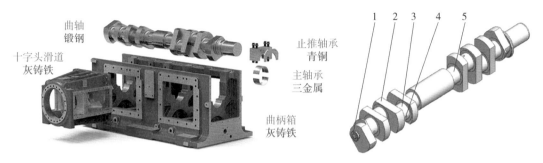

1—链轮　2—曲柄臂　3—曲柄销　4—润滑油道　5—主轴颈

图6-7　4CFB曲轴结构示意图

（四）曲轴连杆

连接曲轴和十字头，实现运动转换与力矩传递。大头连接曲轴，连接处装有连杆轴承；小头连接十字头，连接处装有衬套，连杆内设置曲轴箱油润滑通道。连杆结构示意图见图6-8。

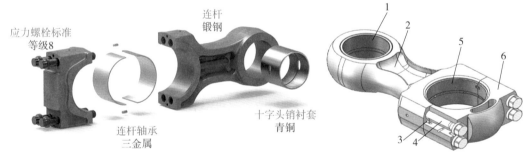

1—衬套　2—连杆体　3—圆柱销　4—连杆螺栓　5—连杆轴承　6—连杆盖

图6-8　连杆结构示意图

（五）中体

支撑十字头的滑道，中体内装有刮油器，刮油器安装在活塞杆填料函与十字头之间，刮油器内有刮油环，防止润滑油随活塞杆漏失。中体结构示意图见图6-9。

（六）十字头

连接连杆和活塞杆的零件，具有支撑导向作用。压缩机中大量采用连杆头放在十字头体内的闭式十字头结构。十字头与活塞杆的连接形式分为螺纹连接、联轴器连接、法兰连接。十字头与连杆的连接由十字头销来完成。十字头结构示意图见图6-10。

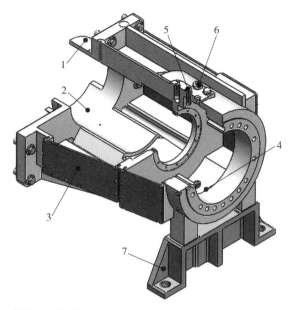

1—止口　2—滑道　3—侧盖板　4—排污口　5—填料进油口　6—放空口　7—中体支撑

图 6-9　中体结构示意图

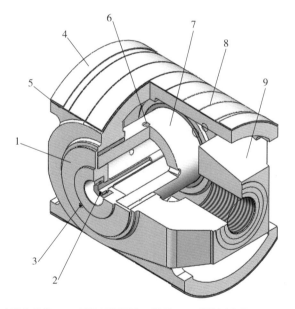

1—十字头销盖　2—压盖锁紧螺栓、螺母　3—弹性圆柱销　4—导承面
5—十字头衬套　6—润滑油孔　7—十字头销　8—油槽　9—十字头体

图 6-10　十字头结构示意图

（七）气缸

气缸是往复式压缩机中直接进行气体压缩的部分。它与活塞、气阀等共同组成压缩气体的工作容积。气缸内部结构示意图见图 6-11。

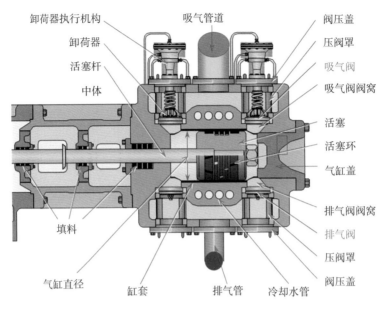

图 6-11　气缸内部结构示意图

（八）活塞

活塞由活塞环、活塞杆、支撑环等组成，与气缸形成压缩容积。通过活塞的往复运动来完成气体的压缩过程。活塞结构图见图 6-12。

（九）活塞杆填料函

填料函的密封原理是利用阻塞和节流以达到密封的目的。阻止气缸内的压缩气体沿活塞杆泄漏和防止气缸油随活塞杆进入曲轴箱内。活塞杆填料函配有气缸油润滑通道，进入活塞杆填料函的气缸油一部分会被输至气缸内，大部分会通过底部的排泄管排出。二、三级气缸内活塞杆填料函配有冷却水通道，用来给填料函降温。活塞杆填料函结构图见图 6-13。

图 6-12　活塞结构图

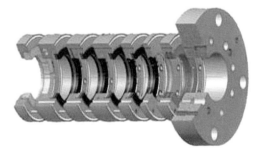

图 6-13　活塞杆填料函结构图

（十）气阀

气阀是往复式活塞压缩机的重要部件，也是易损件，它的质量直接影响到压缩机的排气量与能耗及压缩机运转可靠性。它是影响提高压缩机转速的关键部件。气阀在压缩机的进气、排气通道上起单向阀的作用，进气阀在吸气冲程中打开，将气体吸入气缸，而在压缩冲程中关闭，防止气体倒流回进气缓冲罐；排气阀在压缩冲程中打开，被压缩的气体从气缸中排出，而在吸气冲程中关闭，防止排气缓冲罐内的压缩气体返回气缸。曲轴端压缩气阀示意图见图 6-14。气缸端压缩气阀示意图见图 6-15。

图 6-14　曲轴端压缩气阀示意图

图 6-15　气缸端压缩气阀示意图

气阀一般由阀盖、阀座、升程限制器、阀片、缓冲片、弹簧、导向销钉、固定螺丝构成。进气阀结构图见图 6-16。

图 6-16　进气阀结构图

（十一）排量控制系统

排量控制通过可调余隙实现，可调余隙主要是改变气缸头端的余隙容积，改变排气量。ARIEL 压缩机气缸都设计为双作用气缸，而且第一级（四拐、六拐）气缸配有一个可以手动调节的缸头端可调余隙腔（VVCP）（图 6-17 和图 6-18）。有了 VVCP，就可以在气缸的缸头逆时针旋转丝杠（调整范围 12.4 ~ 44.1cm）增加余隙量，降低流量和负荷。

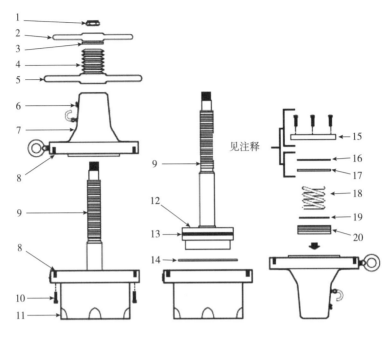

1—锁紧螺母　2—调节把手　3—调节把手唇边　4—波纹管螺纹保护器　5—锁紧把手　6—油脂主入口
7—适配器　8—配合标记　9—活塞杆　10—凹头螺栓　11—缸头　12—活塞　13—活塞环　14—O形环
15—支撑板　16—卡环　17—弹簧护圈　18—压缩弹簧　19—支撑环　20—V形密封圈

图 6-17　VVCP 结构图

图 6-18　VVCP 外观

第二节　往复式压缩机润滑油系统组成及工作原理

一、往复式压缩机曲轴箱润滑系统

（一）压缩机润滑系统的主要作用和功能

（1）减小滑动部位的磨损，延长零件期望寿命，减小维修费用；

（2）带走摩擦热量，冷却摩擦表面，保持正常配合间隙，有利于润滑零件的正常运转；

（3）和机械密封结构相结合，对气缸中的气体起密封作用；

（4）防止零件表面锈蚀，提高零件工作寿命；

（5）减小摩擦和摩擦热，减少能量损失和降低摩擦功耗，提高压缩机效率；

（6）带走磨屑清洗摩擦表面，提高运动面的工作质量。

（二）预润滑系统

预润滑系统主要在压缩机未启动前，对曲轴主轴承等处进行预先润滑，保证压缩机能在启动过程中正常工作。预润滑系统主要是电机带动的预润滑泵，除齿轮泵以外的其余部件和曲轴连杆润滑系统共用。

（三）曲轴连杆润滑系统

曲轴连杆润滑系统主要为曲轴主轴承、各连杆轴承、十字头和轴销处提供润滑。主要由润滑油箱、粗过滤器、内啮合齿轮油泵、静热力阀、润滑油冷却器、精过滤器、油管、机体和曲轴及连杆中的油道、油压表和油压传感器等组成。属强制润滑系统。

（四）工作过程

装在曲轴箱辅助端盖上的油泵，让曲轴箱中的润滑油通过进油过滤器后，然后把它从油池中抽出来。然后该泵把油通过管子，打到装在压缩机橇块上的油冷却器上，油温由一个恒温控制阀来进行控制。油从冷却器中出来以后，流向装在曲轴箱辅助端上的油过滤器。过滤器的入口及出口处装有压力表。在正常的操作温度下，油流经一个干净的过滤器之后，正常的压降为 2 ～ 6psi。

（五）曲轴箱润滑油循环流程

在系统压力下，油流经油腔上所钻的通道，通过系统管路来对每个十字头的顶部和底部进行润滑。从滑块、十字头和连杆衬套流出的油会被集中到十字头滑道，然后流回油池中。曲轴箱润滑管路分布图见图 6-19。曲轴箱润滑油循环图见图 6-20。

（六）压缩机气缸及活塞杆填料函的强制润滑系统

（1）作用。

强制润滑系统向压缩机气缸、活塞杆、填料提供润滑油。在所有 JGK 和 JGT 气缸的顶部和底部都应有润滑注入点。把油从曲轴箱润滑油系统的压力端或从一个压力罐，直

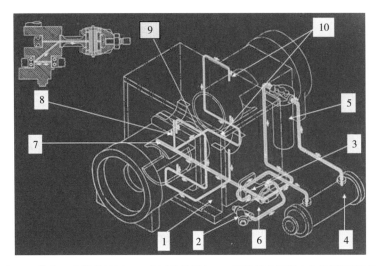

1—润滑油池 2—带有 40 网孔的滤网 3—泵（齿轮泵） 4—润滑油冷却器（由成套提供的温度控制阀）
5—润滑油过滤器 6—润滑油通道终端（在润滑油泵下） 7—润滑油管线 8—润滑主轴承的润滑油道
9—压缩机机身侧的油孔 10—外部到十字头的润滑油管线

图 6-19　曲轴箱润滑管路分布图

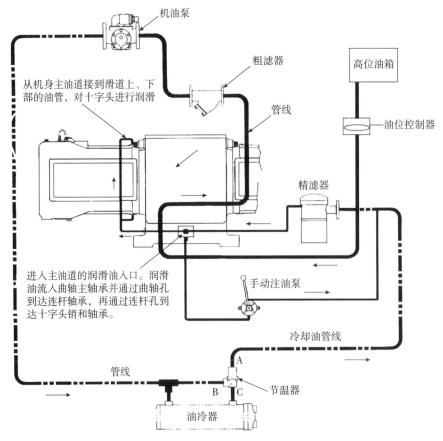

图 6-20　曲轴箱润滑油循环图

接供到注油器泵的吸入端。

（2）"迷你润滑"与过量润滑。

压缩机要保证正确的润滑量，润滑不足或过量润滑都会引起部件的非正常损耗。润滑不足会导致"迷你润滑"状况，该状况会导致特氟隆（聚四氟乙烯）和 PEEK（聚醚醚酮）材料的活塞和填料环迅速损坏。在隔离段、填料箱、气缸和气阀处出现的黑色胶状沉积物是润滑不足状态的表现。过量润滑将导致工艺气中携带过多的油，易在气阀和气道处形成积碳，加剧气阀的损坏。同时填料箱中将产生"液压"使填料环严重脱离活塞杆，从而形成泄漏间隙。泄漏气体的增加将导致填料和活塞杆的过热。

（3）测试方法。

合适的汽缸润滑率可以用香烟纸或计算 DNFT 循环周期的方法进行测试。使用两层普通的无蜡香烟纸，把两层纸叠在一起，然后用它轻轻地沿气缸内壁顶部擦拭。第一层应该有油迹并湿润，而第二层应该是没有油渗透的。另外可以观察分配器上的循环周期指示器，计算两次数字无流计时器（DNFT）闪光之间的时间，与产品操作手册要求进行比较即可。

（4）注油器供油系统。

注油器配有自己的油箱，可以用它来对蜗轮和凸轮进行润滑。然后油会流向分配区块。在这里，润滑油会被细分，然后分别向气缸和填料输送一定量的油。在所有的出口都有一个止回阀来防止油回到区块中。注油器结构示意图见图 6-21。

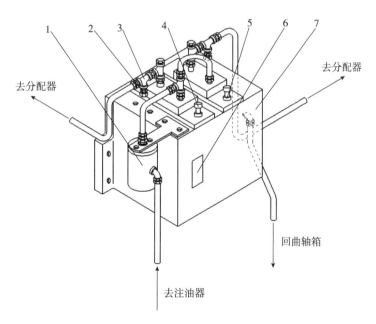

1—滤清器　2—泄压接头　3—三通接头　4—注油杆　5—注油泵锁紧螺母　6—观察窗　7—注油箱

图 6-21　注油器结构示意图

（5）注油器润滑系统。

油从分配区块输往气缸和填料。到填料的油中的一部分会被输往气缸，但其中的大部分会通过十字头滑道底部的压力排泄部件中排出，也可通过滑道底部的常压排泄管排出（图6-22）。

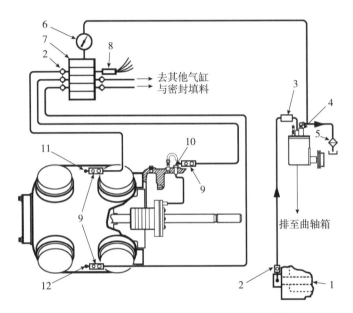

1—压缩机机身油道　2—单球单向阀　3—烧结青铜过滤器　4—强制给油润滑泵　5—安全膜
6—压力表　7—配油阀/配油器　8—流量监测器无流量定时关断开关　9—双球单向阀
10—密封填料加油点　11—气缸顶部加油点　12—气缸底部加油点

图6-22　气缸、填料强制注油润滑系统

（6）填料润滑布管和放空。

填料润滑布管和放空系统见图6-23。

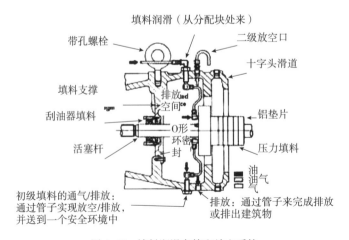

图6-23　填料润滑布管和放空系统

（七）注油系统组成及原理

MH系列分配阀最高压力：520bar[①]。常在进口机中使用，结构紧凑，自动化程度高。配油器外观见图6-24。

（1）注油器。

由压缩机曲轴驱动注油箱内的涡轮蜗杆，带动凸轮轴转动，凸轮轴带动柱塞泵摇臂运动，泵体内柱塞做往复运动，将机油压向润滑点。注油器外观见图6-25。

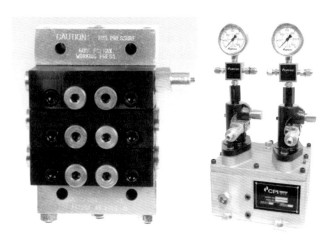

图6-24　配油器　　　　　图6-25　注油器

（2）注油器的工作原理。

注油器中的每个泵头可调整，使油适当地分配到各个注油点，泵由摇臂和凸轮装置驱动，泵体内柱塞做往复运动，随着柱塞向上运动，润滑油从柱塞孔经过出口阀注入润滑点。

（3）分配器。

分配器由标有数值和字母的各个分配阀组成，最少需要三个分配快。其特点为各个出油口的润滑油排量按照标定数值比例分配到每个润滑点上，可以根据需要灵活组合阀块的数量，整个分配器上油路相同，如果有一个阀块不能工作则其他所有的阀块都不能工作，便于集中控制。分配器结构示意图见图6-26。

（4）无油流开关（DNFT）。

用来探知分配器的柱塞运动情况，进而探知系统的油流情况，通常为无油流两分钟报警。配有一个黄色的发光二极管循环显示器，从无油流到发出报警或停机时间为3min，是不可调整的，靠磁销来运行，当分配块的活塞移动时，它会前后循环运转，闪动着黄光并显示分配块的完整循环。DNFT无油流指示器见图6-27。

————————

①　1bar=100kPa。

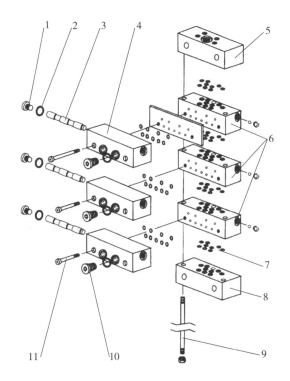

1—丝堵　2—O形密封圈　3—活塞　4—分配块　5—进油阀块　6—中间阀块　7—O形密封圈
8—终端阀块　9—连接杆　10—丝堵　11—连接螺栓

图6-26　分配器结构示意图

图6-27　DNFT无油流指示器

（5）分配块无油流关断。

安装在分配块上的压力表指针移动应该是平稳的，而且能反映出由每一个阀门进行给油的润滑油点的压力。在压力计上的指针不稳定移动预示着分配块不正确的给油周期。可能由于气堵、污物或者过多拧紧分配块的螺栓，造成无油流关断。

（八）润滑油预热和冷却系统

（1）润滑油冷却器。

润滑油冷却器采用风冷方式，与压缩机的级间冷却系统同用一个风扇驱动。

（2）静热力阀。

为了保证压缩机更好的运行，Ariel 公司作为选件提供了 Amot 牌静热力阀，并推荐以固定连接方式安装。润滑油的油温设定为 150 $^\circ$F（65.6℃）<油温< 190 $^\circ$F（87.8℃），当油温高于 190 $^\circ$F（87.8℃）时，静热力阀自动打开，润滑油从齿轮泵出来，经冷却器冷却后，再经油精滤器到各个润滑点。热油供应线和冷却后的冷油返回线之间的最大压差是 10psig（0.07MPa）。

（3）润滑油加热器。

压缩机要求的最低润滑油温是 150 $^\circ$F（65.6℃），这是驱散水蒸气所需的最低温度。如果压缩机被暴露在较冷的环境温度下，润滑油系统设计应保证机组能安全起动，确保有足够的润滑油流到主轴承处，并保证连续运行，还需要有油加热器以及相应构件。

（九）润滑系统油压的设定

（1）曲轴连杆润滑系统。

曲轴连杆润滑系统的油压，可通过齿轮泵上的调压器进行调整。压缩机出厂时设定油压正常值为 p=60psig（0.4MPa），但允许在一定的范围内变化，所以控制系统设置了油压的上下限：35psig < p < 150psig（0.24MPa < p < 1.03MPa）。低油压停机设定为 35psig（0.24MPa），以便保护压缩机。

（2）气缸润滑系统。

气缸润滑系统中的油压通常要高于曲轴连杆润滑系统。润滑油应刚好以稍高于该气缸入口天然气压力的油压喷进每个气缸。气缸润滑系统的油压，可通过柱塞泵顶部的弹簧调压器调高或降低。

二、往复式压缩机机身冷却系统

为减少排气阀上的碳沉积，润滑气缸的最高工艺温度应低于 150℃，这是气缸铸件、活塞、活塞环和气阀材质的操作极限温度。排气温度高多数是空冷器散热效率降低或气阀发生了故障。系统可以监测气缸的排气温度并设置保护停车。二、三级气缸活塞杆填料函配有水冷通道（图 6-28），就是为了降低活塞杆填料函的温度，延长其使用寿命。

图 6-28　填料函的水冷通道

图 6-29　盘根水液流指示器

盘根水通过管壳式冷却器与超出恒温控制阀设定温度的曲轴箱润滑油进行换热冷却。盘根水进入空冷器内管束进行降温，循环回路上设有膨胀水箱，保证盘根水的循环量。盘根水管路上装有液流指示器（图 6-29），显示盘根水的流通情况。

第三节　往复式压缩机工艺

一、往复式压缩机洗涤罐及缓冲罐

往复式压缩机每级气缸入口均装有入口洗涤罐及缓冲罐，气缸出口装有出口缓冲罐。洗涤罐可以再次净化天然气，缓冲罐可以减小气流脉动从而保证压缩机组的安全平稳运行。

（1）压缩机入口洗涤罐。

入口洗涤罐即为两相分离器，用来分离气体冷却后析出的液相，进而保护压缩机组。洗涤罐采用惯性离心分离的方法，通过气流的撞击、转折，使液滴附在筒壁面上并沿壁流落至容器底部。底部设有排液阀，液位控制开关（图 6-30）与 FISHER D4 调节阀（图 6-31）联动自动排液。

一级洗涤罐、二级洗涤罐、三级洗涤罐见图 6-32 至图 6-34。

图 6-30　液位控制开关

图 6-31　D4 调节阀

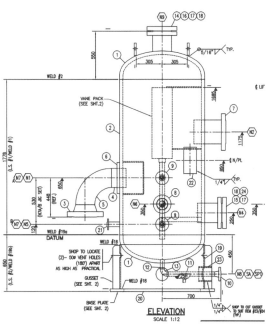

图 6-32　一级洗涤罐

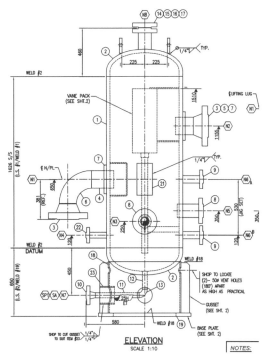

图 6-33　二级洗涤罐

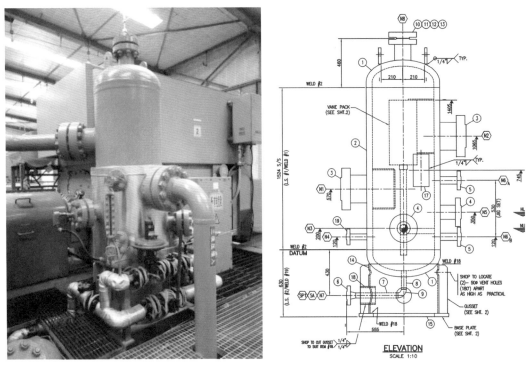

图 6-34 三级洗涤罐

（2）压缩机进、出口缓冲罐。

为减小压缩机工作时产生的气流脉动，一般在各级气缸进口、出口设置缓冲罐（图 6-35 至图 6-37）。

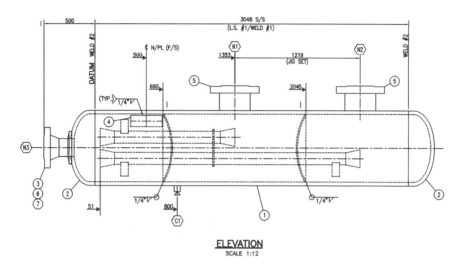

图 6-35　一级缓冲罐

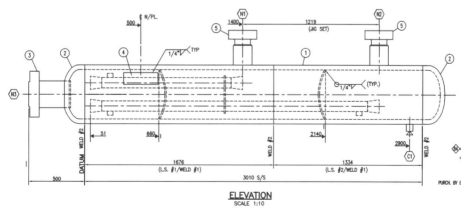

图 6-36　二级缓冲罐

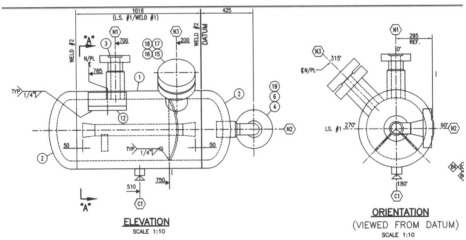

图 6-37　三级缓冲罐

图 6-38　补油橇

二、往复式压缩机气缸油补油橇

压缩机房内东侧装有 1 台压缩机气缸油补油橇（图 6-38）。气缸油由油泵泵入油罐中，再由补油橇补充到各压缩机的高位油箱中。

三、压缩机主要故障及排除方法

压缩机主要故障及排除方法见表 6-4。

表 6-4 压缩机主要故障及排除方法

序号	故障	产生原因	排除方法
1	机身异常振动或噪声	主轴瓦、连杆瓦、十字头衬套、十字头衬套松动或磨损	检查间隙，紧固或更换轴承
		十字头螺母或十字头销松动	拧紧或更换松动零件
		油压低，润滑不良	提高油压，排除泄漏
		润滑油型号不对	根据要求换用合适的润滑油
		气缸振动引起	紧固活塞螺母等，见"气缸有异常振动或噪声"栏
		地脚螺栓或其他连接螺栓松动	紧固螺栓
2	气缸异常振动或噪声	活塞螺母松动	拆下活塞，紧固螺母
		活塞轴向间隙太小	调整活塞两端轴向间隙
		气阀磨损或损坏	修理或更换零部件
		活塞环磨损或损坏	更换活塞环
		气阀安装不当，垫片损坏	更换垫片，重新装配气阀
		填料破损	更换填料
		气缸、活塞磨损或拉伤	修理或更换
		气缸积液，产生水击现象	查明原因并排除故障
		注油器供油过量或供油不足	调节注油器供油量
		异物掉入气缸	检查并排除故障
		工艺气管路振动引起	查明原因并排除故障
		气缸支撑不合理	调整支撑
3	排气量达不到设计值	气阀、活塞环磨损或损坏，造成气阀、活塞环泄漏，特别是一级气阀、活塞环泄漏	检查一级气阀和活塞环，修理或更换损坏零件
		气阀垫圈泄漏	检查并排除故障
		气缸、活塞磨损或拉伤	检修或更换损坏零件
		活塞杆填料泄漏	清洗或更换填料
		工艺气系统泄漏	查明原因并排除故障
		排气压力高于设计值	降低排气压力
		可调余隙容积调节不正确	重新调节余隙容积

续表

序号	故障	产生原因	排除方法
4	排气温度高于正常值	本级进、排气阀泄漏，或下一级进排气阀泄漏，或下一级活塞环泄漏引起压力比增大	修理气阀，或更换气阀零件和活塞环
		中冷器或管线结垢、堵塞	清洗中冷器或管线
		进气温度高于正常值	清洗中冷器
		排气压力高于正常值	查明原因并排除故障
		润滑油不合适或润滑不足	使用合适的润滑油，增加供油量
5	气阀损坏或异常磨损	压缩介质携带固体颗粒或液滴进入气缸	检查分离器，查明原因排除故障
		气阀不干净	清洗气阀
		注油器供油过量或不足	调节注油器供油量
		积液或气缸冷却水温度低于进气温度而产生冷凝液	查明原因，排除故障
		装配不当，气阀松动或气阀压紧不均匀	重新装配气阀
6	气缸、活塞、活塞环异常磨损	压缩介质携带固体颗粒或液滴进入气缸	检查分离器，查明原因排除故障
		润滑油不合格或润滑不良	按要求使用合适的润滑油，调节注油器供油量
		气缸积液	查明原因排除故障
		活塞环已超过磨损极限仍继续使用，加速了摩擦副的磨损	更换活塞环
		气缸、活塞磨损或拉伤	修理或更换损坏零件
7	活塞杆、填料环异常磨损	填料不干净	清洗填料
		润滑油不合格，注油器供油不足或过量	按要求使用合格的润滑油，调节注油器供油量
		填料环磨损或卡塞	更换填料环
		活塞杆刮伤，有凹痕或磨损	修理或更换活塞环
		积液	查明原因并排除故障
8	填料过热	润滑系统故障	检修或更换单向阀和注油器
		润滑油不合适或润滑不足	按要求更换润滑油或增加供油量
		填料环侧隙太小	更换填料环

续表

序号	故障	产生原因	排除方法
9	填料泄漏	填料环磨损	更换填科环
		润滑油不合适或润滑不足	换合适的润滑油，增加供油量
		填料不干净	清洗
		加载速度太快	缓慢加载
		填料装配不正确	按要求重新装配
		填料环的开口间隙或侧隙不符合要求	更换
		填料排污孔堵塞	清除堵塞物
		活塞杆刮伤	修复或更换活塞杆
		活塞杆跳动超差	检查并排除故障
10	刮油器泄漏	刮油环磨损	更换刮油环
		刮油环装配不正确	重新装配
		活塞杆磨损或划伤	修复或更换活塞杆
		刮油环侧隙超差	更换刮油环
11	润滑油压力过低	润滑系统内有空气	排出空气
		运动件撞击油面产生油沫	降低机体油池油位
		油温低，润滑油黏度高	按要求更换润滑油
		油滤器不干净	清洗或更换滤芯
		润滑系统泄漏	检查油管线接头
		轴承磨损泄漏过量	更换轴承
		低油压保护调节不当	重新调节
		主油泵调压阀设置压力过低	重新调节
		油压表失灵	更换油压表
12	异常积碳	润滑油过量	减少供油量
		润滑油不合适，残碳高	使用推荐的润滑油
		润滑油从进气或前一级带入	检查并修理洗涤罐
		气阀损坏，泄漏产生高温	修理或更换零部件
		气缸压力比大，产生高温	查明原因，排除故障，降低压力比
		活塞环磨损、卡阻或断裂	更换活塞环
		气缸、活塞磨损或拉伤	检修或更换损坏零件

第四节　离心式压缩机结构及原理

离心式压缩机是透平式压缩机的一种，是通过旋转的叶轮叶片对气体做功使气体压力得以提高，把原动机的机械能转变为气体能量的一种机械。离心式压缩机是指叶轮对气体做功时，相对于叶轮的旋转轴中心线而言，气体流动方向主要是与其垂直的半径方向并指向离心方向（图6-39）。另一种透平式压缩机是轴流式压缩机，其叶轮对气体做功时，相对于叶轮的旋转轴中心线而言，气体流动方向主要是与其平行的轴线方向（图6-40）。

图6-39　离心式压缩机

图6-40　轴流式压缩机

离心式压缩机优点：易损件少，维修方便，可保持2～3年运行。外形尺寸小、重量轻、占地面积小。动平衡特性好，振动小，基础要求简单。磨损部件少，连续运行周期长，一般可以保证5年不间断运行，维修费用低，使用寿命长。有先进的仪表系统进行保护，可靠性极高。完整的仪表安全系统及数据远传监测，能做到故障远程诊断，远程协助设备运行与点检。减少非计划停车检修提高设备运行可靠性。离心机压比调节范围广，运行的综合效率较高。

离心式压缩机缺点：由于要避免喘振现象的发生，流量调节有一定的限制。对制造厂的研发实力有一定要求。价格稍高，主要是因为离心机的转速高对材料和机械加工要求极高，制造难度比较大，而且要有完善的监测辅助系统保证压缩机的运行安全。

离心式压缩机按结构通常分为垂直剖分（筒型）、水平剖分型、等温型（图6-41）。

一、常见概念

（一）级的定义

级是离心式压缩机的基本单元，它是由一个叶轮和一组与其相配合的固定元件所构成。

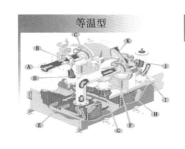

图 6-41　离心式压缩机按结构分类

（二）段的定义

每一进气口到排气口之间的级组成一个段，段由一个或几个级组成。

（三）缸的定义

离心式压缩机的缸由一个或几个段组成，一个缸可容纳的级数最少一级，最多达到十级。

（四）列的定义

高压离心式压缩机有时需要由两个或两个以上的缸组成，由一个缸或几个缸排列在一条轴线上成为离心式压缩机的列，不同的列，其转速不一样，高压列的转速高于低压列，同一转速（同轴）的列，高压列的叶轮直径大于低压列。

（五）离心式压缩机的辅机设备

离心式压缩机的辅机设备主要有驱动主电机、变速箱、润滑油系统（图 6-42），冷却系统，干气密封系统，气仪表系统及控制系统。

图 6-42　离心式压缩机驱动主电机、变速箱、气缸

二、型号简介

以沈阳透平机械股份有限公司提供的离心压缩机为例，其编号为三个大写字母及后续的数字系列共同组成。

（1）BCL 单轴多级离心式压缩机（图 6-43）。采用垂直剖分机壳（俗称筒型），承压能力高，密封性好，但检修较复杂，制造成本较高。

图 6-43　BCL 垂直剖分

BCL523A 压缩机中 BCL 指的是离心压缩机外壳垂直剖分结构（筒型外壳），叶轮顺排布置。字母后的前两个数字描述叶轮标称"尺寸"，即叶轮名义直径为 520mm，另一个数字指的是叶轮数 3，由一缸 3 级组成。工艺气体依次进入各级叶轮进行压缩，一直压缩至出口状态，没有中间气体冷却器；压缩机入口及出口法兰分布在机器上部，垂直布置。

BCL404B 压缩机中 BCL 指的是离心压缩机外壳垂直剖分结构（筒型外壳），叶轮顺排布置。字母后的前两个数字描述叶轮标称"尺寸"，即叶轮名义直径为 400mm，另一个数字指的是叶轮数 4，由一缸 4 级组成。工艺气体依次进入各级叶轮进行压缩，一直压缩至出口状态，没有中间气体冷却器；压缩机入口及出口法兰分布在机器上部，垂直布置。

垂直剖分式离心式压缩机纵剖面结构图见图 6-44。

（2）PCL 单轴多级离心式压缩机（图 6-45）。采用单侧垂直剖分机壳（卡环结构），承压能力高，密封性好，但检修较复杂，制造成本较高。

（3）MCL 单轴多级离心式压缩机（图 6-46）。采用水平剖分机壳，检修方便，成本较低，但承压能力较低。水平剖分式离心式压缩机纵剖面结构图见图 6-47。

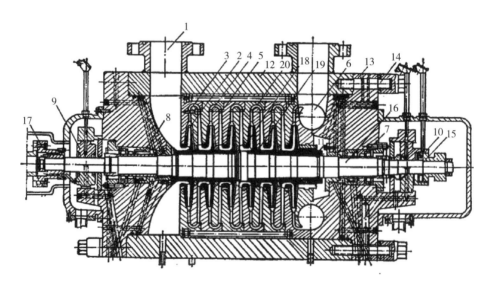

1—吸入室　2—叶轮　3—扩压器　4—弯道　5—回流器　6—蜗壳　7、8—轴端密封　9—支撑轴承　10—止推轴承　11—卡环　12—机壳　13—端盖　14—螺栓　15—推力盘　16—主轴　17—联轴器　18—轮盖密封　19—隔板密封　20—隔板

图 6-44　垂直剖分式离心式压缩机纵剖面结构图

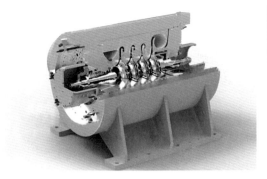

图 6-45　PCL 垂直剖分

图 6-46　MCL 水平剖分

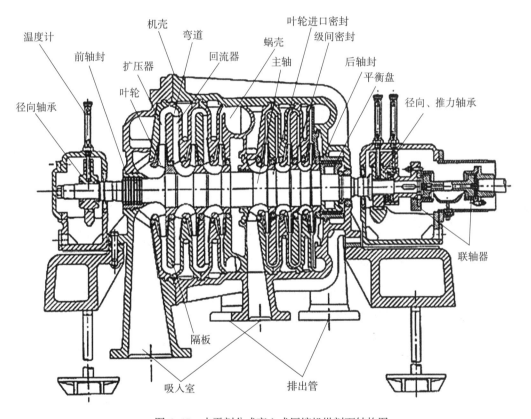

图 6-47　水平剖分式离心式压缩机纵剖面结构图

（4）MCO 单轴多级等温型离心式压缩机（图 6-48）。采用机壳水平剖分，首级叶轮悬臂及轴向进气，导叶调节，逐级冷却，等温压缩，能耗低，检修方便。

（5）VK、SVK 多轴多级齿轮组装式离心式压缩机（图 6-49）。为多转速、逐级冷却等温型压缩机，效率高、能耗低，制造精度要求也很高，装配复杂，占地面积小，安装维修方便。

图 6-48　MCO 水平剖分　　　　　　图 6-49　VK、SVK 等温型

三、工作原理

压缩机旋转方向：从电机端看压缩机，机组旋转方向为顺时针。

动力源（内燃机或电动机）带动压缩机主轴叶轮转动，在离心力作用下，气体被甩到叶轮后面的扩压器中去。由于工作轮不断旋转，气体能连续不断地被吸入并甩出去，从而保持了压缩机中气体的连续流动。气体因离心作用增加了压力，且以很大的速度离开工作轮，经扩压器逐渐降低了速度，动能转变为静压能，进一步增加了压力。如果一个叶轮得到的压力还不够，可通过使多级叶轮串联起来工作的办法来达到对出口压力的要求。级间的串联通过弯通、回流器来实现，这就是离心式压缩机的工作原理（图 6-50）。

离心式压缩机的主要性能参数有流量、出口压力或压缩比、功率、效率、转速、能量头等。

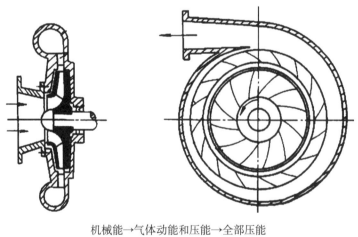

机械能→气体动能和压能→全部压能

↓　　　↓　　　↓

叶轮　叶道内介质　扩压器

图 6-50　工作原理示意图

四、基本结构

离心式压缩机由转子及定子两大部分组成（图 6-51）。转子包括转轴，固定在轴上的叶轮、轴套、平衡盘、推力盘及联轴节等零部件。定子则有气缸，定位丁缸体上的各种隔板以及轴承等零部件。在转子与定子之间需要密封气体之处还设有密封元件。各个部件的作用介绍如下。

图 6-51　转子及定子

（一）旋转部件

1. 叶轮

叶轮是离心式压缩机中最重要的一个部件，驱动机的机械功即通过此高速回转的叶轮对气体做功而使气体获得能量，它是压缩机中唯一的做功部件，亦称工作轮。叶轮一般是由轮盖、轮盘和叶片组成的闭式叶轮，也有没有轮盖的半开式叶轮（图 6-52 和图 6-53）。

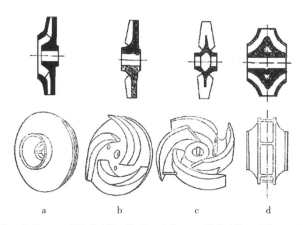

a—闭式叶轮：轮盘、叶片、轮盖　b—半开式叶轮：轮盘、叶片　c—开式叶轮：叶片　d—双吸式叶轮：背对背叶片

图 6-52　叶轮种类

2. 主轴

主轴是起支持旋转零件及传递扭矩作用的（图 6-54）。根据其结构形式。有阶梯轴及光轴两种，光轴有形状简单，加工方便的特点。

图 6-53　离心机闭式叶轮　　　　　　　　　　图 6-54　主轴和叶轮

3. 平衡盘

在多级离心式压缩机中因每级叶轮两侧的气体作用力大小不等，使转子受到一个指向低压端的合力，这个合力称为轴向力。轴向力对于压缩机的正常运行是有害的，容易引起止推轴承损坏，使转子向一端窜动，导致动件偏移与固定元件之间失去正确的相对位置，情况严重时，转子可能与固定部件碰撞造成事故。平衡盘是利用它两边气体压力差来平衡轴向力的零件（图 6-55）。它的一侧压力是末级叶轮盘侧间隙中的压力，另一侧通向大气或进气管，通常平衡盘只平衡一部分轴向力，剩余轴向力由止推轴承承受，在平衡盘的外缘需安装气封，用来防止气体漏出，保持两侧的压差。轴向力的平衡也可以通过叶轮的两面进气和叶轮反向安装来平衡。

4. 推力盘

由于平衡盘只平衡部分轴向力，其余轴向力通过推力盘（图 6-56）传给止推轴承上的止推块，构成力的平衡，推力盘与推力块的接触表面，应做得很光滑，在两者的间隙内要充满合适的润滑油，在正常操作下推力块不致磨损，在离心压缩机起动时，转子会向另一端窜动，为保证转子应有的正常位置，转子需要两面止推定位，其原因是压缩机起动时，各级的气体还未建立，平衡盘两侧的压差还不存在，只要气体流动，转子便会沿着与正常轴向力相反的方向窜动，因此要求转子双面止推，以防止造成机械事故。

图 6-55　平衡盘

图 6-56　推力盘

5. 联轴器

由于离心压缩机具有高速回转、大功率以及运转时难免有一定振动的特点，所用的联轴器（图 6-57）既要能够传递大扭矩，又要允许径向及轴向有少许位移，联轴器分齿型联轴器和膜片式联轴器，目前常用的都是膜片式联轴器，该联轴器不需要润滑剂，制造容易。

图 6-57　联轴器

由主轴、叶轮、平衡盘、推力盘等构成离心式压缩机的旋转部件（简称转子）。转子的动平衡调校是影响离心式压缩机制造生产和运行质量的关键工序。因为转子不平衡是指因转子质量分布不均匀导致转子质量中心与其旋转中心轴线不重合，出现偏心距，从而产生周期性离心力干扰，使轴承系统承受周期性的动载荷，引起设备非正常振动，产生噪声，甚至损坏机器设备。不平衡是机器损坏最常见的原因，严重不平衡会带来轴承损坏、轴承座开裂、轴变形、连接松动等机械风险。按照力学方法定义，不平衡分为静不平衡、偶不平衡、动不平衡三类（图 6-58），静不平衡是指质心不在旋转主轴上，但重心惯性主轴与旋转轴处于平行状态时所产生的不平衡，偶不平衡是指质心在旋转主轴上，但重心惯性主轴与旋转轴不平行且在质心处相交时所产生的不平衡，动不平衡则指重心惯性主轴不与旋转轴平行，而且惯性主轴与旋转轴交点不通过质心时产生的不平衡（一般机械转子系统的不平衡是既存在静不平衡又存在偶不平衡的动不平衡状态。）

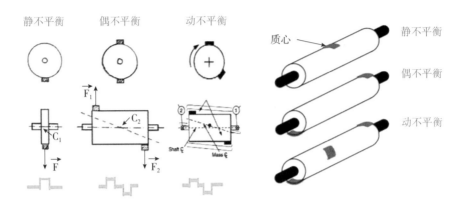

图 6-58　静不平衡、偶不平衡、动不平衡的力学特征

在实际平衡试验过程中，达到转子完全平衡是不可能的。从统计来求算故障的实际经验中表明，对于同类型的转子（即几何相似的转子），允许的剩余不平衡度 e 与转速 ω 成反比，这种关系可以表示为

$$e\omega=G$$

式中

e——转子质量重心和旋转中心的偏心距，mm；

ω——转子的旋转角速度，1/s；

G——转子的平衡精度等级，mm/s。

上式中的 G 从物理概念上理解，是转子质量中心的线速度。很明显，如果转子质量重心线速度越大，则转子的振动也就越激烈；转子质量重心线速度越小，则转子旋转也就越平稳。国际标准化组织所制定的"刚性转子平衡精度"标准 ISO 1940，就是以 G 值来划分精度等级的，G 值范围为 0.16 ～ 4000mm/s，共分成 11 个等级（表 6-5）。

表 6-5　刚性转子的平衡精度等级

平衡精度等级 G	$e\omega$（mm/s）	转子类型
G4000	4000	刚性安装的具有奇数汽缸的慢速船用柴油机的曲轴传动装置
G1600	1600	刚性安装的大型两冲程发动机的曲轴传动装置
G630	630	刚性安装的大型四冲程发动机的曲轴传动装置，弹性安装的船，用柴油机曲轴传动装置
G250	250	刚性安装的高速四缸柴油机曲轴传动装置

续表

平衡精度等级 G	$e\omega$（mm/s）	转子类型
G100	100	具有 6 个或更多汽缸的高速柴油机的曲轴传动装置；汽车、卡车和机车的发动机总成（汽油机或柴油机）
G40	40	汽车轮胎、传动轴、刹车鼓以及弹性安装的具有 6 个或更多汽缸的高速四冲程的发动机（汽油机或柴油机）曲轴传动装置；汽车、卡车和机车的曲轴传动装置
G16	16	具有特殊要求的传动轴（推进器、万象联轴节轴）；破碎机零件；农业机械零件；汽车和机车发动机（汽油机或柴油机）部件；特殊要求的六缸或六缸以上的发动机部件
G6.3	6.3	作业机械的零件；船用主汽轮机齿轮；离心机鼓轮；风扇；组合式航空燃气轮机转子；泵转子；机床和一般的机械零件；普通电机转子；特殊要求的发动机部件
G2.5	2.5	蒸汽涡轮机，包括船用（商船用）主要刚性涡轮发动机转子；刚性汽轮发电机转子；透平式压缩机；机床传动装置；特殊要求的中型和大型电机转子；透平驱动泵
G1	1	磁带记录仪和留声机传动装置；磨床传动装置；具有特殊要求的小型电机转子
G0.4	0.4	精密磨床的传动轴，砂轮盘和电极转子；陀螺转子

（二）机壳

机壳也称气缸（图 6-59），对中低压离心式压缩机，一般采用水平中分面机壳，利于装配，上下机壳由定位销定位，即用螺栓连接。对于高压离心式压缩机 BCL，则采用圆筒形锻钢机壳，以承受高压。这种结构的端盖是用螺栓和筒型机壳连接的。绕转子组件装配起来通过隔板的环形通道构成扩压器，在这里叶轮出口气体的动能转变成压力；回流器把气流均匀地送到下个叶轮的入口。机壳是筒形锻造件，机壳材料选择锻造

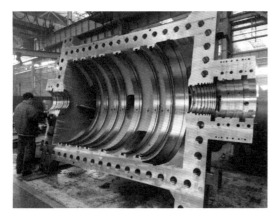

（a）剖面　　　　　　　　　　　　（b）外观

图 6-59　机壳（气缸）

20CrMo，在两端配备端盖。所有承受压力的外壳和接头的焊缝都经100%无损检测。检查在焊缝热处理后进行。壳体应当在最后加工前进行消除应力热处理。垂直剖分压缩机的接管应当位于外壳上，但不应在端盖上。

（三）扩压器

气体从叶轮流出时，它仍具有较高的流动速度。为了充分利用这部分速度能，以提高气体的压力，在叶轮后面设置了流通面积逐渐扩大的扩压器。扩压器一般有无叶、叶片、直壁形扩压器等多种形式。

（四）弯道

在多级离心式压缩机中级与级之间，气体必须拐弯，就采用弯道（图6-60），弯道是由机壳和隔板构成的弯环形空间。

（五）回流器

在弯道后面连接的通道就是回流器（图6-61），回流器的作用是使气流按所需的方向均匀地进入下一级，它由隔板和导流叶片组成。导流叶片通常是圆弧的，可以和气缸一体制造也可以分开制造，然后用螺栓连接在一起。弯道和回流器是为了把由扩压器流出的气体引导至下一级叶轮。弯道回流器工作原理见图6-62。

图6-60　弯道　　　　　　　　　　　　图6-61　回流器

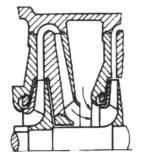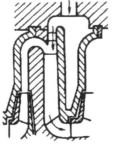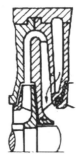

图6-62　弯道回流器工作原理

（六）蜗壳

蜗壳（图 6-63）的主要目的，是把扩压器后，或叶轮后流出的气体汇集起来引出机器，蜗壳的截面形状有圆形、犁形、梯形和矩形。

（七）轴承

离心式压缩机有径向轴承和推力轴承。径向轴承为滑动轴承，它的作用是支持转子使之高速运转，推力轴承则承受转子上剩余轴向力，限制转子的轴向窜动，保持转子在气缸中的轴向位置。

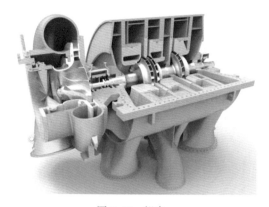

图 6-63　蜗壳

1. 径向轴承

径向轴承主要有轴承座、轴承盖、上下两半轴瓦等组成（图 6-64）。

轴承座：是用来放置轴瓦的，可以与气缸铸在一起，也可以单独铸成后支持在机座上，转子加给轴承的作用力最终都要通过它直接或间接地传给机座和基础。

轴承盖：盖在轴瓦上，并与轴瓦保持一定的紧力，以防止轴承跳动，轴承盖用螺栓紧固在轴承座上。

轴瓦：用来直接支承轴颈，轴瓦圆表面浇巴氏合金，由于其减摩性好，塑性

图 6-64　径向轴承

高，易于浇注和跑合，在离心压缩机中广泛采用。在实际中，为了装卸方便，轴瓦通常是制成上下两半，并用螺栓紧固，目前使用巴氏合金厚度通常在 1 ~ 2mm。轴瓦在轴承座中的放置有两种：一种是轴瓦固定不动，另一种是活动的，即在轴瓦背面有一个球面，可以在运动中随着主轴挠度的变化自动调节轴瓦的位置，使轴瓦沿整个长度方向受力均匀。润滑油从轴承侧表面的油孔进入轴承，在进入轴承的油路上，安装一个节流孔板，借助于节流孔板直径的改变，就可以调节进入轴承油量的多少，在轴瓦的上半部内有环状油槽，这样使得润滑油能更好地循环，并对轴颈进行冷却。

2. 推力轴承

推力轴承（图 6-65）与径向轴承一样，也是分上下两半，中分面有定位销，并用螺栓连接，球面壳体与球面座间用定位套筒，防止相对转动，由于是球面支承或可根

图6-65 推力轴承

据轴挠曲程度而自动调节，推力轴承与推力盘一起作用，安装在轴上的推力盘随着轴转动，把轴传来的推力压在若干块静止的推力块上，在推力块工作面上也浇铸一层巴氏合金，推力块厚度误差小于0.01～0.02mm。

离心式压缩机中广泛采用米切尔式推力轴承和金斯泊雷式轴承。离心压缩机在正常工作时，轴向力总是指向低压端，承受这个轴向力的推力块称为主推力块。在压缩机起动时，由于气流的冲力方向指向

高压端，这个力使轴向高压端窜动，为了防止轴向高压端窜动，设置了另外的推力块，这种推力块在主推力块的对面，称为副推力块。推力盘与推力块之间留有一定的间隙，以利于油膜的形成，此间隙一般在0.25～0.35mm以内，最主要的是间隙的最大值应当小于固定元件与转动元件之间的最小轴向间隙，这样才能避免动、静件相碰。润滑油从球面下部进油口进入球面壳体，再分两路，一路经中分面进入径向轴承，另一路经两组斜孔通向推力轴承。进推力轴承的油一部分进入主推力块，另一部分进入副推力块。

（八）密封

干气密封控制系统，对确保机组的长周期、稳定、安全生产运行起着举足轻重的作用。为了减少通过转子与固定元件间的间隙的漏气量，常装有密封。密封分内密封、外密封两种。内密封的作用是防止气体在级间倒流，如轮盖处的轮盖密封，隔板和转子间的隔板密封。外密封是为了减少和杜绝机器内部的气体向外泄漏，或外界空气窜入机器内部而设置的，如机器端的密封。通常密封形式包括迷宫密封、浮环密封、机械密封以及干气密封等。

1. 干气密封工作原理及基本结构

（1）工作原理。

对于螺旋槽干气密封（图6-66），其工作原理是靠流体静压力、弹簧力与流体动压力之间的平衡。当密封气体注入密封装置时，使动、静环受到流体静压力的作用。而流体的动压力只是在转动时才产生。当动环随轴转动时，螺旋槽里的气体被剪切从外缘流向中心，产生动压力，而密封堰对气体的流出有抑制作用，使得气体流动受阻，气体压力升高，这一升高的压力将挠性安装的静环与配对动环分开，当气体压力与弹簧力恢复平衡后，维持一最小间隙，形成气膜，膜厚一般为3～5μm，使旋转环和静止环脱离接触，从而端面几乎无磨损，同时密封工艺气体。

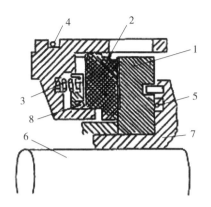

1——动环　2—静环　3—弹簧　4、5、8—O形环　6—转轴　7—组装套

图 6-66　干气密封原理结构图

（2）基本结构。

干气密封是一种气膜润滑的流体动、静压结合型非接触式机械密封（图 6-67）。包含有静环、动环组件（动环）、副密封 O 形圈、静密封、弹簧和弹簧座（腔体）等零部件。干气密封的结构设计特点为在密封端面上开设动压浅槽，其转动形成的气膜厚和流槽槽深均属微米级，并采用润滑槽、径向密封坝和周向密封堰组成密封和承载部分。可以说是开面密封和开槽轴承的结合。

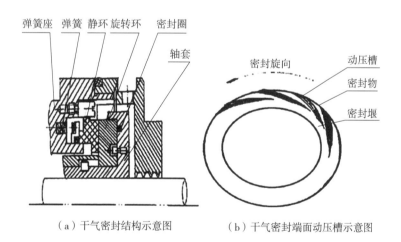

（a）干气密封结构示意图　　　（b）干气密封端面动压槽示意图

图 6-67　干气密封及动环结构

干气密封动压槽有单旋向和双旋向，一般单旋向为螺旋槽，双旋向常见有 T 型槽、枞树槽和 U 型槽。如图所示，单旋向螺旋槽干气密封不能反转，反转则产生负气膜反力，导致密封端面压紧，致密封损坏失效。而双旋向枞树槽则无旋向要求，正反转都可以。单向槽相对于双向槽，具有较大的流体动压能，产生更大的气膜反力和气膜刚度，产生更好的稳定性。

（3）干气密封类型。

干气密封基本结构类型有单端面密封、串联式密封、带中间迷宫串联式密封和双端面密封。

① 单端面密封。

适用于没有危害、允使微量的工艺气泄漏到大气的工况。如 N_2 压缩机、CO_2 压缩机、空气压缩机等。

② 串联式密封。

适用于允许少量工艺气泄漏到大气的工况。一般采用两级串联布置方式，一级为主密封，二级为备用密封。正常工况下，全部或大部分负荷由主密封承担，而二级备用密封不承受或承受小部分的负荷和压力降。泄漏的主密封工艺气被引入火炬系统燃烧，泄漏的极少量的工艺气通过二级密封由二级放空引入安全地带排放。当主密封失效时，二级备用密封起到辅助安全密封的作用，确保工艺气不大量外漏。

③ 带中间迷宫的串联式密封。

它的结构特点为在串联式密封的两级之间加入迷宫密封结构。其中一级主密封气为工艺气，中压 N_2 为开停机辅助气；二级密封和中间迷宫间、隔离气都使用 N_2。当一级主密封失效时，二级密封起到辅助安全阻封和密封作用。适用于易燃、易爆、危险性大、不允许泄漏到大气中、也不允许阻封气进入到机内的工况。如氢气压缩机、CO 压缩机、乙烯、丙烯压缩机等。

④ 双端面密封。

双端面密封适用于没有火炬条件，不允使工艺气泄漏到大气中，但允使阻封气进入机内的工况。其结构布置相当于面对面布置两套单端面密封，有时两个密封共用一个动环。一般采用氮气作为阻塞气体，控制阻密封气（N_2）的压力始终维持在比工艺气体压力高于 $0.2 \sim 0.3MPa$。

2. 干气密封控制系统组成

干气密封控制系统一般由工艺气密封气系统、隔离气密封系统、放火炬及高位放空监测系统组成，其中密封气和隔离气设计有气源过滤处理单元、气体压力和流量调节控制单元，排放气设置有火炬排放和高位放空，并设计有密封气泄漏监测。

3. 干气密封控制系统的控制流程

（1）一级主密封气由压缩机出口气和管网中压氮提供，经过滤器处理，调节阀、流量计、节流阀控制密封气的压力和流量；而管网中压氮气作为开停机时一级密封气备用气源。

（2）二级密封气和后置隔离气由管网低压氮气提供，经过滤处理、调压和流量控制作为二级密封气和后置隔离气气源。机组设计后置隔离气密封系统目的是为防止轴承箱润滑油进入，污染密封面。

（3）同时设计有密封气放火炬和缓冲、隔离气高位防空系统。即在泄漏口和火炬线或高位放空管线之间设置限流孔板和流量计，通过排放气的压力、流量来监测干气密封的泄漏情况。

因此，为了确保干气密封控制系统可靠、长寿命稳定安全生产运行，应根据系统对密封介质质量、压力、流量、温度及生产运行工况的要求，机组干气密封控制系统设计有过滤单元、调节控制单元和密封泄漏监测单元，对系统中的密封气、隔离气、排放气的流量、压力、温度及洁净度等方面进行控制和监测，监测干气密封运行状况。

4. 干气密封控制系统设计选型要点

（1）一般情况下，对于输送介质为富气或气体内含烃类物质较多的气体则常采用 N_2 作为密封气；而对于输送 CO_2、N_2、H_2、CO 以及空气等气体则采用压缩机出口工艺气 + N_2 备用气方案为密封气，同时应提供清洁和干燥的密封气体，密封气不得含固体颗粒、粉尘和液体，应保持合适的压力、温度和流量。密封气的过滤精度应达到 $3\mu m$ 以下，温度应至少高于露点温度 10℃以上。

（2）密封气、缓冲气、隔离气进行控制的系统，以满足密封缓冲、隔离对气体压力、流量和温度的要求。一般可采用气体压力控制、流量控制、压力与流量组合控制方式。控制设计的要求一般为密封气应保持与平衡管的压差在 0.3MPa 以上，机内迷宫间隙最大时最小气流速度为 5m/s。同时为了防止密封工艺气压力低，一般密封气与平衡管压差设计有低报警和低低报警联锁，启用管网中压氮气进行补气，以满足密封气密封压力的要求。

（3）一般在干气密封火炬排放或高位放空管路设计密封泄漏监测。即在泄漏口和火炬线或高位放空管线之间设置限流孔板和流量计，通过排放气的压力、流量来监测干气密封的泄漏情况。流量由限流孔板前后压差实现，设计有流量低报警、高报警和高高报警停机联锁；压力由孔板前压力的变化实现，设计有压力高报警和高高报警停机联锁。可采取 3 取 2 的联锁逻辑方式。

（4）为了确保机组的安全运行，防止机组损坏，在机组开停车及密封失效故障紧急停车工况，干气密封控制系统可设计有以下的联锁：

①各干气密封一级排放气流量正常的开机联锁。

②后置隔离气压力低开机前禁止润滑油泵启动联锁，防止轴承箱润滑油污染干气密封。

③一级排放气压力高高报警停机联锁和流量高高报警停机联锁。

5. 干气密封常见故障

离心式压缩机干气密封控制系统是离心式压缩机非常重要的辅助系统，干气密封可靠、稳定、长寿命运行是确保机组安、稳、长、满、优运行的关键。因此了解和掌握干气密封常见典型故障，对快速判断和解决干气密封故障，确保机组安全稳定运行至关重要。

（1）后置隔离密封失效，外侧密封被污染机组设计后置隔离气密封系统目的为防止轴承箱润滑油进入，污染密封面。在使用过程中，可能会因为设计或操作方面的原因导致润滑油污染密封端面。如轴承腔排空不畅（呼吸帽过滤网堵塞）、气体设计流速低造成气量过小、迷宫齿数或间隙不合适、孔板设计过小、系统控制问题、N$_2$波动或供气中断、开停车操作顺序错误、误操作等。为了避免开车误操作，一般设计后置隔离气压力低，开机前禁止润滑油泵启动联锁，防止轴承箱润滑油污染干气密封。

（2）单向槽反转对于单旋向螺旋槽干气密封不能反转，反转则产生负气膜反力，导致密封端面压紧，致密封损坏失效。在干气密封使用过程中由于安装错误导致驱动端与非驱动端装反、机组停车不可避免有反转工况等存在，导致密封损坏，严重时环直接碎裂。

（3）低速工况长时间运行在开机或低速暖机工况过程中，由于机组长时间低转速运行，干气密封没有产生足够的流体动压力，没有形成气膜，容易导致密封磨损，严重时环直接碎裂。因此，在开机过程中，不宜长时间低转速运行，在正常运转中，应该保持转速恒定，调转速时尽可能缓慢操作，以避免转速波动太大对干气密封产生不良的影响。

（4）开停车处理不当密封污染，在开停车过程中一级密封气流量不容易保证，机内气体容易反窜，造成一级密封端面的污染，因此可能在初试开车增压过程中，压力较低，泄漏量偏大。在对机组准备开车，进行冲压前，必须先通过控制系统注入开车用密封气，避免工艺气反窜造成密封的污染；，在停车过程中，应及时切换气源，避免造成工艺气反窜污染密封；停车期间，避免因操作等原因造成密封污染。

（5）正常运行时，过滤系统失效密封污染。在干气密封现场运行中可能出现密封气严重带液，超出过滤器处理能力；过滤器堵塞后未及时切换，造成滤芯破损；气源中含大量的细粉，其粒度小于过滤器的精度，超出了过滤器的处理能力，但总量大，对密封及系统均会造成影响等情况导致过滤系统失效，从而污染密封导致失效。因此，要定期检查和清理过滤器，确保过滤器完好，达到过滤精度的要求，一般密封气的过滤精度应达到 3μm 以下。

（6）机组原因造成的密封失效，因机组故障产生强烈振动，振动过大，并超出了密封能够承受的范围，引发密封损坏。因此，平常应加强机组的运行维护保养，特别是加强机组运行振动状态监测，防止因机组振动过大导致干气密失效。

一套合适、完整、可靠的干气密封控制系统，对于离心式压缩机安、稳、长、满生产运行起着非常重要的作用。同时机组在生产运行中，应加强机组的运行维护，时刻监测干气密封系统的运行情况和泄漏状况，及时的发现、消除和处理机组故障，确保装置安、稳、长、满、优生产运行。

6. 干气密封系统投运前操作注意事项

（1）润滑油系统开车前 10min 投入后置隔离气。同样油停运 10min 后方可切断后置隔离气。油运开始后，后置隔离气就不能停止，否则会对密封造成损坏。

（2）投用过滤器时应缓慢打开过滤器上下球阀，防止因打开过快对过滤器滤芯造成瞬间压力冲击而损坏。

（3）投用流量计应缓慢打开上下球阀，使流量保持稳定。

（4）检查一级密封气源，二级密封和后置隔离气的气源压力是否稳定，过滤器是否堵塞。

第五节　离心式压缩机润滑油系统工作原理及结构

一、润滑油系统原理

利用泵将润滑油升压到设计压力经过仪表对压力温度等参数实时监测远传到终端系统并具备异常参数报警采集记录功能；润滑油经过过滤降温按设计压力通过管路送到指定润滑部位。

二、离心压缩机润滑油系统主要作用

（1）在相对运动的摩擦表面之间形成稳定的润滑油膜，以隔离摩擦表面的直接接触，从而减少磨损，降低摩擦功耗，延长摩擦元件的使用寿命。

（2）以物理吸附或化学吸附方式在金属表面形成保护膜，防止摩擦表面发生锈蚀。

（3）以润滑液体循环方式带走产生于摩擦表面的绝大部分热量，从而起到冷却摩擦表面的作用。

（4）通过润滑流动带走附着于零件表面的污物以及磨损产生的磨屑，达到清洁摩擦表面的效果。

离心压缩机的良好润滑对于保障机器的安全、可靠使用及长周期运行，具有十分重要的意义。

三、润滑油系统组成

润滑油系统由润滑油站、高位油箱、中间连接管线以及控制阀门和检测仪表所组成。润滑油站由油箱、油泵、油冷却器、滤油器、压力调节阀、各种检测仪表以及油管路和阀门组成（图6-68）。

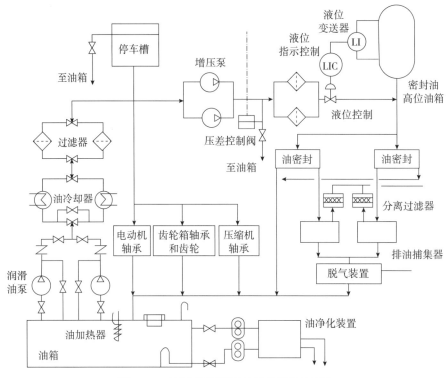

图 6-68　离心压缩机润滑油系统流程示意图

（1）润滑油箱。

润滑油箱是润滑油供给、回收、沉降和储存的设备。其内部设有加热器，用以开车前对润滑油进行加热升温，保证机组启动时润滑油温度升至 35 ～ 45℃的范围，以满足机组启动运行的需要。回油口和油泵的吸入口一般设在油箱两侧，中间设有过滤挡板，使流回油箱的润滑油有沉降杂质和气体释放的时间，从而保证润滑油的品质。油箱侧壁设有液位指示器，用以监视油箱内润滑油位的变化。

（2）润滑油泵。

离心压缩机的润滑油泵一般均配置主、辅两台，主油泵运行，辅助油泵备用。当主油泵或油路系统发生故障，使系统油压降低至一定数值时，辅助油泵自动启动投入运行，为机组各润滑点提供适量的润滑油。所配油泵流量一般为 200 ～ 350L/min，出口压力应不小于 0.5MPa，润滑油经减压，以 0.08 ～ 0.15MPa 的压力进入轴承。

（3）油冷却器。

返回油箱的润滑油温度通常有所升高，这样的润滑油重新循环进入润滑部位前必须经过冷却。油冷却器用于对出油泵后的润滑油进行冷却，以控制进入润滑部位的油温。为始终保持供油温度在 35 ～ 45℃范围内，油冷却器一般配置两台，一台使用，另一台备用，必要时可切换使用；在一台冷却效果不佳时还可两台同时使用。

（4）油过滤器。

润滑油过滤器装于泵的出口，用于进压缩机润滑油的过滤，以防止外来的或机器中产生的污染物进入系统，是保证润滑油质量的有效措施。为保证机组的安全运行，过滤器均配置两台，运行一台，备用一台。

（5）高位油箱。

高位油箱是一种保护性设施，当主、辅助油泵供油中断时，高位油箱的润滑油沿油管靠重力作用进入各润滑部位，以维持机组惰走过程的润滑需要。高位油箱的储油量应至少维持 5min 的供油时间。

在机组正常运行时，润滑油由高位油箱底部进入，由顶部或中上部溢流口排出直接返回油箱。当主油泵、辅助油泵发生故障时，高位油箱中的润滑油沿进油管路，流经各润滑点返回油箱，确保机组在惰走过程中对润滑油的需要，以保证机组安全停车。高位油箱一般布置在距机组轴心线不小于 5m 高的上方，高位油箱至进油管路的油管应长度最短、弯头最少，以求最大限度地保证从高位油箱流至润滑点时的阻力最小。在高位油箱顶部设有呼吸装置，可保证润滑油从油箱中流入润滑部位时，油箱的容积可由呼吸器吸入的空气进行补充，以免在油箱中形成负压，影响润滑油流出高位油箱。为确保高位油箱的润滑油只能流入各润滑点，在油泵出口至进机前的总管线上装有止回阀。当主油泵、辅助油泵供油中断时止回阀立即关死，使高位油箱的润滑油只能流向各润滑点。

润滑油的性能直接影响离心式压缩机安全、可靠、长周期地运行。如果润滑油选择不当或使用不当，不仅影响润滑与密封效能，还会引发设备事故。因此，必须严格依据压缩机的特定工况及对润滑油使用性能的要求，正确、合理地选择润滑油。

四、离心式压缩机常见故障及处理

离心式压缩机常见故障原因及处理方法见表 6-6。

表 6-6 离心式压缩机常见故障原因及处理方法

常见故障	处理方法	原因分析
压缩机入口带液	（1）联系前系统，调整工艺操作 （2）本系统适当提高分离器排液次数 （3）降低分离器液位高度，防止气液夹带	（1）前系统输送的工艺气体温度高，气体未完全被冷凝，气体输送管道过长，经过管道冷凝后气体中含有液体 （2）工艺系统温度高，气体介质中沸点较低的组分被冷凝成液体 （3）分离器液位过高，产生气液夹带

常见故障	处理方法	原因分析
推力瓦温度过高	（1）校核推力瓦受压压强，适当扩大推力瓦承载面积，使推力承受载荷在标准范围内 （2）解体检查级间密封，更换损坏的级间密封零件 （3）检查平衡管，消除堵塞物，使平衡盘副压腔的压力能及时卸掉，保证平衡盘平衡能力的发挥 （4）更换平衡盘密封条，提高平衡盘的密封性能，保持平衡盘工作腔的压力，使轴向推力得到合理的平衡 （5）扩大轴承进油节孔的孔径，增加润滑油量，使摩擦产生的热量能及时带出 （6）更换新的合格润滑油，保持润滑油的润滑性能 （7）开大有冷却器进回水阀，增大冷却水量，降低供油温度	（1）结构设计不合理，推力瓦承载面积小，单位面积承受负荷超标 （2）级间密封失效，使后一级叶轮出口气体泄漏至前一级，增加叶轮两侧的压差，形成了较大的推力 （3）平衡管堵，平衡盘副压腔压力无法卸掉，平衡盘作用不能正常发挥 （4）平衡盘密封失效，工作腔压力不能保持正常，平衡能力下降，并下降部分载荷传至推力瓦造成推力瓦超负荷运行 （5）推力轴承进油节流孔径小，冷却油流量不足，摩擦产生的热量无法全部带出 （6）润滑油中带水或含其他杂质，推力瓦不能形成完整的液体润滑 （7）轴承进油温度过高，推力瓦工作环境不良
转子轴向磨损	轴向力的平衡是多级离心式压缩机设计时需要终点考虑的奇数问题，目前，一般多采用以下两种方法： （1）叶轮对置排列（叶轮高压侧与低压侧背靠背排列）。 单级叶轮产生的轴向力，其方向指向叶轮入口，即由高压侧指向低压侧，如果多级叶轮按顺序方法排列，则转子总的轴向力为各级叶轮轴向力之和，显然这样排列会使转子轴向力很大。如果多级叶轮采用对置排列，则入口相反的叶轮，产生一个方向相反的轴向力，可以相互得到平衡，因此对置排列是多级离心式压缩机最常用的轴向力平衡方法 （2）设置平衡盘。 平衡盘是多级离心式压缩机常用的轴向力平衡装置，平衡盘一般多装于高压侧，外缘与汽缸间设有迷宫密封，从而使高压侧与压缩机入口连接的低压侧保持一定的压差，该压差产生的轴向力，其方向与叶轮产生的轴向力相反，因此平衡因叶轮产生的轴向力	高速运行的转子始终作用着由高压端指向低压端的轴向力。转子在轴向力的作用下，将沿轴向力的方向产生轴向位移，转子的轴向位移，将使轴颈与轴瓦间产生相对的滑动。因此，有可能将轴颈或轴瓦拉伤，更严重的是，由于转子位移，将导致转子元件与定子元件产生摩擦、碰撞乃至机械损坏，由于转子的轴向力，有导致机件摩擦、磨损、碰撞乃至破坏机器的危害，所以，应采取有效的措施予以平衡，以提高机组的运行可靠性。转子平衡的目的，主要是减少轴向推力，减轻止推轴承的负荷，一般情况下轴向力的70%是通过平衡盘消除，剩余的30%是有止推轴承负担，生产实践证明，保留一定的轴向力，是提高转子平稳运行的有效措施
离心式压缩机的喘振	喘振的危害极大，但至今无法从设计上予以消除，只能在运转中设法避免机组运行进入喘振工况，防喘振的原理就是针对引起喘振的原因，在喘振将要发生时，立即设法把压缩机的流量增大，使机组运行脱离喘振区。防喘振的方法具体有三种： （1）部分气体防空法； （2）部分气体回流法； （3）改变压缩机运行转速法	（1）出口背压太高； （2）进口管线阀门被节流； （3）出口管线阀门被节流； （4）防喘振阀门有缺陷或者调节不正确

第七章 工艺阀门

第一节 阀门基础知识

阀门是在流体或压力系统中调节流体或压力的原件，其功能包括接通或切断流体、控制流速、改变流向、防止倒流、控制压力或进行压力释放等。

一、阀门的执行标准

（一）阀门结构长度

ASME B16.10（美标）　　　　　　　　GB/T 12221（国标）

（二）阀门配对法兰

ASME B16.5（阀门直径在 1/2 ~ 24in）　　ASME B16.47（阀门直径在 26 ~ 60in）

HG/T 20592（PN 系列）　　　　　　　HG/T 20615（Class 系列）

API 6A（井口阀门）

（三）阀门的设计、生产、检验

API 6D　　　　　　　　　　　　　　API 6A

API 607　　　　　　　　　　　　　　API 6FA

API 598　　　　　　　　　　　　　　ANSI/FCI 70-2

二、阀门的压力等级

以公称压力（PN）或美标磅级（Class）来定义阀门的压力等级，二者之间存在转换关系。所不同的是，它们所代表承受的压力对应的参照温度不同。欧洲体系的 PN 是指 120℃下所对应的压力，而美标 Class 是指在 425.5℃下所对应的压力，所以不能单纯地进行压力换算，两者间大致的对应关系见表 7-1。

表 7-1　PN 与 Class 的对应关系

Class	150	300	400	600	800
PN（MPa）	2	5	6.3	10	13
Class	900	1500	2500	3500	4500
PN（MPa）	15	25	42	56	76

在中国压强单位是"kg/cm²"，1kg 压力就是 1kg 的力作用在 1cm² 上。同样，相对应，在国外，常用的压强单位是"psi"，单位是"1 pound/inch²"，就是"磅 / 平方英寸"，英文全称为 Pounds per square inch。欧美等国家对于压力更常用的是直接称呼其质量单位，即磅（lb），就是前面提到的磅力。把所有的单位换成公制单位就可以算出：1psi=1 lb/inch² ≈ 0.068bar，1bar ≈ 14.5psi ≈ 0.1MPa。欧美等国家习惯使用 psi 作单位。在 Class600 和 Class1500 中对应欧标和美标有两个不同数值，11MPa（对应 600 磅级）是欧洲体系规定，这是在《ISO 7005-1-1992 Steel Flanges》里面的规定；10MPa（对应 600 磅级）是美洲体系规定，这是在《ASME B16.5》里面的规定。因此不能绝对地说 600 磅级对应的就是 11MPa 或者 10MPa，不同体系的规定是不同的。HG/T20615-2009 钢制管法兰（Class 系列）中规定 Class600 对应 PN110，Class1500 对应 PN260。

三、阀门缩写术语

ACV	automatic control valve	自动控制阀
AV	angle valve	角阀
BV	ball valve	球阀
GV	gate valve	闸阀
PV	plug valve	旋塞阀
BDV	blow down valve	放泄阀
BFV	butterfly valve	蝶阀
BV	breather valve	呼吸阀
BWV	back water valve	回水阀
CV	check valve	止回阀
DBB	double block and bleed	双截断排放阀
EPV	elector-pneumatic valve	电动—气动阀
ESV	emergency shut valve	紧急切断阀
FTV	foot valve	底阀
GSV	gas sampline valve	气体采样阀
MGV	electromagnetic valve	电磁阀
PCV	pressure control valve	压力调节阀
PRV	pressure reducing valve	减压阀
SSV	surface safety valve	地表（井口）安全阀
SV	safety valve	安全阀

第二节 阀门的分类、结构及原理

按照用途进行分类，阀门可分为截断阀类、止回阀类、调节阀类、安全阀类、分配阀类。

截断阀——用来截断或接通管道中的介质。如闸阀、球阀、截止阀、旋塞阀、蝶阀等。

止回阀——用来防止管道中介质倒流。如止回阀、底阀。

调节阀——用来调节介质的压力及流量。如减压阀、调节阀、节流阀、平衡阀等。

安全阀——用来超压安全保护，排放多余介质，以防止压力超过额定的安全数值，当压力恢复正常后，阀门再进行关闭阻止介质继续流出。如安全阀、溢流阀、呼吸阀等。

分配阀——用来改变介质的流向，起分配、分离和混合介质的作用。如三通球阀、三通调节阀、疏水阀。

还有其他特殊专用阀类——如节流截止放空阀、排污阀、清管阀等。

一、截断阀

（一）闸阀

由阀杆带动起闭件（闸板）沿阀座做支线升降运动的阀门，主要由阀体、阀盖、闸板、阀杆、阀座及密封填料组成。闸阀外观及内部结构见图 7-1。一般，闸阀不可用来调节流量，只能作为截断使用。在离心泵出口使用时，启泵后可缓慢开启，用以降低电机的启动电流。

（a）闸阀外观　　　（b）闸阀内部结构

图 7-1　闸阀外观及内部结构

按照阀杆分类可分为明杆、暗杆闸阀。明杆闸阀阀杆及梯形螺纹置于阀体之外，可直接观察到阀门的启闭状态，避免误操作。但在恶劣环境中，阀杆外漏的螺纹易受到损害和腐蚀，且阀门开启后在阀门原有高度的基础上要增加一个行程，增加了操作空间。暗杆闸阀阀杆螺纹置于阀体内部，通过阀杆的旋转使阀杆螺纹带动闸板做升降运行来完成启闭，但阀杆不做升降运行。阀杆螺纹不会受外界破坏而导致损伤，但无法润滑并易受介质腐蚀，且开关状态不能直接观察，适合操作空间小、管路密集的场所。

（二）球阀

球体由阀杆带动并绕阀杆的轴线做旋转运动的阀门。球阀外观及内部结构见图7-2。按照结构特征可分为浮动球固定阀座球阀、固定球浮动阀座球阀、单阀座强制密封球阀。当浮动球固定阀座球阀处于关闭状态时，进口介质的压力作用在球体上，使球体形成微小位移去压紧出口端阀座形成密封。固定球浮动阀座球阀结构较为复杂，介质压力向球体推动阀座产生接触力来获得密封，球体回转中心轴线不发生偏移。受自身结构影响，固定球浮动阀座球阀的操作力矩远小于浮动球固定阀座球阀，尤其是在前后压差大的工况下，如甲醇泵进出口平压回流处压差可达到20MPa，采用浮动球固定阀座球阀若不采用加力装置难以开启。

| （a）球阀外观 | （b）球阀内部结构 |

图7-2 球阀外观及内部结构

DBB（double block bleed）、DIB（double isolation bleed）是针对固定球体浮动阀座类型球阀的两个概念。

DBB球阀的定义为双截断和泄放阀门。当其处于关闭状态时，能阻断同时来自阀门上下游两端的介质压力，但此时若阀腔压力骤然升高，阀腔内介质会泄放到上下游管线中。若配有2个DPE阀座的DBB阀门，则阀腔介质就不会泄放到上下游管道内。

DIB 阀门的定义为双隔离与泄放阀门，分为 DIB-1 型（2 个阀座均为双活塞效应）、DIB-2 型（一个阀座为单活塞效应，一个阀座为双活塞效应）；DIB-1 型阀门能实现实际意义上的双隔离，DIB-2 可实现阀腔内超压时一端泄放。

DIB-1 型阀门当其处于关闭状态时，阀腔内若只有液态介质，且当温度升高发生相变时，会导致阀腔内压力骤然升高超过阀门的压力等级，此时阀腔内介质是不可能泄放到管线中的，只能通过安全阀的作用或人工打开泄放口排出。

API 6D 中规定：材料在 38℃时，设定泄压压力为 1.1 ~ 1.33 倍的阀门压力等级，复位压力不应低于 1.05 倍的阀门压力等级。储气库 DIB-1 型阀门应用于气态介质，按照 API 6D 中规定可不设置安全阀，但设置安全阀的阀门不应将前端球阀关闭。

单阀座强制密封球阀使用杆导向销，阀杆下端为楔形坡面。阀门处于全关位时，球体通过阀杆下端的楔形坡面，提供一个机械楔紧力，使阀球紧压在阀座上。开阀门时阀杆沿着螺旋导向槽带动球体离开阀座进行无摩擦旋转 90°。关阀门时阀杆沿着螺旋导向槽带动球体旋转 90°，随着阀杆继续下降，在阀杆下端楔形坡面的作用下将球体紧压在阀座上。此类阀门是靠人工施加的外力进行强制密封，多用于对外计量交接处使用，使用成本较高。

（三）截止阀

截止阀一般由驱动件（手轮）、阀杆、阀体、阀盖、阀瓣（关闭件）和填料等组成（图 7-3）。手轮与阀杆相连，并由阀杆带动阀瓣，使阀瓣沿阀座轴线方向往复运动，从而使管路接通或切断。一般截止阀的流通介质由阀座下方向上流动，这样当阀门关闭时，阀杆处的密封填料不致遭受工作介质压力和温度的作用。

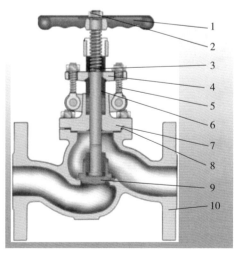

（a）截止阀内部结构　　　　　　　（b）截止阀内部结构示意图

1—手轮　2—阀杆螺母　3—阀杆　4—填料压盖　5—T 形螺栓　6—填料　7—阀盖　8—垫片　9—阀瓣　10—阀体

图 7-3　截止阀内部结构及示意图

（四）旋塞阀

旋塞阀是启闭件由阀杆带动，并绕阀杆的轴线做旋转运动的阀门（图7-4）。通过特殊的结构设计可用于节流工况。常用的形式为油封圆柱形旋塞阀，靠旋塞与阀体之间的密封脂来实现密封，但不宜用于节流工况因为节流时会从漏出的密封面上冲掉密封脂，该阀的缺点是需要人工频繁加注密封脂来保持阀门的密封性。

图7-4　旋塞阀内部结构

（五）蝶阀

蝶阀是用盘形关闭件转动90°来启闭阀门的一种旋转阀（图7-5）。蝶阀的密封有靠过盈量产生比压压紧；靠直接压力将密封副压紧，如双偏心、三偏心蝶阀；靠松泊效应利用介质压力压在密封圈上。

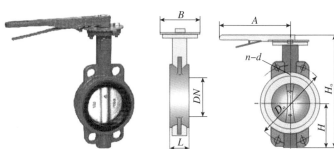

图7-5　蝶阀内部结构及示意图

二、止回阀

止回阀是启闭件借助介质作用力，自动阻止介质逆流的阀门。止回阀按照结构可分为升降式、旋启式、轴流式、双瓣蝶形式。

（一）升降式止回阀

阀瓣沿阀瓣密封面轴线做升降运动的止回阀（图7-6），必须安装在水平的管道上。

（二）旋启式止回阀

旋启式止回阀是阀瓣绕体腔内摇杆轴做旋转运动的止回阀（图7-7）。流动阻力要小于升降式止回阀。

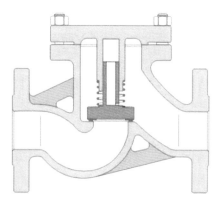

（a）升降式止回阀外观　　　　　　　（b）升降式止回阀内部结构示意图

图 7-6　升降式止回阀外观及内部结构示意图

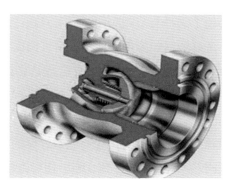

（a）旋启式止回阀外观　　　　　　　（b）旋启式止回阀内部结构示意图

图 7-7　旋启式止回阀外观及内部结构示意图

（三）轴流式止回阀

阀体内腔表面、导流罩、阀瓣等过流表面呈流线形态，且前圆后尖，流阻小，流量系数大。轴流式止回阀外观及内部结构示意图见图 7-8。

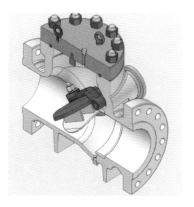

（a）轴流式止回阀外观　　　　　　　（b）轴流式止回阀内部结构示意图

图 7-8　轴流式止回阀外观及内部结构示意图

如流体流速压力无法将阀门支撑在一个较大的开启度并保持在稳定的开启位置，则阀瓣和相关的运动部件可能会处在一种持续振动的状态，如双6储气库集注站采气出站D508管线上止回阀在某些流量下会出现阀瓣反复回座撞击产生异响，此时稍微改变系统流量即可消除。为了避免出现运动部件的过早磨损、振动，就要根据流体状态选择止回阀的通径。

三、调节阀

调节阀同孔板一样，是一个局部阻力原件（图7-9）。流量系数是调节阀的关键数据，流量系数 K_v 国内习惯称为流通能力，新国标已改称为流量系数，定义是当调节阀全开时，阀两端静压损失为1bar，5～40℃范围内的水，每小时流经调节阀的体积流量。在国外，流量系数以 C_v 值表示，定义与国内不同，是当调节阀全开时，压力下降1psi，温度为40～100℉的水在1min内流过阀门的美加仑数。

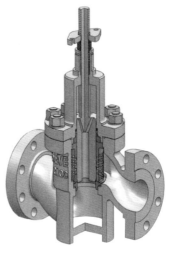

（a）调节阀外观　　　　　　　（b）调节阀内部结构示意图

图7-9　调节阀外观及内部结构示意图

从功能上选择调节阀应注意以下问题：调节功能，要求阀门动作平稳，小开度调节性能好，选好所需的流量特性，满足可调比，调节速度满足工况需求。泄漏量与切断压差，根据工况按照ANSI/FCI 70-2合理选择调节阀的密封等级，合理配置执行机构的输出扭矩。防堵，通常角行程类的调节阀比直行程类的调节阀防堵性能好得多。耐蚀，包括冲蚀、气蚀、腐蚀，主要是大压差会产生气蚀。

介质流过阀门的相对流量与相对开度的关系叫作调节阀的流量特性。一般来说，改变调节阀阀芯、阀座间的节流面积，便可以调节流量。由于多种因素的影响，改变节流面积，流量改变，导致系统中所有阻力的改变，使调节阀前后压差改变，为了便于分析先假定前后压差不变，然后再引申到真实情况进行讨论。前者称为理想流量特性，后者称为工作流量特性。理想流量特性又称固有流量特性。理想流量特性主要有线性、等百分比两种。

J-T阀也是调节阀的一种（图7-10），也叫焦耳－汤姆孙阀，气体通过阀门时产生焦耳－汤姆孙效应。

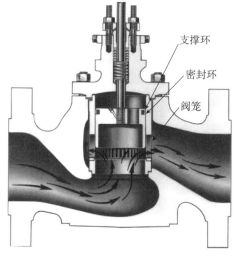

（a）J-T阀外观　　　　　　　　　　（b）J-T阀内部结构示意图

图7-10　J-T阀外观及内部结构示意图

焦耳—汤姆孙效应是气体在节流过程中温度随压强而变化的现象。气体通过多孔塞或节流阀膨胀的过程称为绝热节流膨胀。绝热节流过程是不可逆过程。双6储气库利用J-T阀产生的焦耳－汤姆孙效应作为采出气脱水降温的一道重要环节。天然气自阀门底部进入，自阀笼侧壁开孔流出，自下而上流出阀门。阀笼设置4个平衡孔（图7-11），用以平衡阀门启闭压差，减小执行机构输出扭矩。

（a）J-T阀阀笼　　　　　　　　　　（b）J-T阀阀笼平衡孔

图7-11　J-T阀阀笼及阀笼平衡孔

四、安全阀

安全阀是一种自动阀门，它不借助任何外力而利用介质本身的力来排出额定数量的流体，以防止压力超过额定的安全值。当压力恢复正常后，阀门再行关闭并阻止介质继续流出。因此，安全阀常用在锅炉压力容器、受压设备或管路上，作为超压保护装置用来防止受压设备中的压力超过设计允许值，从而保护设备及其人员的安全。

弹簧式安全阀外观及内部结构见图7-12。

（a）弹簧式安全阀外观　　　（b）弹簧式安全阀内部结构

图7-12　弹簧式安全阀外观及内部结构

安全阀的整定压力：安全阀在运行条件下开始开启的预定压力，是在阀门进口处测量的表压力。在该压力下，在规定运行条件下由介质压力产生的使阀门开启的力同使阀瓣保持在阀座上的力相互平衡。

安全阀的回座压力：安全阀排放后期阀瓣重新与阀座接触，即开启高度变为零时的进口静压力。回座压力已在阀门出厂时完成设定，通常为整定压力的90%。

常用的安全阀分为弹簧式安全阀、先导式安全阀。利用压缩弹簧的压缩预紧力加载于阀瓣上的作用力来控制阀的启闭，从而起到泄压保护的安全阀称为弹簧式安全阀。安全阀阀瓣上方弹簧的压紧力加载于阀瓣上，其压力与介质作用在阀瓣上的正常压力平衡，这时阀瓣与阀座密封面密合，当介质的压力超过规定值时，弹簧被压缩，阀瓣失去平衡，离开阀座，介质被排出；当介质压力降到低于额定值的时候，弹簧的压紧力加载于阀瓣上的压力大于作用在阀瓣上的介质力，阀瓣回座，密封面重新密合。

靠从导阀排出介质来驱动或控制的安全阀称为先导式安全阀（图7-13），该导阀本身应是符合标准要求的直接载荷式安全阀。它由主阀和导阀组成，下半部叫主阀，上半部叫导阀，是借助导阀的作用带动主阀动作的安全阀。当介质压力超过额定值的时候，便压缩导阀弹簧，使导阀阀瓣上升，导阀开启。于是介质进入活塞缸的上方。由于活塞缸的面积大于主阀阀瓣面积，压力推动活塞下移，驱动主阀阀瓣向下移动开启，介质向外排出。当介质压力降到低于额定值的时候，在导阀阀瓣弹簧的作用力下导阀阀瓣关闭，主阀活塞无介质压力作用，活塞在弹簧作用下回弹，再加上介质的压力使主阀阀瓣关闭。

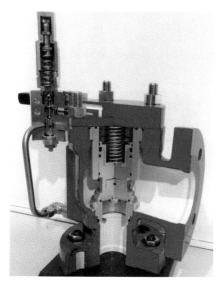

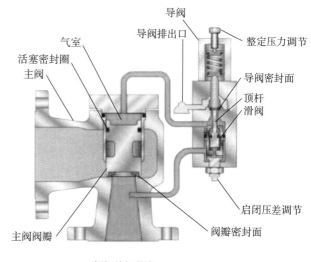

阀门关闭状态

（a）先导式安全阀内部结构　　　　　　（b）先导式安全阀内部结构示意图

图 7-13　先导式安全阀内部结构及示意图

压力容器配备的安全阀应执行 TSG ZF001 标准。

第三节　阀门执行机构分类、结构及原理

阀门执行机构可分为气动执行机构、电动执行机构、液动执行机构、气液联动执行机构。

一、气动执行机构

气动执行机构是靠压缩空气做动力来推动执行机构驱动阀门的装置，有薄膜式、活塞式、拨叉式、齿条式等类型。还可分为单作用、双作用两种类型，双作用型是执行器的开关动作都通过气源来驱动执行，单作用型是只有开或者关是气源驱动，相反的动作则由弹簧复位。

薄膜式、活塞式多用于匹配调节阀使用，拨叉式、齿条式多用于匹配球阀、旋塞阀使用。

（一）薄膜式气动执行机构

薄膜式气动执行机构是气动调节阀中最常用的执行机构。它是将 20 ~ 100kPa 的标准气压信号 P 通入薄膜气室中，在薄膜上产生一个推力，驱动阀杆部件移动，调节阀门开关。与此同时，弹簧被压缩，对薄膜产生一个反作用力。当弹簧的反作用力与气压信号在薄膜上产生的推力相等时，阀杆部件停止运动。信号压力越大，在薄膜上产生的推力就越大，弹簧压缩量即调节阀门的行程也就越大（图 7–14）。

薄膜式气动执行机构与调节阀搭配使用（图 7–15），气动调节阀按作用方式不同，分为气开阀与气闭阀两种。气开阀随着信号压力的增加而打开，无信号时，阀处于关闭状态。气闭阀即随着信号压力的增加，阀逐渐关闭，无信号时，阀处于全开状态。

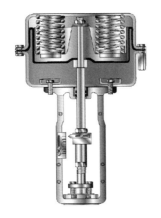 

图 7–14　薄膜式气动执行机构内部结构　　图 7–15　搭配薄膜式气动执行机构的调节阀

（二）活塞式气动执行机构

结构与薄膜式气动执行机构类似，由活塞取代薄膜，较薄膜式输出力矩更大。搭配活塞式气动执行机构的调节阀见图 7–16。活塞式气动执行机构内部结构见图 7–17。

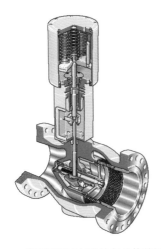 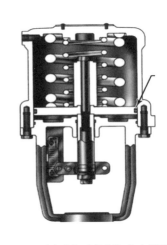

图 7–16　搭配活塞式气动执行机构的调节阀　　图 7–17　活塞式气动执行机构内部结构

　　匹配调节阀的薄膜式、活塞式气动执行机构与阀门定位器配套使用。阀门定位器是提高调节阀工作性能的重要附件之一，定位器利用闭环原理，将动作的阀位反馈与控制的输入量比较，使调节阀向消除差值方向动作，强制使差值接近零（平衡）停止。它是一种很好的随动装置，使调节阀的阀位能精确地随输入信号（要求）变化而变化，它可克服弹簧刚度、填料紧、介质黏度大、结焦及摩擦力大等引起的影响开度准确及稳定性的不利因素。可将气源工作压力全部送入执行器膜室内，充分利用气源压力，可使调节阀动作速度加快，使调节阀开度定位准确，提高运行控制品质。

　　气动调压阀阀门定位器工作原理：将 4 ~ 20mA 输入信号经双绞线发送到接线盒，再输入印刷电路板产生一个给 IP 转换器的驱动信号。IP 转换器组件与气源连接，并将驱动信号转换成压力输出信号。压力输出信号进入气动放大器，气动放大器也与气源连接，输出启动信号（图 7-18）。

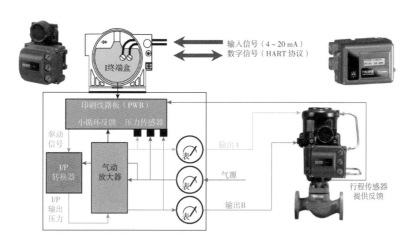

图 7-18　气动调压阀阀门定位器工作流程

（三）拨叉式气动执行机构

　　压缩空气进入气缸，推动拨叉式活塞运动，通过拨叉将活塞的直线运动转为圆盘的旋转运动，圆盘带动输出轴转动，从而实现对阀门的控制。拨叉式气动执行机构见图7-19。拨叉式气动执行机构内部结构见图 7-20。

图 7-19　拨叉式气动执行机构　　　　图 7-20　拨叉式气动执行机构内部结构

（四）齿条式气动执行机构

与拨叉式类似，由齿条取代拨叉。齿条式气动执行机构见图7-21。齿条式气动执行机构内部结构见图7-22。

图 7-21　齿条式气动执行机构　　图 7-22　齿条式气动执行机构内部结构

拨叉式、齿条式气动执行机构气路流程如下：压缩空气通过过滤减压器按照设定输出值减压，若减压后输出压力高于安全阀设定值，安全阀排出压缩空气。若减压后的压力在设定范围内，则压缩空气经安全阀一路到两位三通先导阀，一路到电磁阀（图7-23）。电磁阀通电时，电磁阀前后气路导通，压缩空气进入两位三通先导阀的控制阀位，使两位三通先导阀前后气路导通，压缩空气进入执行机构气缸，克服弹簧力，使阀门开启。反之，电磁阀断电时，电磁阀阀芯换位，其后端压缩空气排出，导致两位三通先导阀阀芯换位，执行机构气缸内压缩空气排出，弹簧复位，使阀门关闭。

图 7-23　气动执行机构外观

二、电动执行机构

主要有调节型与开关型电动执行机构。一种能提供直线或旋转运动的驱动装置，其基本类型有部分回转、多回转及直行程三种驱动方式。

（一）调节型电动执行机构

多与调节阀配套使用，电机驱动齿轮系统，齿轮系统输出的力矩通过标准机械接口传输给阀门，执行器内部的计数器记录行程并检测力矩输出。当达到一个阀门终端位置或预设的力矩开关时，计数器会将信号传输给控制单元。收到这个信号后，集成于执行器内部的控制单元即会停止执行器运转。控制单元集成了与控制系统相适配的电气接口，接收操作命令并反馈信号。动力单元由 380V 或 220V 电源供电，控制单元由 24V 电源供电。

（二）开关型电动执行机构

原理同调节型执行机构相同，控制信号为开关量，调节型为 4 ~ 20mA 模拟量。

三、液动执行机构

利用外力使液压油形成压力带动阀门阀杆运动的执行机构。执行器包括手动液压泵，液压不锈钢管，过滤器，压力感应器（配先导阀），高、低压压力表，复位阀，液压油储存罐，一个机械式阀位指示，电磁阀等。

液压油从储油箱经过过滤器进入手压泵，一路未经减压直接进入执行机构顶部形成推力，另一路经过减压阀、泄压阀、超驰阀组成的液压模块形成控制回路，当电磁阀、先导阀回油时，未经减压的液压油进入液压模块返回油箱，无法形成开阀推力，阀门关闭。

四、气液联动执行机构

利用气、液共同作用或气、液单独作用来驱动阀门的开关的装置。

（一）手动操作原理

推入气液联动阀手动换向阀的左侧手柄，压动手泵手柄，将开阀气液罐内的液压油压入执行器内，同时执行器内的液压油被压入关阀气液罐，实现开阀操作。同理，推入手动换向阀右侧手形手柄，实现关阀操作。气液联动执行机构原理图见图 7–24。气液联动执行机构外观见图 7–25。

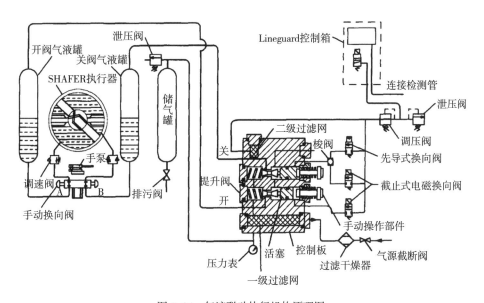

图 7-24 气液联动执行机构原理图

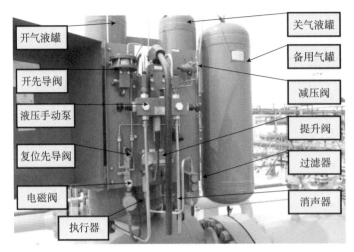

图 7-25　气液联动执行机构外观

（二）气动操作原理

干线天然气经过气源截断阀和过滤干燥器后，进入过滤网。当向下拉开左手柄时，手柄推动手动操作部件和活塞向前运动，并带动提升阀向前运动，提升阀一旦离开密封座，气体会迅速进入开阀气液罐并压迫罐内的液压油通过调速阀进入执行器，推动执行器内的叶片旋转，将执行器关阀腔内的液压油压入关阀气液罐，实现开阀操作。关阀操作与开阀操作同理。

（三）气液联动操作原理

气液联动阀门远传开关的气动、液压操作是通过电磁阀的动作实现的。具体操作原理为：当调控中心给出关阀信号后，截止式电磁换向阀导通，管道内的天然气可经过一级过滤网和二级过滤网进入电磁阀和梭阀，推动活塞运动，并带动提升阀向前运动。提升阀一旦离开密封座，气体会经过提升阀进入关阀气液罐，并压迫罐内的液压油通过调速阀进入执行器，推动执行器内的叶片旋转，将执行器开阀腔内的液压油压入开阀气液罐，实现远程关阀操作。如果 Lineguard 控制箱检测出管道压力发生异常，超出设定的压力值或压降速率时，Lineguard 控制箱的微处理器就会自动控制电磁阀动作，使其导通，带动先导式换向阀动作，气体通过梭阀后推动活塞，实现关阀操作。开阀操作与关阀操作同理。

第四节　阀门及执行机构常见故障与预防

阀门通常由阀体、阀盖、填料、垫片、密封面、阀杆、传动装置等通用件组成，这些通用件常见故障产生的原因及故障的预防、排除方法见表 7-2。

表 7-2　阀门通用件常见故障产生的原因及故障的预防、排除方法

常见故障	产 生 原 因	预防、排除方法
阀体和阀盖的泄漏	（1）铸铁件铸造质量不高，阀体和阀盖本体上有砂眼、松散组织、夹碴等缺陷 （2）天冷冻裂 （3）焊接不良，存在着夹碴、未焊透、应力裂纹等缺陷 （4）铸铁阀门被重物撞击后损坏	（1）提高铸造质量，安装前严格按规定进行强度试验 （2）对气温在 0℃ 及以下的阀门，应进行保温或拌热，停止使用的阀门应排除积水 （3）由焊接组成的阀体和阀盖的焊缝，应按有关焊接操作规程进行，焊后还应进行探伤和强度试验 （4）阀门上禁止堆放重物，不允许用手锤撞击铸铁和非金属阀门，大口径阀门的安装应有支架
填料处的泄漏（阀门的外漏，填料处占的比例为最大）	（1）填料选用不对，不耐介质的腐蚀，不耐阀门高压或真空、高温或低温的使用 （2）填料安装不对，存在以小代大、螺旋盘绕接头不良、上紧下松等缺陷 （3）填料超过使用期，已老化，丧失弹性 （4）阀杆精度不高，有弯曲、腐蚀、磨损等缺陷 （5）填料圈数不足，压盖未压紧 （6）压盖、螺栓和其他部件损坏，使压盖无法压紧 （7）操作不当，用力过猛等 （8）压盖歪斜，压盖与阀杆间隙过小或过大，致使阀杆磨损，填料损坏	（1）应按工况条件选用填料的材料和形式 （2）按有关规定正确安装填料，密封圈应逐圈安放压紧，接头应成 30° 或 45° （3）使用期过长、老化、损坏的填料应及时更换 （4）阀杆弯曲、磨损后应进行矫直、修复，对损坏严重的应予更换 （5）填料应按规定的圈数安装，压盖应对称均匀地把紧，压套应有 5mm 以上的预紧间隙 （6）对损坏的压盖、螺栓及其他部件，应及时修复或更换 （7）应遵守操作规程，除撞击式手轮外，以匀速正常力量操作 （8）应均匀对称拧紧压盖螺栓，压盖与阀杆间隙过小，应适当增大其间隙；压盖与阀杆间隙过大，应予更换压盖
垫片处的泄漏	（1）垫片选用不对，不耐介质的腐蚀，不耐高压或真空、高温或低温的使用 （2）操作不平稳，引起阀门压力、温度上下波动、特别是温度的波动 （3）垫片的压紧力不够或连接处无预紧间隙 （4）垫片装配不当，受力不匀 （5）静密封面加工质量不高，表面粗糙不平、横向划痕、密封副互不平行等缺陷 （6）静密封面和垫片不清洁，混入异物等	（1）按工况条件正确选用垫片的材料和形式 （2）精心调节，平稳操作 （3）应均匀对称地拧螺栓，必要时应使用扭力扳手，预紧力应符合要求，不可过大或过小。法兰和螺纹连接处应有一定的预紧间隙 （4）垫片装配应逢中对正，受力均匀，垫片不允许搭接和使用双垫片 （5）静密封面腐蚀、损坏、加工质量不高，应进行修理、研磨，进行着色检查，使静密封面符合有关要求 （6）安装垫片时应注意清洁，密封面应用煤油清洗，垫片不应落地

续表

常见故障	产 生 原 因	预防、排除方法
密封面的泄漏	（1）密封面研磨不平，不能形成密合线 （2）阀杆与关闭件的连接处顶心悬空、不正或磨损 （3）阀杆弯曲或装配不正，使关闭件歪斜或不逢中 （4）密封面材质选用不当或没有按工况条件选用阀门；密封面易产生腐蚀冲蚀、磨损 （5）堆焊和热处理没有按规程操作，因硬度过低产生磨损，因合金元素烧损产生的腐蚀，因内应力过大产生的裂纹等缺陷 （6）经过表面处理的密封面剥落或因研磨过大，失去原来的性能 （7）密封面关闭不严或因关闭后冷缩出现的细缝，产生冲蚀现象 （8）把切断阀当节流阀、减压阀使用，密封面被冲蚀而破坏 （9）阀门已到全关闭位置，继续施加过大的关闭力，包括不正确地使用长杠杆操作。密封面被压坏、挤变形 （10）密封面磨损过大而产生掉线现象，即密封副不能很好地密合	（1）密封面研磨时，研具、研磨剂、砂布砂纸等物件应选用合理，研磨方法要正确，研磨后要进行着色检查，密封面应无压痕、裂纹、划痕等缺陷 （2）阀杆与关闭件连接处应符合设计要求，顶心处不符合要求的应进行修整，顶心应有一定活动间隙，特别是阀杆台肩与关闭件的轴向间隙应大于2mm （3）阀杆弯曲应进行矫直，阀杆、关闭件、阀杆螺母、阀座经调整后应在一条公共轴线上 （4）选用阀门或更换密封面时，应符合工况条件，密封面加工后，其耐蚀、耐磨、耐擦伤等性能要好 （5）堆焊和热处理工艺应符合规程和规范的技术要求，密封面加工后应进行验收，不允许有任何影响使用的缺陷存在 （6）密封面表面淬火、渗氮、渗硼、镀铬等工艺必须严格按其规程和规范的技术要求进行。研磨密封面渗透层不宜超过本层的1/3，对镀层和渗透层损坏严重的，应除掉镀层和渗透层后重新表面处理。对表面高频淬火的密封面可重复淬火修复 （7）阀门的关闭和开启应有标记，对关闭不严的应及时修复。对高温阀门，关闭后冷缩出现的细缝，应在关闭后间隔一定时间再关闭一次 （8）作切断阀用的阀门，不允许作节流阀、减压阀用，关闭件应处在全开或全闭位置，如果需要调节介质流量和压力时，应单独设置节流阀和减压阀 （9）阀门的启、闭应符合阀门的操作规程 （10）密封面产生掉线后应进行调节，对无法调整的密封面应进行更换
密封圈连接处的泄漏	（1）密封圈碾压不严 （2）密封圈与本体焊接、堆焊质量差 （3）密封圈连接螺纹、螺钉、压圈松动 （4）密封圈连接面被腐蚀	（1）密封圈碾压处泄漏应注入胶黏剂或再碾压固定 （2）密封圈应按施焊规范重新补焊，堆焊处无法补焊时应清除原堆焊层，重新堆焊和加工 （3）卸下螺钉、压圈清洗，更换损坏的部件，研磨密封与连接座密合面，重新装配。对腐蚀损坏较大的部件，可用焊接、粘接等方法修复 （4）密封圈连接面被腐蚀，可用研磨、粘接、焊接方法修复，无法修复时应更换密封圈
关闭件脱落产生泄漏	（1）操作不良，使关闭件卡死或超过上死点，连接处损坏断裂 （2）关闭件连接不牢固，松劲而脱落 （3）选用连接件材质不对，经不起介质的腐蚀和机械的磨损	（1）正确操作，关闭阀门不能用力过大，开启阀门不能超过上死点，阀门全开后，手轮应倒转少许 （2）关闭件与阀杆连接应牢固，螺纹连接处应有止退件 （3）关闭件与阀杆连接用的紧固件应经受住介质的腐蚀，并有一定的机械强度和耐磨性能

续表

常见故障	产　生　原　因	预防、排除方法
密封面间嵌入异物的泄漏	（1）不常启、闭的密封面上易沾积一些脏物 （2）介质不干净，含有磨粒、铁锈、焊渣等异物 （3）介质本身具有硬粒物质	（1）不常启、闭的阀门，在条件允许的情况下应经常启、闭一下，关闭时留一细缝，反复几次，让密封面上的沉积物被高速流体冲洗掉，然后按原开闭状态还原 （2）阀门前应设置排污、过滤等装置，或定期打开阀底堵头。对密封面间混入铁碴等物，不要强行关闭，应用开细缝的方法把这些异物冲走，对难以用介质冲走的较大异物，应打开阀盖取出 （3）对本身具有硬粒物质的介质，一般不宜选用闸阀，应尽量选用旋塞阀、球阀和密封面为软质材料制作的阀门
阀杆操作不灵活	（1）阀杆与它相配合件加工精度低，配合间隙过大，表面粗糙度差 （2）阀杆、阀杆螺母、支架、压盖、填料等件装配不正，其轴线不在一直线上 （3）填料压得过紧，抱死阀杆 （4）阀杆弯曲 （5）梯形螺纹处不清洁，积满了脏物和磨粒，润滑条件差 （6）阀杆螺母松脱，梯形螺纹滑丝 （7）转动的阀杆螺母与支架滑动部位磨损、咬死或锈死 （8）操作不良，使阀杆和有关部件变形、磨损、损坏 （9）阀杆与传动装置连接处松脱或损坏 （10）阀杆被顶死或关闭件被卡死	（1）提高阀杆与它相配合件的加工精度和修理质量，相互配合的间隙应适当，表面粗糙度符合要求 （2）装配阀杆及连接件时应装配正确，间隙一致，保持同心，旋转灵活，不允许支架、压盖等有歪斜现象 （3）填料压得过紧后，应适当放松压盖，即可消除填料抱死阀杆的现象 （4）阀杆弯曲应进行矫正，对难以矫正者应予更换 （5）阀杆、阀杆螺母的螺纹应经常清洗和加润滑油，对高温阀门应涂敷二硫化钼或石墨粉作润滑 （6）阀杆螺母松脱应修复或更换 （7）应保持阀杆螺母处油路畅通，滑动面清洁，润滑良好，对不常操作的阀门应定期检查、活动阀杆 （8）正确操作阀门，关闭力要适当 （9）阀杆与手轮、手柄以及其他传动装置连接正确、牢固，发现有松脱或磨损现象应及时修复 （10）正确操作阀门；对于因关闭后阀件易受热膨胀的场合，间隔一定时间应卸载一次，即将手轮反时针方向传倒少许，以防止阀杆顶死
手轮、手柄、扳手的损坏	（1）使用长杠杆、管钳或撞击工具启、闭阀门 （2）手轮、手柄、扳手的紧固件松脱 （3）手轮、手柄、扳手与阀杆连接件，如方孔、键槽或螺纹磨损，不能传递扭矩	（1）禁止使用长杠杆、管钳及撞击工具，正确使用手轮、手柄及扳手 （2）对振动较大的阀门及容易松动的紧固件，改用弹性垫圈等防松件；对丢失或损坏的紧固件应配齐 （3）对磨损的连接处应进行修复，对修复较困难的应采用粘接固定或进行更换

续表

常见故障	产 生 原 因	预防、排除方法
齿轮、蜗轮、蜗杆传动不灵活	（1）装配不正确 （2）传动机构组成的零件加工精度低，表面粗糙度差 （3）轴承部位间隙小，润滑差，被磨损或咬死 （4）齿轮不清洁，润滑差，齿部被异物卡住，齿部磨灭或断齿 （5）轴弯曲 （6）齿轮、蜗轮和蜗杆定位螺钉、紧圈松脱、键销损坏 （7）操作不良	（1）正确装配，间隙适当 （2）提高零件的加工精度及加工质量 （3）轴承部位间隙适当，油路畅通，对磨损部位进行修复或更换 （4）保持清洁，定期加油，对灰尘较多的环境里的齿轮应设置防尘罩，齿部磨损严重和断齿缺陷应进行修复或更换 （5）轴弯曲应作矫直处理 （6）齿轮、蜗轮和蜗杆上的紧固件和连接件应配齐和装紧，损坏应更换 （7）正确的操作，发现有卡阻和吃力时应及时找出原因，不要硬性操作
电动装置过转矩故障	阀门部件装配不正，缺油磨损，填料压得太紧，阀杆与阀杆螺母润滑不良，阀杆螺母与支架磨损或卡死，电动装置与阀门连接不当，阀内有异物抵住关闭件而使转矩急剧上升	装配应符合阀门技术要求；油箱定期按规定加油，零件磨损要及时修复；填料压紧适当；阀杆、阀杆螺母和支架连接活动部位应清洁、润滑，损坏应及时修理；电动装置与阀门连接牢固、正确，间隙要适当一致；阀前应设置过滤装置，阀内有异物应及时排除
电动机故障	连续工作太久，电源电压过低，电动装置的转矩限制机构整定不当或失灵，使电动机过载，接触不良或线头脱落而缺相；受潮、绝缘不良而短路等	电动机连续工作不宜超过 10 ~ 15min，电源电压调整到正常值；转矩限制机构整定值要正确，对该机构动作不灵应修理调整，其开关损坏应及时更换；电动机过载可采用温度继电器进行保护，电流增大的过载可采用热继电器保护；要经常检查电动机电路和开关，防止缺相运转，电机缺相可采用零序继电器或相序继电器进行保护；电动机应有防潮措施，定期检查电动机的绝缘性能，电动机短路可用熔断器或复式脱扣器的三相自动开关保护，复式脱扣器还可保护缺相故障
电磁传动失灵	线圈过载或绝缘不良而烧毁，电线脱落或接头不良，零件松动或异物卡住、介质浸入圈内	定期检、修电磁传动部位，电线接头应牢固；电磁传动内部构件应安装正确、牢固，发现异响应及时找出原因，进行修理；阀门内混入异物应排除干净；电磁传动部分与阀门部分的密封应良好

　　闸阀、截止阀、节流阀、球阀、旋塞阀、蝶阀、隔膜阀等他动阀门，由于其结构型式和特点不同，发生故障各有所异，故预防、排除故障的方法也不同。这类他动阀门常见故障产生的原因及故障的预防、排除方法见表 7-3 至表 7-8。

表 7-3　闸阀常见故障的产生原因及预防排除方法

常见故障	产生原因	预防和排除方法
开不起	T 型槽断裂	T 型槽应有圆弧过渡，提高铸造和热处理质量，开启时不要超过上死点
	单闸板卡死在阀体内	关闭力适当，不要使用长杠杆
	内阀杆螺母失效	内阀杆螺母不宜腐蚀性大的介质
	阀杆关闭后受热顶死	阀杆在关闭后应间隔一定时间，阀杆进行一次卸载，将手轮倒转少许
阀杆旋转不灵活	密封面压得过紧：紧定式螺母拧得过紧，自封式预紧弹簧压得过紧	适当调整密封面的压紧力；适当放松紧定式螺母和自封式预紧弹簧
	密封面擦伤	定期修理，油封式应定时加油
	压盖压得过紧	适当放松些
	润滑条件变坏	填料装配时，适当涂些石墨，油封式旋塞阀定时加油
	扳手位磨灭	操作要正确，扳手位损坏后应进行修复
关不严	阀杆的顶心磨灭或悬空，使闸板密封时好时坏	阀杆顶丝磨灭后应修复，顶心应顶住关闭件并有一定的活动间隙
	密封面掉线	楔式双闸板间顶心调整垫更换厚垫、平行双闸板加厚或更换顶锥（楔块）、单闸板结构应更换或重新堆焊密封面
	楔式双闸板脱落	正确选用楔式双闸板闸阀，保持架注意定期检查和修理
	阀杆与闸板脱落	正确选用闸阀，操作用力适当
	导轨扭曲、偏斜	注意检查，进行修整
	闸板拆卸后装反	拆卸时应做好标记
	密封面擦伤	不宜在含磨粒介质中使用闸阀；关闭过程中，密封面间反复留有细缝，利用介质冲走磨粒和异物
密封面泄漏	调整不当或调整部件松动损坏；紧定式的压紧螺母松动；填料式调节螺钉顶死了塞子；自封式弹簧顶紧力过小或弹簧损坏等	应正确调整旋塞阀调节零件，以旋转轻便和密封不漏为准；紧定式压紧螺母松动后适当拧紧，螺纹损坏应更换；填料式调节螺钉适当调下后并顶紧，自封式弹簧顶紧力应适当，损坏后应及时更换
	自封式排泄小孔被脏物堵死，失去自紧密封性能	定期检查和清洗，不宜用于含沉淀物多的介质

表 7-4　截止阀和节流阀常见故障产生原因及预防、排除方法

常见故障	产生原因	预防和排除方法
密封面泄漏	介质流向不对，冲蚀密封面	按流向箭头或按结构形式安装，即介质从阀座下引进（除个别设计介质从密封面上引进，阀座下流出外）
	平面密封面易沉积脏物	关闭时留细缝冲刷几次后再关闭
	锥面密封副不同心	装配要正确，阀杆、阀瓣或节流锥、阀座三者在同一轴线上，阀杆弯曲要矫直
	衬里密封面损坏、老化	定期检查和更换衬里，关闭力要适当以免压坏密封面
失效	针形阀堵死	选用不对，不适于黏度大的介质
	小口径阀门被异物堵住	拆卸或解体清除
	阀瓣、节流锥脱落	腐蚀性大的介质应避免选用碾压，钢丝连接关闭件的阀门，关闭件脱落后应修复，钢丝应改为不锈钢丝
	内阀杆螺母或阀杆梯形螺纹损坏	选用不当，被介质腐蚀，应正确选用阀门结构；操作力要小，特别是小口径的截止阀和节流阀；梯形螺纹损坏后应及时更换
节流不准	标尺不对零位，标尺丢失	标尺应调准对零，标尺松动或丢失后应修理和补齐
	节流锥冲蚀严重	要正确选材和热处理，流向要对，操作要正确

表 7-5　球阀常见故障的产生原因及预防、排除方法

常见故障	产生原因	预防和排除方法
关不严	球体冲翻	装配应正确，操作要平稳，不允许作节流阀使用；球体冲翻后应及时修理，更换密封座
	用作节流，损坏了密封面	不允许作节流用
	密封面被压坏	拧紧阀座处螺栓应均匀、力要小，宁可多紧几次，不可一次紧得太多太紧，损坏的密封面可进行研刮修复
	密封面无预紧压力	阀座密封面应定期检查预紧压力，发现密封面有泄漏或接触过松时应少许压紧阀座密封面；预压弹簧失效应更换
	扳手、阀杆和球体三者连接处间隙大，扳手已到关闭位，而球体旋转角不足90°而产生泄漏	有限位机构的扳手、阀杆和球体三者连接处松动和间隙过大时应修理，紧固要牢；调整好限位块，消除扳手提前角，使球体正确开闭
	阀座与本体接触面不光洁、磨损，O形圈损坏使阀座泄漏	提高阀座与本体接触面光洁度，减少阀座拆卸次数，O形圈定期更换

表 7-6 旋塞阀常见故障的产生原因及预防、排除方法

常见故障	产生原因	预防和排除方法
密封面泄漏	阀体与塞子密封面加工精度和光洁度不符合要求	重新研磨阀体与塞锥密封面，直至着色检查和试压合格为止
	密封面中混入磨粒，擦伤密封面	操作时应利用介质冲洗阀内和密封面上的磨粒等脏物，阀门应处全开或全关位置，擦伤密封面应修复
	油封式油路堵塞或没按时加油	应定期检查和沟通油路，按时加油
	调整不当或调整部件松动损坏；紧定式的压紧螺母松动；填料式调节螺钉顶死了塞子；自封式弹簧顶紧力过小或弹簧损坏等	应正确调整旋塞阀调节零件，以旋转轻便和密封不漏为准；紧定式压紧螺母松动后适当拧紧，螺纹损坏应更换；填料式调节螺钉适当调下后并顶紧，自封式弹簧顶紧力应适当，损坏后应及时更换
	自封式排泄小孔被脏物堵死，失去自紧密封性能	定期检查和清洗，不宜用于含沉淀物多的介质中
阀杆旋转不灵活	密封面压得过紧：紧定式螺母拧得过紧，自封式预紧弹簧压得过紧	适当调整密封面的压紧力；适当放松紧定式螺母和自封式预紧弹簧
	密封面擦伤	定期修理，油封式应定时加油
	压盖压得过紧	适当放松些
	润滑条件变坏	填料装配时，适当涂些石墨，油封式旋塞阀定时加油
	扳手位磨灭	操作要正确，扳手位损坏后应进行修复

表 7-7 蝶阀常见故障的产生原因及预防、排除方法

常见故障	产生原因	预防和排除方法
密封面泄漏（作切断用阀）	橡胶密封圈老化、磨损	橡胶密封面定期更换
	密封面压圈松动、破损	压圈松动时应重新拧紧，破损和腐蚀严重应更换
	介质流向不对	应按介质流向箭头安装蝶阀
	阀杆与蝶板连接处松脱使阀门关不严	拆卸蝶阀，修理阀杆与蝶板连接处
	传动装置和阀杆损坏，使密封面关不严	进行修理，损坏严重的应予更换

表 7-8 隔膜阀常见故障的产生原因及预防、排除方法

常见故障	产生原因	预防和排除方法
隔膜破损	橡胶、氟塑料隔膜老化	定期更换
	操作压力过甚，压坏隔膜	操作力要小，注意关闭标记
	异物嵌入隔膜与阀座问，压破或磨损隔膜	操作时不要强制关闭，应上下反复开闭几次，冲走异物后，正式关严阀门；隔膜损坏后及时更换
	开启的高度过大，拉破隔膜	操作时不宜开启得太高

续表

常见故障	产生原因	预防和排除方法
操作失效	隔膜与阀瓣脱落	开启时不要过高，脱落后应及时修理或更换隔膜
	阀杆与阀瓣连接销脱落或因磨损折断	开启时不允许超过上死点，脱落后应及时修理
	活动阀杆螺母与阀盖和阀杆连接处磨损和卡死	定期清洗，活动部位涂布润滑用的石墨、二硫化钼干粉；氟隔膜结构可在活动部位添加少量润滑脂

止回阀、安全阀、减压阀和蒸汽疏水阀等自动阀门，由于其结构比他动阀门要复杂，所产生的故障也具有特殊性，故预防、排除故障的方法不同于他动阀门。这类自动阀门常见故障产生的原因及故障的预防、排除方法见表7-9至表7-11。

表7-9　止回阀常见故障的产生原因及预防、排除方法

常见故障	产生原因	预防和排除方法
升降式阀瓣升降不灵活	阀瓣轴和导向套上的排泄孔堵死，产生尼阻现象	不宜使用黏度大和含磨粒多的介质，定期修理清洗
	安装和装配不正，使阀瓣歪斜	阀门安装和装配要正确，阀盖螺栓应均匀拧紧，零件加工质量不高，应进行修理纠正
	阀瓣轴与导向套间隙过小	阀瓣轴与导向套间隙适当，应考虑温度变化和磨粒侵入的影响
	阀瓣轴与导向套磨损或卡死	装配要正，定期修理，损坏严重的应更换
	预紧弹簧失效，产生松弛、断裂	预紧弹簧失效应及时更换
旋启式摇杆机构损坏	阀前阀后压力接近平衡或渡动大，使阀瓣反复拍打而损坏阀瓣和其他件	操作压力不稳定的场合，适于选用铸钢阀瓣和钢摇杆
	摇杆机构装配不正，产生阀瓣掉上掉下缺陷	装配和调整要正确，阀瓣关闭后应密合良好
	摇杆与阀瓣和芯轴连接处松动或磨损	连接处松动、磨损后要及时修理，损坏严重的应更换
	摇杆变形或断裂	摇杆变形要校正，断裂应更换
介质倒流	除产生阀瓣升降不灵活和摇杆机构磨损的原因外，还有密封面磨损、橡胶密封面老化	正确选用密封面材料，定期更换橡胶密封面；密封面磨损后及时研磨
	密封面间夹有杂质	含杂质的介质应在阀前设置过滤器或排污管线

表7-10　安全阀常见故障的产生原因及预防、排除方法

常见故障	产生原因	预防和排除方法
密封面泄漏	由于制造精度低、装配不当、管道载荷等原因，使零件不同心	修理或更换不合格的零件，重新装配，排除管道附加载荷，使阀门处于良好的状态

常见故障	产生原因	预防和排除方法
密封面泄漏	安装倾斜，使阀瓣与阀座产生位移，以至接触不严	应直立安装，不可倾斜
	弹簧的两端面不平行或装配时歪斜；杠杆式的杠杆与支点发生偏斜或磨损，使阀瓣与阀座接触压力不均匀	修理或更换弹簧，重新装配；修理或更换支点磨损件，消除支点的偏移，使阀瓣与阀座接触压力均匀
	弹簧断裂	更换弹簧，更换的弹簧质量应符合要求
	由于制造质量、高温或腐蚀等因素使弹簧松弛	根据产生原因针对性的更换弹簧，如果是选型不当应调换安全阀
	阀瓣与阀座密封面损坏，密封面上夹有杂质，使密封面不能密合	研磨密封面，其表面粗糙度不低于够开启（带扳手）安全阀吹扫杂质或卸下安全阀清洗；对含杂质多的介质，适于选用橡胶、塑料类的密封面或带扳手的安全
	阀座连接螺纹损坏或密合不严	修理或更换阀座，保持螺纹连接处严密不漏
	阀门开启压力与设备正常工作压力太接近，以致密封比压降低，当阀门振动或压力波动时容易产生泄漏	根据设备强度，对开启压力做适当调整
	阀内运动零件有卡阻现象	查明阀内运动零件卡阻的原因后，对症修理
阀门启闭不灵活、不清脆	调节圈调整不当，使阀瓣开启时间过长或回座迟缓	应重新加以调整
	排放管 VI 径小，排放时背压较大，使阀门开不足	应更换排放管，减小排放管阻力
未启压力时就开启	开启压力低于规定值；弹簧调节螺钉、螺套松动或重锤向支点串动	重新调整开启压力至规定值；固定紧调节螺钉、螺套和重锤
	弹簧弹力减小或产生永久变形	更换弹簧
	调整后的开启压力接近、等于或低于安全阀工作压力，使安全阀提前动作、频繁动作	重新调整安全阀开启压力至规定值
	常温下调整的开启压力而用于高温后，开启压力降低	适当拧紧弹簧调节螺钉、螺套，使开启压力至规定值；如果属于选型不当，可调换带散热器的安全阀
	弹簧腐蚀引起开启压力下降	强腐蚀性的介质，应选用包覆氟塑料的弹簧或选用波纹管隔离的安全阀
到规定开启压力而不动作	开启压力高于规定值	重新调整开启压力
	阀瓣与阀座被脏物粘住或阀座被介质凝结物或结晶堵塞	开启安全阀吹扫或卸下清洗，对因温度变冷容易凝结和结晶的介质，应对安全阀伴热或在安全阀底部连接处加爆破膜隔断
	寒冷季节室外安全阀冻结	应进行保温或拌热

续表

常见故障	产生原因	预防和排除方法
到规定开启压力而不动作	阀门运动零件有卡阻现象增加了开启压力	应检查后，排除卡阻现象
	背压增大，使工作压力到规定值后，安全阀不起跳	消除背压，或选用背压平衡式波纹管安全阀
安全阀的振动	由于管道的振动而引起安全阀振动	查明原因后，消除振动
	阀门排放能力过大	选用阀门的额定排放量尽可能接近设备的必需排放量
	进口管口径太小或阻力太大	进口管内径不小于安全阀进口通径或减少进口管的阻力
	排放管阻力过大，造成排放时过大背压，使阀瓣落向阀座后又被介质冲起，以很大频率产生振动	应降低排放管的阻力
	弹簧刚度太大	应选用刚度较小的弹簧
	调整圈调整不当，使回座压力过高	重新调整调节圈位置

表 7-11　减压阀常见故障的产生原因及故障预防、排除方法

常见故障	产生原因	预防和排除方法
阀位卡涩	活塞环破裂、气缸磨损、异物混入等原因使活塞卡住在最高位置以下处	定期清洗和修理，活塞机构损坏严重应更换
	阀瓣弹簧断裂或失去弹性	及时更换弹簧
	阀瓣杆或顶杆在导向套内某一位置处卡往，使阀瓣呈开启状态	及时卸下修理，排除卡住现象，对无法修复的零件应于更换
	脉冲阀泄漏或其阀瓣杆在阀座孔内某一位置卡住，使脉冲阀呈开启状态，活塞始终受压，阀瓣不能关闭，介质直通	定期清洗和检查，控制通道应有过滤器；过滤器应完好
阀门直通	密封面和脉冲阀密封面损坏或密封面间夹有异物	研磨密封面，无法修复的应予更换
	膜片、薄膜破损或其周边密封处泄漏而失灵	定期更换膜片、薄膜；周边密封处泄漏时应重新装配；膜片、薄膜破损后应及时更换
	阀后腔至膜片小通道堵塞不通，致使阀门不能关闭	应解体清洗小通道，阀前应设置过滤装置和排污管
	气包式控制管线堵塞或损坏，或充气阀泄漏	疏通控制管线，修理损坏的管线和充气阀
阀门不通	活塞因异物、锈蚀等原因卡死在最高位置，不能向下移动，阀瓣不能开启	除定期清洗和检查外，活塞机构的故障应解体清洗和修理
	气包式的气包泄漏或气包内压过低	查出原因后进行修理

常见故障	产生原因	预防和排除方法
阀门不通	阀前腔到脉冲阀、脉冲阀到活塞的小通道堵塞不通	通道应有过滤网，过滤网破损应更换；通道出现堵塞应疏通清洗干净
	调节弹簧松弛或失效，不能对膜片、薄膜产生位移，致使阀瓣不能打开	更换调节弹簧，按规定调整弹簧压紧力
阀门压力调节不准	除以上原因外，阀后压力调节不准有如下原因：	
	活塞密封不严	应研磨或更换活塞环
	弹簧疲劳	应予更换
	阀内活动部件磨损，阀门正常动作受阻	解体修理，更换无法修理的部件，装配要正确
	调节弹簧的刚度过大，造成阀后压力不稳重	选用刚度适当的调节弹簧
	膜片、薄膜疲劳	更换膜片或薄膜

第八章　机泵

第一节　机泵概述

泵是输送液体或使液体增压的机械。它将原动机的机械能或其他外部能量传送给液体，使液体能量增加，主要输送的液体包括水、油、酸碱液、乳化液、悬乳液和液态金属等，也可输送液体、气体混合物以及含悬浮固体物的液体。在各个工业领域中，凡是有流体输送的地方就有泵在工作，其主要应用范围有水利、石油、化工、城市给排水、冶金和交通运输等工业部门。

第二节　常用泵的分类

根据作用原理，泵可以分为三大类，见图8-1。

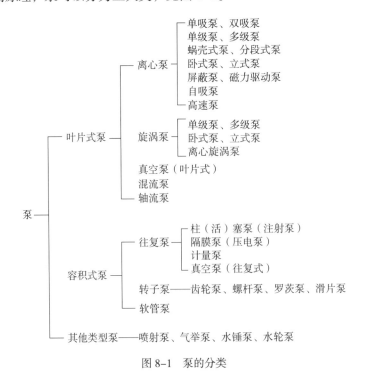

图 8-1　泵的分类

（1）叶片泵：依靠泵内高速旋转的叶轮将能量传给液体，提高压力并输送流体，如离心泵、混流泵、轴流泵等；

（2）容积泵：利用容积周期性变化来输送并提高流体压力，如活塞泵、柱塞泵、隔膜泵、齿轮泵、滑片泵等；

（3）其他类型泵：利用液体静压力或流体动能来输送液体的流体动力泵，如射流泵、水锤泵等。

第三节　泵的基本参数和术语解释

一、流量

流量指泵在单位时间内能抽出多少体积或质量的水。体积流量一般用 m^3/min、m^3/h 等来表示。

二、扬程

扬程又称水头，是指被抽送的单位质量液体从水泵进口到出口能量增加的数值，除以重力加速度，用 H 表示，单位是 m。

三、功率

功率是指水泵在单位时间（s）内所作功的大小，单位是 kW。水泵的功率可分为有效功率和轴功率：

（1）有效功率：又称输出功率，是指泵内水流实际所得到的功率，用符号 P_0 表示。

（2）轴功率：轴功率又称输入功率，是指动力机传给泵轴的功率，用符号 P 表示。

轴功率和有效功率之差为泵内的损失功率，其大小可用泵的效率来计量。

四、效率

效率反映了水泵对动力机传来动力的利用情况。它是衡量水泵工作效能的一个重要经济指标，用符号 μ 表示。

五、转速

转速指泵轴每分钟旋转的次数，用符号 n 表示，单位是 r/min。

六、汽蚀余量

汽蚀余量指泵入口处液体所具有的总水头与液体汽化时的压力头之差，单位用 m（水柱）标注，用（NPSH）表示。

七、气缚

由于泵内存气，启动泵后吸不上液的现象，称"气缚"现象。

八、气蚀

由于泵的吸上高度过高，使泵内压力等于或低于输送液体温度下的饱和蒸汽压时，液体气化、气泡形成、破裂等过程中引起的剥蚀现象，称"气蚀"现象。

第四节　常用泵的结构及工作原理

一、常用泵在辽河油田储气库的典型应用

常用泵在辽河油田储气库的典型应用见表8-1。

表 8-1　常用泵在辽河油田储气库的典型应用

泵类型	应用场合
离心泵	采暖循环泵、补给泵 生活补给水泵 乙二醇再生系统提升泵
多级离心泵	闭排外输泵
齿轮泵	导热油补油泵 压缩机冷却水、预润滑油泵
隔膜计量泵	加药泵 注醇橇计量泵 缓蚀剂泵
螺杆泵	空压机
电潜泵	污水处理池外输泵
滑片泵	乙二醇地埋罐外输泵
柱塞泵	井场甲醇注入泵

二、常用泵的结构及工作原理

（一）离心泵

1. 单级离心泵

单级离心泵是指只有一级叶轮的离心泵，其主要由以下零部件组成：

（1）泵壳。

泵壳有轴向剖分式和径向剖分式两种。大多数单级离心泵的壳体都是蜗壳式的，多级泵径向剖分壳体一般为环形壳体或圆形壳体。一般蜗壳式泵壳内腔呈螺旋形流道，用以收集从叶轮中流出的液体，并引向扩散管至泵出口。泵壳承受全部的工作压力和液体的热负荷。

（2）叶轮。

如图8-2所示，叶轮是唯一的做功部件，泵通过叶轮对液体做功。叶轮的结构形式有闭式、开式、半开式三种。闭式叶轮由叶片、前盖板、后盖板组成。半开式叶轮由叶片和后盖

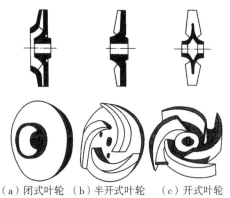

（a）闭式叶轮　（b）半开式叶轮　（c）开式叶轮

图 8-2　叶轮的结构形式

板组成。开式叶轮只有叶片，无前后盖板。闭式叶轮效率较高，开式叶轮效率较低。

（3）密封环。

密封环的作用是防止泵的内泄漏和外泄漏。由耐磨材料制成的密封环，镶于叶轮前后盖板和泵壳上，磨损后可以更换。

（4）轴和轴承。

泵轴一端固定叶轮，一端装联轴器。根据泵的大小，轴承可选用滚动轴承和滑动轴承。按作用力方向可分为径向轴承和推力轴承。

（5）轴封。

轴封一般有机械密封和填料密封两种。一般泵均设计成既能装填料密封，又能装机械密封。

单级离心泵结构示意图见图 8-3。单级离心泵剖面图见图 8-4。

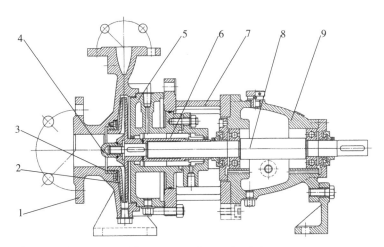

1—泵壳　2—叶轮　3—密封环　4—叶轮螺母　5—泵盖　6—密封部件　7—中间支承　8—轴　9—悬架部件

图 8-3　单级离心泵结构图

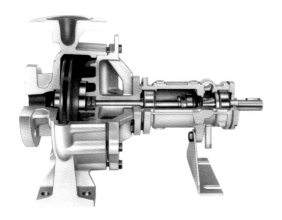

图 8-4　单级离心泵剖面图

2. 双吸离心泵

双吸泵的叶轮可以视为由两个单吸叶轮背靠背地组成，就像两个叶轮对称布置，因此可以认为工作时不会产生轴向力。但由于制造和装配上的原因，总有尺寸偏差，不可能做到绝对对称，加之液流也不可能绝对对称，因而必然还有残余轴向力，因此一般双吸泵上均装有径向滚动轴承，以承受剩余轴向力。

应着重指出的是，卧式单级双吸泵多采用中开式结构，其泵体和泵盖结合面一般是通过轴心线的水平面，通常称之为中开面。由于采用这种结构，可以揭开泵盖即可检修泵内各零件，且无须拆卸泵、出管路和移动电机或其他原动机，检修极为方便。

与单吸泵相比，双吸离心泵有较大的流量，较好的吸上性能；与混流泵相比，有较高的扬程。单级双吸式离心泵结构示意图见图8-5。单级双吸式离心泵实物图见图8-6。

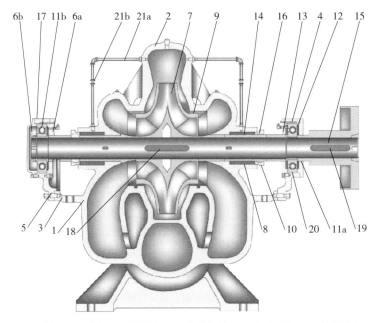

1—泵体 2—泵盖 3—轴承体 4—轴承上盖 5—轴承下盖 6—轴承端盖
7—叶轮 8—填料轴套 9—双吸密封环 10—填料压盖 11—轴承挡圈 12—轴承挡套
13—挡油圈 14—填料环 15—轴 16—轴套螺母 17—轴端螺母 18—叶轮键
19—传动键 20—单列向心球轴承 21—水封管

图 8-5 单级双吸式离心泵结构示意图

多级离心泵是指有两个或两个以上叶轮的泵。通常的结构有蜗壳式多级泵和分段式多级泵。

蜗壳式多级泵的结构特点一般采用中开式结构以便于检修，且有利于叶轮对称布置，减小作用在转子上的轴向力。但这种结构的工艺性较差，级数越多，泵体和系盖的形状越复杂，泵的外形尺寸越大，特别是级与级之间需要配置一些级间流道，使泵的外

图 8-6　单级双吸式离心泵

形比较复杂。而且当级数较多、扬程较高时，中开面的密封难度较大。基于这些因素，这种结构应用的广泛性受到一定的限制。

分段式多级泵的结构紧凑，有利于提高标准化、通用化程度。由于这种结构的扬程取决于泵的级数，所以这种多级泵的扬程范围较宽。

（二）轴流泵

1.轴流泵的结构

轴流泵有立式、卧式和斜式三种。目前多用立式，其外形见图 8-7。它的转动部分也是一根泵轴，轴的下端安装有叶轮，上端装有联轴器，不动部分的主要零部件有进水喇叭管、导叶体和出水弯管。

（1）叶轮。

叶轮由叶片、轮毂、导水锥等三个主要部件组成，见图 8-7。叶片一般有 2 ~ 6 片，用铸钢或铸铁制成。叶片安装在轮毂上，轮毂上开有与叶片数目相等的孔，每个孔里安装一个叶片。叶片有固定式、半调节式和全调节式三种。固定式叶片与轮毂浇铸为一整体；半调节式和全调节式可根据扬程变化情况调整叶片的安装角度。如果需要提高扬水高度，可把叶片安装角度改小。这样，在维持水泵高效率的前提下，适当减少出水量，在动力机不致超载的情况下提高了扬水高度；反之，如果要降

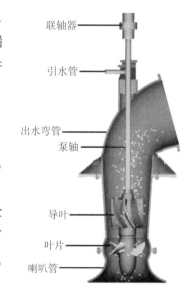

联轴器

引水管

出水弯管

泵轴

导叶

叶片

喇叭管

图 8-7　立式轴流泵结构图

低扬水高度，则把叶片安装角度调大。由于全调节式水泵构造复杂，价格贵，因此，中水型排灌站多使用半调节式轴流泵。半调节式泵要在停机时才能调节叶片，调节时

要注意以下几个问题：

①轴流泵出厂时，叶片的安装角度一般放在"零度"，这个"零度"是指叶片设计安装角度，如叶片的设计安装角度为15°，就把15°作为"零度"。小于设计安装角度为负；大于设计安装角度为正，叶片根部刻有基准线，在轮毂上刻有相对应的安装角度线，如+4°、+2°、0°、−2°、−4°等。当需要调节角度时，将紧叶片的螺母松开，转动叶片，使基准线与需要的安装角度线对准，再拧紧螺母即可。也有用定位销来调节的，当松开螺母后，对好调整角度，变更定位销位置，再拧紧螺母。

②调节叶片安装角度，要使各片的安装角度相等，否则水泵抽水时会有振动或杂声。

③调换叶片时，要防止把叶片装反。若个别叶片损坏需要更换时，最好更换全部叶片，以求各叶片平衡一致。若只更换一个叶片，也要保持各叶片平衡一致。

（2）进水喇叭管。

为了使水以最小的损失均匀地流向叶轮，在中小型轴流泵的叶轮进口前装有进水喇叭管，其管口直径约为叶轮直径的1.5倍。进水喇叭管用铸铁制造。

（3）导叶体。

它是由导叶、导叶毂和外壳组成的整体，铸造而成，其主要作用是将从叶轮中流出的水流的旋转运动变为轴向运动。导叶的片数一般为6～12片。

（4）出水弯管。

其断面一般为等圆截面，内曲率半径约为弯管出口半径的1.5倍，弯管转弯角度通常为60°。

（5）泵轴。

中小型水泵的泵轴是实心的，大型泵的泵轴是空心的。泵轴一般采用优质碳索钢制成。两端各有螺母，分别固紧叶轮轮毂和联轴器。从轴的上端俯视，泵轴为顺时针方向旋转，因此，固紧联轴器的螺母为左旋螺纹（倒牙）。

（6）轴承。

立式轴流泵的轴承有导轴承和推力轴承两种类型。导轴承主要是用来承受径向力，起径向定位作用。中小型轴流泵大多数都采用水润滑橡胶导轴承，它有上下两只，内表面开有轴向槽，使水能进入轴瓦与轴之间进行润滑和冷却。推力轴承主要是用来承受轴向力，包括轴向水压力及轴上所有零部件的重量。对于中小型立式轴流泵，当采用电动机直接传动时，一般是在电动机座内装有轴承体，轴承体内装有推力滚动轴承和一个径向滚动轴承；当采用皮带传动时，一般则是在皮带轮座内装有推力滚动轴承和两个滚珠轴承。

2.轴流泵的工作原理

轴流泵是根据机翼原理制成的。图8–8（a）为机翼的截面，设将此机翼悬挂在流体中，流体以一定的速度 M 流过时，翼面发生负压，翼背发生正压，其正、负压力的大小与翼形及迎角（翼背与液流方向之倾角）以及流体速度的大小有关。如果流体不动，而机翼以相等速度在流体中运动时，则翼背和翼面受到与前相同的正压和负压，即翼面（机翼上面）为负压，翼背为正压。在此压力作用下机翼将获得升力。如果将机翼形的桨叶固定在转轴上，形成螺旋桨，并使之不能沿轴向移动，则当转轴高速旋转时，翼面（螺旋桨下侧）因负压而有吸流作用，翼背因正压而有排流作用，如此一吸一排造成了液体（或气体）的流动。这就是轴流泵和轴流式风机的工作原理，其结构见图 8-8（b）。

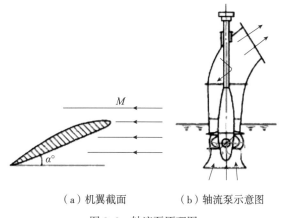

（a）机翼截面　　　（b）轴流泵示意图

图 8-8　轴流泵原理图

（三）往复泵

1. 往复泵的结构

往复泵的结构见图 8-9，主要部件包括：泵缸、活塞、活塞杆、吸入阀、排出阀。其中吸入阀和排出阀均为单向阀。

往复泵按往复元件不同分为活塞泵、柱塞泵和隔膜泵 3 种类型。

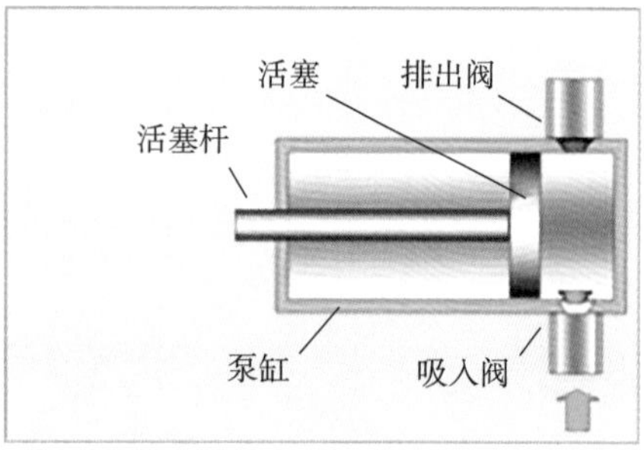

（1）活塞泵。

图 8-9　往复泵的结构图

活塞泵适用于压头较低时的输送。活塞上的活塞杆经十字头与曲柄连杆机构连接。当原动机带动曲柄旋转一周时，活塞在泵缸内做一次来回移动。活塞移动的最大距离称为行程。活塞泵外形图见图 8-10。

如果活塞往复一次时，只有泵缸的一侧各吸入和排出一次液体，这种泵称为单作用泵。单作用泵的排液是间断的，吸液时不排液，排液时不吸液。同时，由于匀速圆周运动转变而来的活塞直线运动的非匀速性，即使排液时，流量也是不均匀的。

为了消除单作用泵排液的间断性，就出现了双作用泵。双作用泵至少有 4 个阀门，分别安设在泵缸两侧，并且吸入管和排出管分别为两侧共有。如此，当原动机运转时，一侧的吸液、排液与另一侧的排液、吸液交叉，吸入管和排出管内的液体就保持不断地流动。

（2）柱塞泵。

泵的活塞以柱式代替盘式主要出于机械强度的原因。因为泵在高压头下送液时，不仅要考虑泵缸的强度，而且要考虑活塞的强度，所以柱塞泵一般用于高压泵和中压泵，活塞泵则用于低压泵。

三柱塞式高压泵是一种三联泵。三联泵是由共用一根曲轴的 3 个单作用泵所组成。3 个单作用泵的曲柄互相错开 120°，其吸液管和排液管也是 3 个泵共用。这样，在曲轴旋转一周的周期里，各泵的吸液、排液依次相差 1/3 周期，大大地提高排液管内流量的均匀性。柱塞泵外形图见图 8–11。柱塞泵结构示意图见图 8–12。

图 8–10　活塞泵外形图　　　　　图 8–11　柱塞泵外形图

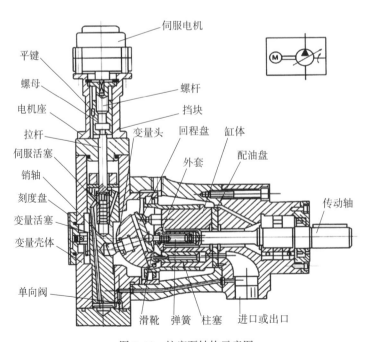

图 8–12　柱塞泵结构示意图

（3）隔膜泵。

当输送腐蚀性料液或悬浮液时，为了不使活塞受到损伤，多采用隔膜泵，即用一弹性薄膜将柱塞和被输送液体隔开的往复泵。隔膜左边所有部分可由耐酸材料制成，或衬以耐酸物质。隔膜右边则盛有水或油。当柱塞作往复运动时，迫使隔膜交替地向两侧弯曲，使隔膜起着和活塞同样的吸液和排液的作用，而被输送液体则始终不与柱塞相接触。隔膜泵外形图见图8-13。隔膜泵结构示意图见图8-14。

图8-13　隔膜泵外形图

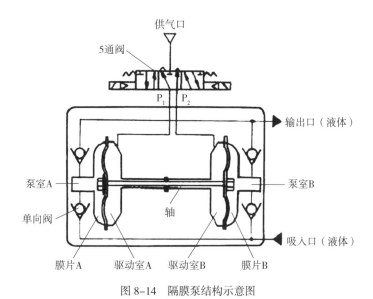

图8-14　隔膜泵结构示意图

2. 往复泵的工作原理

活塞由电动的曲柄连杆机构带动，把曲柄的旋转运动变为活塞的往复运动；或直接由蒸汽机驱动，使活塞做往复运动；当活塞从右向左运动时，泵缸内形成低压，排出阀受排出管内液体的压力而关闭；吸入阀受缸内低压的作用而打开，储罐内液体被吸入缸内；当活塞从左向右运动时，由于缸内液体压力增加，吸入阀关闭，排出阀打开向外排液。

由此可见，往复泵是依靠活塞的往复运动直接以压力能的形式向液体提供能量的。

往复泵是容积泵的一种，它依靠活塞在泵缸中往复运动，使泵缸工作容积呈周期性的扩大与缩小来吸排液体。往复泵具有自吸能力，且在压力剧烈变化下仍能维持几乎不变的流量，它特别适用于小流量、高扬程情况下输送黏度较大的液体。在油库中，往复泵的主要用途是输送专用燃料油和润滑油用泵，还可以作为锅炉给水泵或为离心泵抽真空引油、抽罐车底油等。由于往复泵结构复杂、易损件多、流量有脉动，大流量时机器笨重，所以在许多场合为离心泵所代替。但对于高压力、小流量、输送黏度大的液体，要求精确计量和流量随压力变化小的工厂仍采用各种往复泵。

（四）齿轮泵

1. 齿轮泵的结构

外啮合齿轮泵是应用最广泛的一种齿轮泵，一般齿轮泵通常指的就是外啮合齿轮泵。它的结构见图 8-15，主要由主动齿轮、从动齿轮、泵体、泵盖和安全阀等组成。泵体、泵盖和齿轮构成的密封空间就是齿轮泵的工作室。两个齿轮的轮轴分别装在两泵盖上的轴承孔内，主动齿轮轴伸出泵体，由电动机带动旋转。外啮合齿轮泵结构简单、重量轻、造价低、工作可靠、应用范围广。图 8-16 为内啮合齿轮泵，它由一对相互啮合的内齿轮及它们中间的月牙形件、泵壳等构成。月牙形件的作用是将吸入室和排出室隔开。当主动齿轮旋转时，在齿轮脱开啮合的地方形成局部真空，液体被吸入泵内充满吸入室各齿间，然后沿月牙形件的内外两侧分两路进入排出室。在轮齿进入啮合的地方，存在于齿间的液体被挤压而送进排出管。

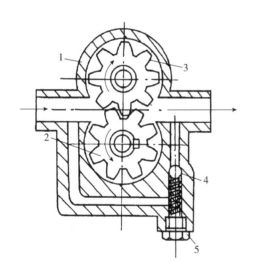

1—泵体　2—主动齿轮　3—从动齿轮　4—安全阀
5—调节螺母

图 8-15　外啮合齿轮泵结构示意图

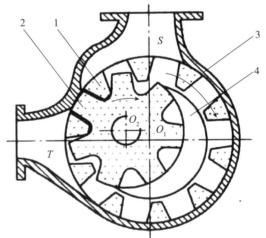

1—内齿齿轮　2—外齿小齿轮　3—泵体
4—月牙隔板

图 8-16　内啮合齿轮泵结构示意图

2. 齿轮泵的工作原理

如图 8-17 所示，当齿轮泵主动齿轮转动，吸油腔齿轮脱开啮合，齿轮的轮齿退出齿间，使密封容积增大，形成局部真空，油箱中的油液在外界大气压的作用下，经吸油管路、吸油腔进入齿间。随着齿轮转动，吸入齿间的油液被带到另一侧，进入压油腔。这是齿轮进入啮合，使密封性逐渐减小，齿轮间部分的油液被挤出，形成了齿轮的压油过程。齿轮啮合时齿向接触线把吸油腔和压油腔分开，起配油作用。当齿轮泵的主动齿轮有电机带动不断转动时，齿轮脱开啮合一侧，由于密封容积变大，则不断从油箱中吸油，轮齿进入啮合的一侧，由于密封容积减小则不断地排油，形成一个不断循环的过程。

外啮合式齿轮泵见图8-18，内啮合式齿轮泵见图8-19。

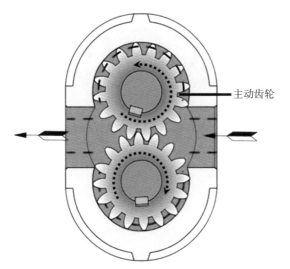

图8-17 齿轮泵工作原理图　　　　　　　　图8-18 外啮合式齿轮泵

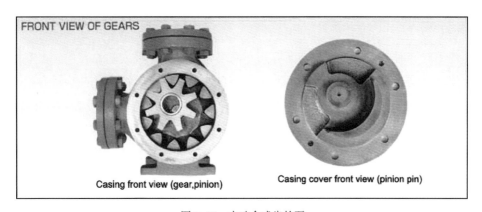

图8-19 内啮合式齿轮泵

（五）滑片泵

1. 滑片泵的结构

滑片泵是容积泵的一种，图8-20是其结构简图。它是靠泵体、泵盖、偏心转子和滑片之间形成的容积（称基元容积）的周期性变化吸、排液体的泵。具有径向槽道的转子装在具有偏心定子的泵体内，滑片位于转子的径向槽道中（图8-21）。滑片可以是两片或多片，转子旋转时在离心力的作用下，滑片自转子体内甩出，沿定子内表面滑动。

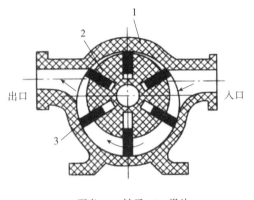

1—泵壳　2—转子　3—滑片

图8-20　滑片泵结构简图

图8-21　滑片泵实物图

2. 滑片泵的工作原理

滑片泵转子为圆柱形，转子上有若干个槽，每个槽内置有滑片。转子在泵壳内偏心安装。滑片可在转子的槽内径向滑动。滑片靠离心力、弹簧力或液体压力压向壳体，使滑片端部紧贴壳体而保证密封。吸入、排出口靠转子与壳体之间很小的间隙密封分开。

当转子旋转时，在吸入侧的基元容积不断增大，将液体吸入基元容积。当基元容积达最大值时，基元容积与吸入口脱离而与排出口连通。转子继续旋转，基元容积逐渐变小，将液体排出。转子旋转一周，滑片在槽内往复一次，各基元容积变大、变小一次，完成一次吸入、排出过程。

若将泵做成偏心距可变化的结构，则可以调节流量。若制成一转中两次吸入、两次排出的结构，则称为双作用滑片泵。

普通的滑片泵通常用来输送中等压力的油类物料，输送高黏度液体时，这种滑片的漏损增大，因此只限于一般黏性液体。与普通滑片泵的工作原理相同的重型滑片泵可以用来输送侵蚀性强、黏度很高的半固体甚至是固体。在这种情况下只能使用单滑片泵，在转子槽内滑动。输送有磨蚀性液体时，泵内需要用耐磨材料保护。

电机驱动的滑片泵见图8-22。滑片泵剖面图见图8-23。

图 8-22　电机驱动的滑片泵

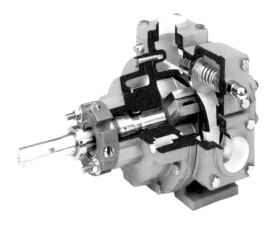

图 8-23　滑片泵剖面图

第五节　泵类常见异常及故障

泵类常见异常及故障见表 8-2 至表 8-6。

表 8-2　离心泵常见异常及故障

故障	原因和处理	故障	原因和处理
泵在启动后短期内性能发生恶化	（1）空气渗入泵内；（2）吸入管路中的气囊慢慢地移入泵内；（3）吸液池中有漏斗状吸入漩涡，将空气带入泵内；（4）输送的液体中空气或其他气体的含量过高；（5）流入吸液池的瀑布状液将空气带入泵内	泵压力达不到规定值，伴有间歇抽空现象	（1）电动机转速不够，进油量不足：应检查电动机是否单相运行，调节油罐的液面高度；（2）过滤缸堵塞：应清理过滤缸；（3）泵体内各间隙过大，压力表指示不准确：应检查调节各部位配合间隙，重新检测、校正压力表；（4）平衡机构磨损严重，油温过高产生汽化：应调节平衡盘的间隙，降低油温；（5）叶轮流道堵塞：应检查、清理叶轮流道入口，或更换叶轮
泵的轴承温度过高，声音异常	（1）缺油或油过多：应加油或利用下排污口把油位调节到规定值；（2）润滑油回油槽堵塞：应拆开端盖清理回油槽；（3）轴承跑内圆或外圆：应停泵检查，跑外圆时要更换轴承体或轴承，跑内圆时要更换泵轴或轴承；（4）轴承间隙过小，严重磨损：应更换、挑选合适间隙的轴承；（5）轴弯曲，轴承倾斜：应校正或更换泵轴；（6）润滑油内有机械杂质：应更换清洁的润滑油	轴承寿命过短	（1）轴承受到了不正常的外力，如平衡机构失效使轴向推力过大、双吸叶轮两侧不对称引起轴向力过大、泵的使用性能超出规定，引起径向力过大；（2）泵轴的振动过大，如泵转子未平衡好、转子的对中性（包括电动机的转子对定子、泵对电动机）不好、泵的基础不牢等都会引起泵轴的振动过大；（3）轴承本身不正常，如润滑油不足或油中含杂质较多引起轴承发热、缩短寿命

续表

故障	原因和处理	故障	原因和处理
泵体振动，伴有异常声音	（1）对轮胶垫或胶圈损坏：应检查更换对轮胶垫或胶圈，紧固销钉；（2）电动机与泵轴不同心：应校正机泵同心度；（3）泵吸液抽空效果不好：应在泵进口过滤缸和出口处放气，控制提高油罐液面；（4）基础不牢，地脚螺栓松动：应加固基础，紧固地脚螺栓；（5）泵轴弯曲：应校正泵轴；（6）轴承间隙大或沙架坏：应更换符合要求的轴承；（7）泵转动部分静平衡不好：应拆泵重新校正转动部分（叶轮、对轮）的静平衡；（8）泵体内各部件间隙不合适：应调整泵内各部件的间隙	泵汽蚀导致泵体振动，噪声强烈，压力表波动，电流波动	（1）吸入压力降低：应提高罐位，增加吸入口压力；（2）吸入高度过高：应降低泵吸入高度；（3）吸入管阻力增大：应检查流程，清理过滤网，增大阀门的开启度，减小吸入管的阻力；（4）输送液体黏度增大：应加温降粘；（5）抽吸液体温度过高：应降温防止汽蚀
泵抽空导致泵体振动，泵和电动机声音异常，压力表无指示	（1）泵进口管线堵塞，流程未倒通，泵进口阀门没开：应清除或用高压泵车顶通泵进口管线，启泵前全面检查流程；（2）泵叶轮堵塞：应清除泵叶轮入口的堵塞物；（3）泵进口密封填料漏气严重：应调整密封填料压盖，使密封填料漏失量在规定范围内；（4）油温过低，吸阻过大：用伴热提高来油温度；（5）泵进口过滤缸堵塞：应检查、清理泵入口过滤缸；（6）泵内气体未放净：应在泵出口处放净泵内气体，在过滤缸处放净泵进口处的气体	密封填料发热	（1）密封填料压盖偏磨轴套，轴套表面不光滑，密封填料加得过多，压得过紧：应调整密封填料压盖不偏，使其对称不磨轴套；用砂纸磨光轴套或更换轴套，以密封填料压盖压入5mm为准，调整压盖松紧度；（2）水封环位置装得不对，水封管的开口被填料堵塞，使压力水不能进入填料函润滑冷却：应使水封管小孔通畅或重新安装密封填料，使水封环的位置正好对准水封管口
叶轮和泵壳寿命过短	（1）输送液体与过流零件材料发生化学反应造成腐蚀；（2）因过流零件所采用的材料不同，产生电化学势差，引起电化学腐蚀；（3）输送液体因含有固体杂质而引起磨蚀；（4）因泵偏离设计工况点运转而引起迅速的磨蚀；（5）热冲击、振动引起过流零件的疲劳；（6）汽蚀引起过流零件冲蚀；（7）泵的运转温度过高；（8）管路荷载对泵壳造成的应力过大	密封填料漏失成流	（1）密封填料压盖松动、未压紧，密封填料不合格：应适当对称调紧密封填料压盖，更换密封填料；（2）密封填料切口在同一方向：密封填料切口应错开90°～120°；（3）轴套胶圈与轴密封不严，轴套磨损严重，加不住密封填料：应更换轴套的O形密封胶圈及轴套
泵不上液	（1）泵内或管路中存在气囊；（2）吸入管路堵塞；（3）过滤器被固体颗粒，如砂粒等充塞；（4）泵转速太低或泵的转向不对；（5）输送液体内气体含量过多	多级离心泵平衡室压力过高	（1）平衡盘与套筒盘的径向间隙过大：应更换、调整；（2）平衡管堵塞：应及时停泵检修

表 8-3 轴流泵常见异常及故障

故障现象	故障原因	消除方法
轴功率接近或超过电机额定功率	（1）蒸发室液位降低 （2）加热管结晶或晶块脱落堵塞加热管 （3）选泵流量过大，泵在小流量下运行 （4）蒸发器内料液固相浓度增加，介质度超过设计值	（1）液位升到正常值 （2）清洗蒸发器 （3）降低泵转速 （4）检查蒸发系统液固分离设备及蒸发操作情况
运行流量低于设计要求	（1）加热管结晶，晶块堵塞蒸发器循环管、加热管 （2）泵转速不够 （3）叶片磨损严重 （4）叶轮与泵体间的径向间隙过大 （5）蒸发器循环阻力大于泵设计扬程（选泵不合理）	（1）蒸发器进行洗灌 （2）皮带是否打滑，上紧皮带 （3）更换叶片 （4）堆焊叶片外沿处，再加工，或更换叶轮 （5）加大叶片安装角，或增加转速，如电机功率不够，则更换之
轴封泄漏过大	结晶体进入机封摩擦面，动静环磨损过大	加大内冲洗液压力，如动静环密封面已磨损应修理或更换
泵振动或噪声过大	（1）蒸发器液面过低 （2）切向进料蒸发室中的旋涡夹带蒸汽进入降液循环管 （3）叶片松动，叶轮不平衡 （4）泵入口侧被晶块或异物部分堵塞	（1）提高蒸发器液位 （2）蒸发室下锥入加消涡挡板或增大消涡挡板直径 （3）调整各叶片安装角并固定牢，叶轮进行静平衡 （4）打开蒸发器入孔进行调查，进行洗灌操作
轴承温度过高	（1）外侧径向止推轴承的轴向游隙过小 （2）内外侧轴承盖内侧回油沟未安放在下方 （3）润滑油位过高或过低 （4）润滑油进水或变质	（1）减小外侧轴承盖处的垫片厚度，轴向游隙调到规定值 （2）内外侧轴承盖上的箭头应在正上方 （3）检查恒位油杯有无堵塞 （4）试压检查水冷夹套有无砂眼更换润滑油

表 8-4 往复泵常见异常及故障

故障类型	故障原因	故障类型	故障原因
达不到规定的流量和压力	（1）进口管线内有空气或蒸汽聚集 （2）泵进口管线连接螺栓松脱 （3）电动机或驱动机速度低 （4）缸盖或阀盖漏 （5）阀座和阀磨损 （6）安全阀部分打开，或不能保持压力 （7）活塞环，柱塞或缸套磨损 （8）旁通阀开启或不能保持压力 （9）NPSHA 不足 （10）液体介质在内部回流 （11）外部杂物堵漏泵内通道	泵运转时噪声大	（1）活塞或柱塞松脱 （2）阀门噪声 （3）汽蚀，进口管进入空气进口总管螺栓松弛 （4）进口总管螺栓松弛 （5）连杆大头连接螺栓松弛，十字头销及套磨损或松脱 （6）连杆轴承磨损，十字头磨损 （7）主轴承端部窜量过大 （8）泵配管系统有冲击，管线支撑不正确 （9）配管对中不良，误差过大，或配管尺寸过小

续表

故障类型	故障原因	故障类型	故障原因
NPSHA 过低	（1）进口管线部分堵塞，进口管线过长，有缩口，或过细 （2）介质蒸汽压过高 （3）介质温度过高 （4）大气压太低	泵不排出液体	（1）未灌泵，进口管线有气体 （2）进口管线堵塞 （3）进口阀开度不合适 （4）进口总管螺栓松脱 （5）泵缸阀门速度过高
汽蚀	（1）NPSHA 过低 （2）密封圈处泄漏过多 （3）NPSHR 太高 （4）液体未进入入口管线	缸盖或阀盖漏	（1）超过规定压力 （2）垫片或 O 形环损坏 （3）缸盖式阀盖连接螺栓松脱
曲轴箱油中进水	（1）空气中水分凝结 （2）曲轴箱盖密封坏 （3）空气呼吸器堵塞 （4）连杆的密封圈漏	曲轴箱漏油	（1）油面和油温过高 （2）连杆密封圈坏 （3）曲轴箱盖松，密封件坏
泵驱动机过负荷	（1）泵转速太高 （2）低电压或其他电气故障 （3）出口压力过高，出口管线堵塞，出口管线上阀门关闭或节流 （4）活塞或柱塞的规格不合适 （5）密封圈压盖压得过紧	密封圈（活塞杆或柱塞）泄漏	（1）活塞杆或柱塞磨损 （2）密封圈损坏 （3）密封圈规格不对
泵阀门噪声过大	（1）阀弹簧断裂 （2）水泵汽蚀 （3）空气进入进口管线或泵进口总管螺栓松弛	进出口管线振动	（1）进口管线过长或过细，进口管线弯头过多 （2）管线支撑不正确 （3）操作压力和转速，超过额定值 （4）密封圈磨损 （5）NPSHA 不足
曲轴断裂、弯曲，及其他重大事故	（1）泵启动时出口阀门关闭 （2）油位低或油含杂质 （3）主轴承损坏、活塞或柱塞撞缸 （4）空气进入管线系统、液缸中液体结冰	柱塞故障	（1）热冲击（如冷水浇在陶瓷柱塞上） （2）密封圈太紧 （3）介质太脏 （4）密封圈压盖和柱塞摩擦

表 8-5　齿轮泵常见异常及故障

故障类型	故障原因	故障类型	故障原因
泵不出油	（1）旋转方向相反 （2）吸入或排出阀关闭 （3）入口无料或压力过低 （4）黏度过高，泵无法咬料	泵流量不足	（1）进油滤芯太脏，吸油不足 （2）泵的安装高度高于泵的自吸高度 （3）齿轮泵的吸油管过细造成吸油阻力大 （4）吸油口接头漏气造成油泵吸油不足。通过观察油箱里是否有气泡即可判断系统是否漏气

故障类型	故障原因	故障类型	故障原因
声音异常	（1）联轴节偏心大或润滑不良 （2）电动机故障 （3）减速机异常 （4）轴封处安装不良 （5）轴变形或磨损	电流过大	（1）出口压力过高 （2）熔体黏度过大 （3）轴封装配不良 （4）轴或轴承磨损 （5）电动机故障
发热	（1）系统超载，主要表现在压力或转速过高 （2）油液清洁度差，内部磨损加剧，使容积效率下降，油从内部间隙泄漏节流而产生热量 （3）出油管过细，油流速过高	—	—

表 8–6　滑片泵常见异常及故障

故障	原　因	排除方法
泵不出液	（1）吸入管路漏气 （2）吸入管路过长或吸程过高 （3）机械密封失效 （4）电机反转	（1）查出漏气部位，予以排除 （2）缩短吸气管路，降低吸程 （3）更换机械密封 （4）调整电机转向
泵出液不足	（1）安全阀松动 （2）衬板、滑片磨损严重 （3）工作压差过高	（1）重新调整并锁紧 （2）更换衬板或滑片 （3）减小工作压差
轴功率过高	（1）工作压差过高 （2）轴承磨损严重 （3）机械磨损严重 （4）齿轮磨损严重或偏位	（1）减小工作压差 （2）更换轴承 （3）重新调整，保证轴向间隙 （4）更换齿轮，调整位置
振动噪声过大	（1）底座不稳 （2）轴承磨损 （3）工况点不合适 （4）齿轮磨损 （5）滑片工作不正常	（1）加固 （2）更换轴承 （3）重新调整工况 （4）更换齿轮 （5）更换滑片

第九章　检测及控制仪表

第一节　仪表基础知识

一、定义

仪表：显示数值的仪器总称，包括压力仪表、流量仪表及各种分析仪器等。

检测仪表：检测仪表是能确定所感受的被测变量大小的仪表。它可以是传感器、变送器和自身兼有检出元件和显示装置的仪表。

一次测量仪表：一般为将被测量转换为便于计量的物理量所使用的仪表。一次测量仪表是与介质直接接触，是在室外就地安装的。

二次测量仪表：将测得的信号变送转换为可计量的标准电气信号并显示的仪表，即包括变送器和显示装置。

仪表性能：仪表性能指标通常用精确度（又称精度）、变差（仪表传动机构的间隙、运动部件的摩擦、弹性元件滞后等因素导致的）、灵敏度来描述。仪表通常也是调校精确度、变差和灵敏度三项。

变差是指仪表被测变量（可理解为输入信号）多次从不同方向达到同一数值时，仪表指示值之间的最大差值，或者说是仪表在外界条件不变的情况下，被测参数由小到大变化（正向特性）和被测参数由大到小变化（反向特性）不一致的程度，两者之差即为仪表变差。变差大小取最大绝对误差与仪表标尺范围之比的百分比，主要针对机械式仪表。

二、仪表灵敏度

灵敏度是指仪表对被测参数变化的灵敏程度，或者说是对被测的量变化的反应能力，是在稳态下，输出变化增量对输入变化增量的比值。

但在实际使用中，往往更强调仪表的稳定性和可靠性，检测与过程控制仪表用于计量的为数不多（液位计、流量计及开关等），而大量的是用于检测。另外，使用在过程控制系统中的检测仪表其稳定性、可靠性比精度更为重要。

三、仪表精确度

仪表精确度简化为精度或准确度，就是仪表测量值接近真值的准确程度，通常用相对百分误差表示（也称相对折合误差）。

仪表精度 =（绝对误差的最大值 / 仪表量程）× 100%

以上计算式取绝对值去掉 % 就是精度等级。

精度等级包括 0.1 级、0.2 级、0.5 级、1.0 级、1.5 级、2.5 级等。

四、仪表位号（TAG）

仪表的名称在控制系统中是唯一的，一般不超过 8 位。

仪表位号 = 英文字母（参数符号 + 功能符号）+ 数字

参数符号：

F：流量；L：液位；P：压力；T：温度；E：电流；H：手操；V：振动、阀门。

功能符号：

A：报警；R：记录；C：调节；I：指示；Q：累积；T：变送器；CV：自力式；G：现场监视。

第二节　压力检测仪表

一、压力的定义及单位

压力是指均匀垂直地作用在物体单位面积上的力。

工程上的"压力"与力学中的"压力"不表示同一个概念。

$$p = \frac{F}{S}$$

式中，p 表示压力；F 表示垂直作用力；S 表示受力面积。

压力的单位为帕斯卡，简称帕（Pa）

$1Pa = 1N/m^2$　　$1MPa = 1 \times 10^6\ Pa = 1000kPa = 10kg/cm^2$

$1kgf/cm^2 = 10^5 Pa = 0.1MPa$

1 巴（bar）=0.1 兆帕（MPa）=100 千帕（kPa）=1.0197 千克 / 平方厘米（kg/cm^2）

$1psi = 6.895kPa = 0.07kg/cm^2 = 0.06895bar$

在压力测量中，常有表压、绝对压力、负压或真空度之分。

$$p_{表压} = p_{绝对压力} - p_{大气压力}$$

当被测压力低于大气压力时，一般用负压或真空度来表示。

$$p_{真空度} = p_{大气压力} - p_{绝对压力}$$

二、压力仪表分类

（一）弹簧管压力表

弹簧压力表见图9-1。

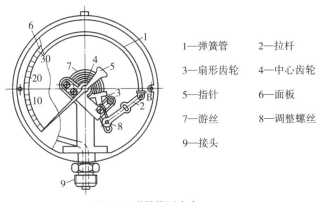

1—弹簧管 2—拉杆

3—扇形齿轮 4—中心齿轮

5—指针 6—面板

7—游丝 8—调整螺丝

9—接头

图9-1 弹簧管压力表

（二）压力变送器

1. 定义

压力变送器是工业实践中最为常用的一种传感器，其广泛应用于各种工业自控环境，涉及水利水电、铁路交通、智能建筑、生产自控、航空航天、军工、石化、油井、电力、船舶、机床、管道等众多行业。

压力变送器的主要作用把压力信号传到电子设备，进而在计算机显示压力。其原理大致是：将水压这种压力的力学信号转变成电流（4 ~ 20mA）这样的电子信号压力和电压或电流大小呈线性关系，一般是正比关系。

压力变送器见图9-2。

图9-2 压力变送器

2. 主要优点

（1）压力变送器具有工作可靠、性能稳定等特点。

（2）专用 V/I 集成电路，外围器件少，可靠性高，维护简单、轻松，体积小、质量轻，安装调试极为方便。

（3）铝合金压铸外壳，三端隔离，静电喷塑保护层，坚固耐用。

（4）4～20mA DC 二线制信号传送，抗干扰能力强，传输距离远。

（5）LED、LCD、指针三种指示表头，现场读数十分方便。可用于测量黏稠、结晶和腐蚀性介质。

（6）高准确度，高稳定性。除进口原装传感器已用激光修正外，对整机在使用温度范围内的综合性温度漂移、非线性进行精细补偿。

3. 压力传感器使用注意事项

（1）防止变送器与腐蚀性或过热的介质接触。

（2）防止渣滓在导管内沉积。

（3）测量液体压力时，取压口应开在流程管道侧面，以避免沉淀积渣。

（4）测量气体压力时，取压口应开在流程管道顶端，并且变送器也应安装在流程管道上部，以便积累的液体容易注入流程管道中。

（5）导压管应安装在温度波动小的地方。

（6）测量蒸汽或其他高温介质时，需接加缓冲管（盘管）等冷凝器，不应使变送器的工作温度超过极限。

（7）冬季发生冰冻时，安装在室外的变送器必须采取防冻措施，避免引压口内的液体因结冰体积膨胀，导致传感器损坏。

（8）测量液体压力时，变送器的安装位置应避免液体的冲击（水锤现象），以免传感器过压损坏。

（9）接线时，将电缆穿过防水接头（附件）或绕性管并拧紧密封螺帽，以防雨水等通过电缆渗漏进变送器壳体内。

第三节 温度检测仪表

双金属温度计已经在我们生活和工作中不可缺少。双金属温度计的工作原理是将绕成螺纹旋形的热双金属片作为感温器件，并把它装在保护套管内，其中一端固定，称为固定端，另一端连接在一根细轴上，称为自由端。在自由端线轴上装有指针。当温度发生变化时，感温器件的自由端随之发生转动，带动细轴上的指针产生角度变化，在标度盘上指示对应的温度。

双金属温度计原理图解一（感应片形状图）：双金属温度计感应片有直线螺旋形和平面螺旋形（图9-3）。

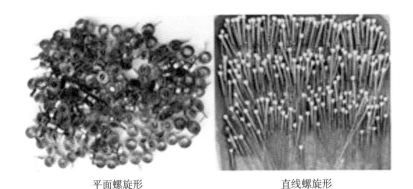

平面螺旋形　　　　　　　　　直线螺旋形

图 9-3　双金属温度计感应片形状图

双金属温度计原理图解二（受热原理图），见图 9-4。

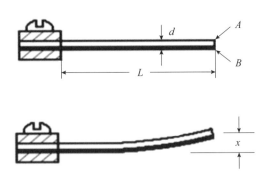

图 9-4　双金属温度计受热原理图

双金属温度计原理图解三（工作原理图），见图 9-5。

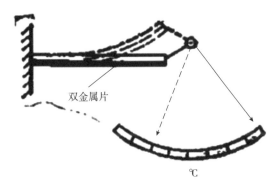

图 9-5　双金属温度计工作原理图

一、工作原理

双金属温度计把两种线膨胀系数不同的金属组合在一起，一端固定，当温度变化时，两种金属热膨胀不同，带动指针偏转以指示温度，这就是双金属温度计。测温范围为 –80 ~ 500℃，它适用于工业上精度要求不高时的温度测量。双金属作为一种感温元件也可用于温度自动控制。

二、结构

双金属温度计是将绕成螺纹旋形的热双金属片作为感温器件，并把它装在保护套管内，其中一端固定，称为固定端，另一端连接在一根细轴上，称为自由端。在自由端线轴上装有指针。当温度发生变化时，感温器件的自由端随之发生转动，带动细轴上的指针产生角度变化，在标度盘上指示对应的温度，见图 9–6。

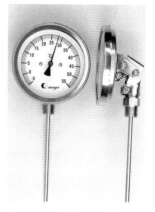

图 9–6 双金属温度计标度盘

三、相关参数

（1）标度盘公称直径：60mm，100mm，150mm。

（2）精度等级：1.0，1.5。

（3）热响应时间：≤ 40s。

（4）防护等级：IP55。

（5）角度调整误差：角度调整误差应不超过其量程的 1.0%。

（6）回差：双金属温度计回差应不大于基本误差限的绝对值。

（7）重复性：双金属温度计重复性极限范围应不大于基本误差限绝对值的 1/2。

双金属温度计是一种测量中低温度的现场检测仪表。可以直接测量各种生产过程中的 –80 ~ 500℃ 范围内液体蒸汽和气体介质温度。工业用双金属温度计主要的元件是一个用两种或多种金属片叠压在一起组成的多层金属片，利用两种不同金属在温度改变时膨胀程度不同的原理工作的，是基于绕制成环形弯曲状的双金属片组成。一端受热膨胀时，带动指针旋转，工作仪表便显示出热电势所对应的温度值。

双金属温度计是现场显示温度，直观方便；安全可靠，使用寿命长；多种结构形式，可满足不同温度要求。

四、温度变送器

温度变送器采用热电偶、热电阻作为测温元件，从测温元件输出信号送到变送器模块，经过稳压滤波、运算放大、非线性校正、V/I 转换、恒流及反向保护等电路处理后，转换成与温度呈线性关系的 4 ~ 20mA 电流信号 0 ~ 5V/0 ~ 10V 电压信号，RS485 数字信号输出。

（一）温度变送器作用

温度变送器是可以将物理测量信号或普通电信号转换为标准电信号输出或能够以通

信协议方式输出的设备，主要用于工业过程温度参数的测量和控制。电流变送器是将被测主回路交流电流转换成恒流环标准信号，连续输送到接收装置。比如，型号为PT100的温度变送器，其作用就是把电阻信号转变为电流信号，输入仪表，显示温度。

（二）温度变送器工作原理

温度变送器采用热电偶、热电阻作为测温元件，从测温元件输出信号送到变送器模块，经过稳压滤波、运算放大、非线性校正、V/I转换、恒流及反向保护等电路处理后，转换成与温度呈线性关系的4～20mA电流信号输出。温度变送器将温度变量转换为可传送的标准化输出信号，将被测主回路交流电流转换成恒流环标准信号，连续输送到接收装置。

（三）温度变送器应用

温度变送器是一种将温度变量转换为可传送的标准化输出信号的仪表（图9-7）。其应用也是十分广泛，主要应用于石油、化工、化纤；纺织、橡胶、建材；电力、冶金、医药；食品等工业领域现场测温过程控制；特别适用于计算机测控系统，也可与DDZ-Ⅲ型仪表配套使用。

图9-7　温度变送器

（四）温度变送器的安装教程及注意事项

1.温度变送器安装接触流体的方式

温度变送器测温部件接触流体的方式有两种：直接接触式和间接接触式，表现在温度套筒上就是开放式和封闭式。通过实验得出，在同一计量管的同一测温点分别采用"U"形套筒管和"Ⅱ"形套筒管安装温度变送器的方式，二者测得的温度值基本吻合；但由于对"Ⅱ"形套筒管安装方式的温度变送器进行检修时必须停气，这就增加了检修的难度，对计量的连续性也造成一定的影响。因此不主张采用"Ⅱ"形套筒管的温度变送器安装方式。

2.温度变送器安装的位置

相关标准规定，在标准孔板计量系统中的温度变送器可以安装在孔板上游侧或下游侧。实验也表明，在孔板上游和下游安装数字温度计测得的温度相差不大，给计量带来的影响也极小；但由于在孔板上游安装温度变送器对流程有更高的要求，因此建议使用孔板下游侧安装方式，具体安装位置在孔板下游侧 5D ~ 15D 范围内。

3. 温度变送器安装感温元件的插入深度

不论是玻璃棒式温度计还是数字温度计都应严格按照相关规范进行安装，温度套管或插孔应伸入管道至公称内径的大约 1/3 处；其插入方式可直插或斜插，斜插应逆气流，并与直管段管道轴线成 45° 角。

（五）温度变送器安装出现的问题及解决

1. 无输出

（1）变送器无输出，查看变送器电源是否接反；解决办法：把电源极性接正确。

（2）测量变送器的供电电源，是否有 24V 直流电压；解决办法：如果没有电源，则应检查回路是否断线、检测仪表是否选取错误（输入阻抗应 $\leqslant 250\Omega$）；等等。

（3）如果是一体化带表头的，检查表头是否损坏（可以先将表头的两根线短路，如果短路后正常，则说明是表头损坏）；解决办法：表头损坏的则需另换表头。

（4）将电流表串入 24V 电源回路中，检查电流是否正常；解决办法：如果正常则说明变送器正常，此时应检查回路中其他仪表是否正常。

2. 输出精度不合要求

（1）变送器电源是否正常解决办法：如果小于 12VDC，则应检查回路中是否有大的负载，变送器负载的输入阻抗应符合 RL $\leqslant$（变送器供电电压 –12V）/（0.02A）Ω。

（2）是否进行过一体化调试解决办法：进行一体化调试。

（3）热电阻（或热电偶）与外壳绝缘是否达到要求解决办法：如绝缘不合要求，则需进行相应的绝缘处理。

五、热电阻与热电偶

热电阻（图 9-8）是中低温区最常用的一种温度检测器。热电阻测温是基于金属导体的电阻值随温度的增加而增加这一特性来进行温度测量的。它的主要特点是测量精度高，性能稳定。其中铂热电阻的测量精确度是最高的，它不仅广泛应用于工业测温，而且被制成标准的基准仪。热电阻大都由纯金属材料制成，目前应用最多的是铂和铜，此外，现在已开始采用镍、锰和铑等材料制造热电阻。金属热电阻常用的感温材料种类较多，最常用的是铂丝。工业测量用金属热电阻材料除铂丝外，还有铜、镍、铁、铁—镍等。

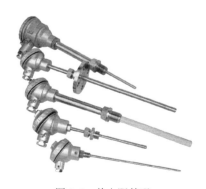

图 9-8 热电阻外观

（一）工作原理

热电阻的测温原理是基于导体或半导体的电阻值随温度变化而变化这一特性来测量温度及与温度有关的参数。热电阻大都由纯金属材料制成，目前应用最多的是铂和铜，现在已开始采用镍、锰和铑等材料制造热电阻。热电阻通常需要把电阻信号通过引线传递到计算机控制装置或者其他二次仪表上。

（二）接线方式

热电阻是把温度变化转换为电阻值变化的一次元件，通常需要把电阻信号通过引线传递到计算机控制装置或者其他一次仪表上。工业用热电阻安装在生产现场，与控制室之间存在一定的距离，因此热电阻的引线对测量结果会有较大的影响。

目前热电阻的引线主要有三种方式：

二线制：在热电阻的两端各连接一根导线来引出电阻信号的方式叫二线制。这种引线方法很简单，但由于连接导线必然存在引线电阻 r，r 大小与导线的材质和长度等因素有关，因此这种引线方式只适用于测量精度较低的场合

三线制：在热电阻的根部的一端连接一根引线，另一端连接两根引线的方式称为三线制，这种方式通常与电桥配套使用，可以较好地消除引线电阻的影响，是工业过程控制中最常用的。

四线制：在热电阻的根部两端各连接两根导线的方式称为四线制，其中两根引线为热电阻提供恒定电流 I，把 R 转换成电压信号 U，再通过另两根引线把 U 引至二次仪表。可见这种引线方式可完全消除引线的电阻影响，主要用于高精度的温度检测。

热电阻采用三线制接法。采用三线制是为了消除连接导线电阻引起的测量误差。这是因为测量热电阻的电路一般是不平衡电桥。热电阻作为电桥的一个桥臂电阻，其连接导线（从热电阻到中控室）也成为桥臂电阻的一部分，这一部分电阻是未知的且随环境温度变化，造成测量误差。采用三线制，将导线一根接到电桥的电源端，其余两根分别接到热电阻所在的桥臂及与其相邻的桥臂上，这样消除了导线线路电阻带来的测量误差。

热电偶与热电阻均属于温度测量中的接触式测温，尽管其作用相同都是测量物体的温度，但是他们的原理与特点却不尽相同。

热电偶是温度测量中应用最广泛的温度检测器，其主要特点是测温范围宽，性能比较稳定，同时结构简单，动态响应好，更能够远传 4 ~ 20mA 电信号，便于自动控制和集中控制。热电偶的测温原理是基于热电效应。将两种不同的导体或半导体连接成闭合回路，当两个接点处的温度不同时，回路中将产生热电势，这种现象称为热电效应，又称为塞贝克效应。闭合回路中产生的热电势由温差电势和接触电势两种电势组成。温差电势是指同一导体的两端因温度不同而产生的电势，不同的导体具有不同的电子密度，

所以他们产生的电势也不相同，而接触电势顾名思义就是指两种不同的导体相接触时，因为他们的电子密度不同所以产生一定的电子扩散，当他们达到一定的平衡后所形成的电势，接触电势的大小取决于两种不同导体的材料性质以及他们接触点的温度。

目前国际上应用的热电偶具有一个标准规范，国际上规定热电偶分为 8 个不同的分度，分别为 B，R，S，K，N，E，J 和 T，其测量温度最低可测零下 270℃，最高可达 1800℃，其中 B，R，S 属于铂系列的热电偶，由于铂属于贵重金属，所以他们又被称为贵金属热电偶，而剩下的几个则称为廉价金属热电偶。

热电偶的结构有两种，普通型和铠装型。普通型热电偶一般由热电极、绝缘管、保护套管和接线盒等部分组成，而铠装型热电偶则是将热电偶丝、绝缘材料和金属保护套管三者组合装配后，经过拉伸加工而成的一种坚实的组合体。但是热电偶的电信号却需要一种特殊的导线来进行传递，这种导线我们称为补偿导线。不同的热电偶需要不同的补偿导线，其主要作用就是与热电偶连接，使热电偶的参比端远离电源，从而使参比端温度稳定。补偿导线又分为补偿型和延长型两种，延长导线的化学成分与被补偿的热电偶相同，但是实际中，延长型的导线也并不是用和热电偶相同材质的金属，一般采用和热电偶具有相同电子密度的导线代替。补偿导线与热电偶的连线一般都很明了，热电偶的正极连接补偿导线的红色线，而负极则连接剩下的颜色。一般的补偿导线的材质大部分都采用铜镍合金。

热电阻不仅广泛应用于工业测温，而且被制成标准的基准仪。但是由于测温范围使其应用受到了一定的限制，热电阻的测温原理是基于导体或半导体的电阻值随着温度的变化而变化的特性。其优点也很多，也可以远传电信号，灵敏度高，稳定性强，互换性以及准确性都比较好，但是需要电源激励，不能够瞬时测量温度的变化。工业用热电阻一般采用 Pt100，Pt10，Cu50，Cu100，铂热电阻的测温的范围一般为 –200 ～ 800℃，铜热电阻为 –40 ～ 140℃。热电阻和热电偶一样的区分类型，但是却不需要补偿导线，而且比热电偶便宜。

铂热电阻的安装形式很多，有固定螺纹安装、活动螺纹安装、固定法兰安装、活动法兰安装、活动管接头安装、直行管接头安装等。

热电阻与热电偶的选择最大的区别就是温度范围的选择，热电阻是测量低温的温度传感器，一般测量温度在 –200 ～ 800℃，而热电偶是测量中高温的温度传感器，一般测量温度在 400 ～ 1800℃，在选择时如果测量温度在 200℃左右就应该选择热电阻测量，如果测量温度在 600℃就应该选择 K 型热电偶，如果测量温度在 1200 ～ 1600℃就应该选择 S 型或者 B 型热电偶。

热电阻与热电偶相比有以下特点：

（1）同样温度下输出信号较大，易于测量。

（2）测电阻必须借助外加电源。

（3）热电阻感温部分尺寸较大，而热电偶工作端是很小的焊点，因而热电阻测温的反应速度比热电偶慢。

（4）同类材料制成的热电阻不如热电偶测温上限高。

（三）热电偶和热电阻区别

（1）测温原理不同。两种不同成分的导体（称为热电偶丝材或热电极）两端接合成回路，当两个接合点的温度不同时，在回路中就会产生电动势，这种现象称为热电效应，而这种电动势称为热电势。热电偶就是利用这种原理进行温度测量的。热电阻的测温原理是基于导体或半导体的电阻值随温度变化而变化这一特性来测量温度及与温度有关的参数。

（2）特点不同。热电偶的技术优势：热电偶测温范围宽，性能比较稳定；测量精度高，热电偶与被测对象直接接触，不受中间介质的影响；热响应时间快，热电偶对温度变化响应灵活；丈量范围大，热电偶从 –40 ~ 1600℃均可连续测温；热电偶性能牢靠，机械强度好，运用寿命长，装置便当。热电阻温度计的主要优点有：测量精度高，复现性好；有较大的测量范围，尤其是在低温方面；易于使用在自动测量中，也便于远距离测量。同样，热电阻也有缺陷，在高温（大于850℃）测量中准确性不好；易于氧化和不耐腐蚀。

（3）应用范围不同。在温度测量中，热电偶的应用极为广泛，具有结构简单、制造方便、测量范围广、精度高、惯性小和输出信号便于远传等许多优点。另外，由于热电偶是一种无源传感器，测量时不需外加电源，使用十分方便，所以常被用作测量炉子、管道内的气体或液体的温度及固体的表面温度。应用最广泛的热电阻材料是铂和铜。铂电阻精度高，适用于中性和氧化性介质，稳定性好，具有一定的非线性，温度越高电阻变化率越小；铜电阻在测温范围内电阻值和温度呈线性关系，适用于无腐蚀介质，超过150℃易被氧化。

第四节　流量检测仪表

一、流量定义

流量：单位时间内流过管道某一截面的流体数量的大小，即瞬时流量。

单位：t/h、kg/h、L/h 、m^3/h 等。

二、流量计分类

（一）靶式流量计

智能（靶式）流量计流体动量定理，是利用测量流体动量反映流量大小的流量计，它既具有传统靶式、孔板、涡街等流量计无可动部件的特点，同时又具有与涡轮流量计、质量流量计、容积式流量计相媲美的测量准确度，加之其特有的传感器稳定性、抗干扰、抗杂质性能，安装轻便、维护成本低，使用现场可利用砝码标定以及可靠稳定性的特点，特别应用于高黏度、高压力宽范围、低流速流体测量，广泛适用于炼油、化工、机械制造、食品、环保、水利等各个领域。

靶式流量计能准确测量各种常温、高温、低温工况下的液体、气体、蒸汽，黏稠介质及各种流体介质流量，具有极为广阔的适用性。

· 公称通径：$\phi 15 \sim \phi 2500$mm 至更大。

· 温度范围：$-196 \sim +500$℃。

· 压力范围：$0 \sim 70$MPa（表压）。

被测介质在公称通径流速一般规范为：

液体 $v_{平均}=5$m/s；

气体 $v_{平均}=30$m/s；

蒸汽 $v_{平均}=50$m/s。

以上介质流速为状态流速，一般条件下将介质的平均状态流速作为被测介质通过流量计的最大流速。流量计可测量的最大流速可超过一般条件下最大流速的 $1 \sim 1.5$ 倍。

连接形式及公称通径：

· 管螺纹式：相应公称通径 DN15 ~ DN80（mm）。

· 法兰管道式：相应公称通径 DN15 ~ DN300（mm）。

· 夹装式：相应公称通径 DN15 ~ DN600（mm）。

· 插入式：相应公称通径 DN100 ~ DN2500（mm）。插入式分固定式、可在线可拆装式。

产品参数：

根据使用环境条件及测量介质选择。

防爆标志本安型（ExiallCT6）、隔爆型（ExdllCT6）。

防护等级 IP67。

耐压强度 $0 \sim 70$MPa。

电流、脉冲输出特性：

电流输出电源电压：24V 最大误差范围（±10%）电源要求：稳定、纹波小、干扰小。

4 ~ 20mA 电流输出：最小瞬时流量电流值为 4mA，瞬时流量≤满量程时其输出等于 20mA 其他时候电流。

流量计安装之前，保证法兰与管道同轴度，安装时注意流量计两端密封垫与管道同轴位置。

新安装管道一般都会有异物（如焊渣），流量计安装之前应先吹扫管道，再安装流量计。

安装时应避免对仪表产生强烈碰撞冲击，造成仪表显示窗口玻璃损坏。

对远传发信流量计，用户需自配24VDC电源。

流量计安装时，注意流量计壳体上箭头为介质流向，箭头方向同现场工艺流向保持一致。

靶式流量计安装方式见图9-9。

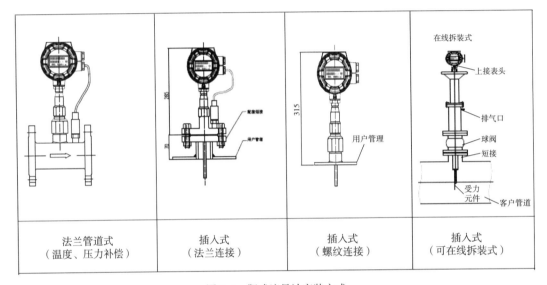

图9-9 靶式流量计安装方式

（二）质量流量计

1. LZYN型质量流量计

LZYN型质量流量计是利用科里奥利力原理测量流量的高新技术产品，产品分为数字电路质量流量计和模拟电路质量流量计。流量计在石油、石化、化工、船舶、制药、市政、造纸、食品和能源等行业的工艺过程检测和贸易交接计量等场合获得了广泛的应用，受到国内外流量测量界的高度重视和广大用户的欢迎，是当今世界上比较先进、发展趋势较快的一种新型流量测量仪表。

2. 质量流量计的特点

质量流量计与传统的流量测量方式相比，具有明显的优点。流量计能够直接测量管道内流体的质量流量，不需要经过中间参数的转换，从而避免了中间环节带来的测量误差。它的质量流量测量准确度高、重复性好，可以在比较大的量程比范围内，实现对流体质量流量的高准确度直接测量。

质量流量计可测量流体范围广泛，除可以测量一般黏度的均匀流体外，还可以测量各种高黏度、非牛顿型流体。对于含有固相成分的浆液、含有微量气相成分的流体，在一定条件下也可使用。流量计的测量管的振动幅度小，可视作非活动件，在流体流过的流量计管道内部无阻碍件和活动件，因而可靠性高，使用寿命长，日常维修量小。

流量计除可以直接测量流体的质量流量外，还可以直接测量流体的密度和温度，还可由质量流量和流体密度派生出双组分溶液中溶质的浓度，能准确实现对原油的含水分析，可以提供多种参数的显示和输出，是一种集多功能于一体的流量测量仪表。

3. 安装要求

应选取过程管线的较低处进行安装，能够保证在零点标定和运行时，过程介质充满传感器。在安装流量计时，应尽量减少过程连接上的扭矩和弯曲负载。同时，严禁使用传感器来支撑管道。流量计安装在强振动区域时，需要使用金属编织软管来与振动源做隔离，并且在管道上提供附加支撑。

4. 电源和输出接线

变送器可以使用 AC220V、DC24V 的其中一种电源，具体电源种类请参照变送器铭牌上的相应说明。电源线请使用 0.8mm^2 以上的两芯导线。AC220V 供电时，电源线最大长度 ≤ 300m；DC24V 供电时，电源线最大长度 ≤ 100m。

5. 接地

流量计必须正确接地，不正确的接地会带来测量误差，严重的甚至导致仪表无法正常工作。如果过程管线被连接到大地，那么传感器可以通过管线接地；如果过程管线未被连接到大地，则需要对传感器单独接地。具体接地方法可参照相应的国家标准或遵循使用厂标准。

（三）旋进漩涡气体流量计

LX-S 型旋进漩涡气体流量计是具有国内领先水平的新型气体流量仪表。该流量计集流量、温度、压力检测功能于一体，并能进行温度、压力、压缩因子自动补偿，是石油、化工、电力等行业气体计量的理想仪表。

1. 产品特点

（1）可直接检测流体的流量、压力和温度并自动实时补偿和修正压缩因子，直接显示标准体积流量。

（2）无机械可动部件，稳定可靠，寿命长，长期运行无须特殊维护。流量计表可360°旋转，安装使用简单方便。

（3）采用双探头检测技术提高了检测信号强度，抑制了压力波动和管线振动引起的干扰，提高了测量稳定性。

（4）采用 16 位电脑芯片，集成度高，体积小，性能好，整机功能强。

（5）采用汉字点阵显示屏，显示位数多，读数直观方便，可直接显示工况体积流量、标准体积流量、总量，以及介质压力、温度等参数。

（6）采用EEPROM技术，参数设置方便，可永久保存，并可保存最长达一年的历史数据。

（7）采用高新微功耗技术，整机功耗低，可内电池供电，也可外接电源。

2. 适用范围

天然气、空气、氮气、燃料气等纯净气体计量。

3. 结构

流量计由以下7个基本部件组成（图9-10）：

（1）漩涡发生体；

（2）壳体；

（3）旋进漩涡流量计积算仪；

（4）温度传感器；

（5）压力传感器；

（6）压电晶体传感器；

（7）消旋器。

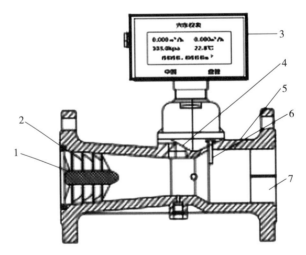

1—漩涡发生体　2—壳体　3—旋进漩涡流量计积算仪　4—温度传感器
5—压力传感器　6—压电晶体传感器　7—消旋器

图9-10　流量计结构图

4. 安装

（1）流量计应安装在便于维修、无强电磁场干扰、无强烈机械振动以及热辐射影响的场所。

（2）流量计不宜在流量频繁中断和有强烈脉动流或压力波动的场合使用。

（3）流量计室外安装时，上部应有遮盖物，以防雨水浸入和烈日暴晒影响流量计使用寿命。

（4）当管线较长或距离振动源较近时，应在流量计的上、下游安装支撑，以消除管线振动的影响。

（5）为了不影响流体正常输送和便于维护，要求按一定要求安装旁通管道。

（6）测量气体实际压力必须低于流量计设计工作压力。

（7）接入电源电压等级必须符合设备标称电源电压等级。

（四）超声波流量计

1. Q.sonic IV 系列气体超声流量计简介

Q.sonic IV 系列超声流量计是来自 Elster-Instromet N.V 公司的高质量、多通道的气体超声流量计。此种类型的流量计是为需要高度准确性和稳定性的贸易计量而设计的。

2. 系统特性

Q.sonic IV 系列超声流量计是高度复杂的多声道气体超声流量计。拥有多种配置，如 3、4 和 5 声道。每种配置中的两个声道是旋向声道。单反射和双反射的独特连接可以极好地测量流体剖面特性。这种独特的设计方式保证了高准确的计量。即使是在非常不理想的流态，也可以保证测量精度。Q.sonic IV 超声波流量计还可以配置成双向计量模式，精度不变。

传感器最小限度的深入气流。极小的深入气流可以有效地降低压力损失。而且，这样也可以保证时差法测量方式的真实性和有效性，并且不会因为探头附近的气体淤积而影响计量精度。

作为工厂加工的一部分，在铸造完成且安装完毕之后，都要进行干标。在受控条件下进行的干标，提供了一个电子手段的校验和微调（也就是调节声道长度和角度）。这样使得流量计的重复性优于 ±0.1%。对于 5 声道的 Q.sonic，其测量误差小于 0.5%。在经过标定设备检定之后，流量计安装于管线之上，其误差应该在 ±0.3% 之内，甚至更好。根据所选的传感器类型，流量计的承压范围 2100kPa（300psig）或 17200kPa（2500 psig），尽管流量计的长度已经被标准化，以便与涡轮流量计的表体搭配，但是，如果需要，也可以定制表体长度。标准流量计的口径包括 4 ~ 64in。如果需要也可以定制特殊型号。

3. 应用

Q.sonic IV 最广泛的应用在贸易计量和天然气存储计量等领域。典型的 Q.sonic IV 的应用是联合涡轮流量计和调压器。与新近开发的 SMRI-2，现在可以利用超声和 SMRI-2 涡轮流量计进行双向测量。

独特的双向计量技术使得超声在地下储气库应用领域上起着重要的作用。这种双向计量的方法可以节约测量部分的材料和空间。此外，Q.sonic IV 系列超声流量计能够很好地适用于湿气和海上平台的测量应用。这种应用场合测量条件比较尖刻，要求测量系统能够自我恢复。

4. 测量原理

超声流量计是一个独立测量设备。由多个位于管线内壁的超声传感器组成。传感器是由紧固机械装置插入管道中的。超声脉冲被两个传感器交替的发射和接收。两个传感器的连线与管道的轴向成一定的角度"ϕ"，管道的内径为"D"。Q.sonic IV.a 还使用反射通道，反射通道通过超声信号在管道壁之上的反射，来测量气体流量。

（五）槽道式流量计

槽道式流量计是一种新型节流式差压流量计。传统的节流式差压流量计一般以标准孔板或喷嘴作为节流件，其节流装置本身不具有调整流动和保持流动稳定的功能，还使流动产生严重分离，导致其存在一系列缺点。槽道式流量计的节流装置由 5 部分组成：测量管、纺锤体、导流片（同时起支撑作用）、高压管和低压管。纺锤体在中间适当位置有一段足够长的等直径段，与测量管的内壁之间形成均匀的环形槽道。

1. 工作原理

槽道流量计的节流件——纺锤体，沿测量管中心轴线安装。其几何形状根据流体力学原理精心设计，并采用基因算法进行优化，呈完美的流线型，理论上能完全避免流动分离和漩涡的产生，对流体的阻力达到最小。纺锤体中部适当位置有一等直径段，与测量管的内壁之间形成均匀的环形通道（图 9-11）。槽道流量计的高压取自纺锤体头部对应的测量管壁处，低压取自环形槽道的中后部。

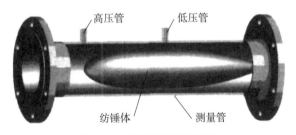

图 9-11　槽道式流量计结构

在纺锤体处，测量管的流通面积变小。管道中截面积大的地方流体流速低、压力高，截面积小的地方流速高、压力低。高压管所在位置的流通面积大、压力高，低压管所在位置的流通面积小、压力低。另外，流体具有黏性，与壁面摩擦造成流体总压沿流向下降。这两方面的作用使得高压孔与低压孔之间产生一个差压，而这个差压与流量存在某种确定的对应关系。因此，通过测量差压就可以计算出流量。槽道流量计的测量准确度很大程度上只受限于差压变送器和流量积算仪的准确度。

图 9-12 形象地表示了槽道流量计的测量原理和测量过程。

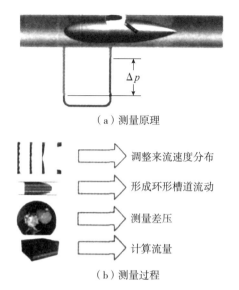

（a）测量原理

调整来流速度分布

形成环形槽道流动

测量差压

计算流量

（b）测量过程

图 9-12　槽道流量计测量原理和测量过程

2. 槽道流量计的性能特点

（1）测量准确度高，重复性好。

槽道流量计将各种实际流动迅速调整为标准的槽道流动，取压点压力非常稳定；节流装置内整个流场没有分离发生，不会产生附加的压力波动。以水为介质时，测量准确度可优于 0.2%，重复性优于 0.1%，各检定点的示值误差见表 9-1。

表 9-1　各检定点的示值误差

检定点	q_{tmax}	$0.7q_{tmax}$	$0.4q_{tmax}$	$0.3q_{tmax}$
示值误差（%）	0.13	0.09	0.14	0.12

（2）无直管段要求。

节流件纺锤体的强大整流作用，使得槽道流量计摆脱了前后直管段的限制，适用范围大为拓宽，安装成本大为降低。

槽道流量计测量过程中，被测流体在接近纺锤体头部的时候，其速度分布即开始受到调整；随着流体流过纺锤体头部，其速度分布受调整的力度不断加大；当流体进入环形槽道以后，其速度分布开始被"标准化"；在环形槽道的中后部，即可形成环形槽道流动（图 9-13）。

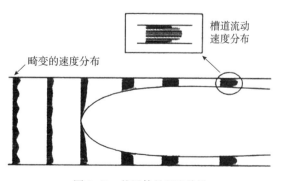

槽道流动速度分布

畸变的速度分布

图 9-13　纺锤体的整流效果

流场的压力分布与速度分布有着必然的联系。随着速度分布的"标准化"，压力分布也被"标准化"。在环形槽道区域，压力顺轴线方向线性下降，非常稳定，几乎不存在任何脉动。

（3）流量系数长期不变，节流装置寿命长。

节流件纺锤体呈完美的流线型，不易磨损，使得槽道流量计标定出厂后，流量系数即可终身使用，无须重复标定。节流装置的结构非常牢固，抗载荷、抗冲击，寿命几乎与管道寿命相同。

（4）量程比宽。

槽道流量计的压力信号非常稳定，信噪比相当高，测量液体时其单表量程比可大于10 : 1，特殊要求还可以扩展。

（5）永久性压力损失小。

流体顺滑地流过节流件，全流场无流动分离发生，所以节流装置对流体的阻力仅为摩擦阻力。当流体流过纺锤体后大部分压力得到恢复，见图9-14。因此在获得大的差压的同时，压力损失可比孔板流量计的小得多，见图9-15。

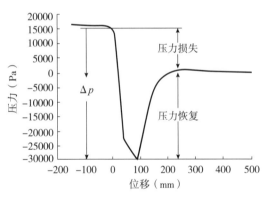

图9-14　压力与位移的关系

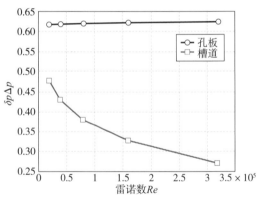

图9-15　孔板流量计与槽道流量计的比较

（6）适用于高温、高压、腐蚀性和脏污流体。

槽道流量计的工作温度和压力取决于管道和法兰的材料和等级，抗腐蚀性能取决于节流装置的材料和流体接触面处理，均可根据实际要求选择相应的槽道流量计型号。

节流件纺锤体的流线型设计，使节流装置得以"自清洗"，无滞留区，有效避免脏物堆积。因此，槽道流量计适用于多种脏污流体。

（六）孔板流量计

孔板流量计是一种差压式流量计，是目前应用最广泛的流量计，是将标准孔板与多参数差压变送器（或差压变送器、温度变送器及压力变送器）配套组成的高量程比差压流量装置，可测量气体、蒸汽、液体的流量。孔板流量计结构示意图见图9-16。

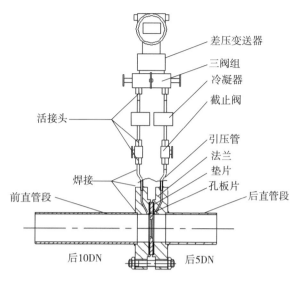

图 9-16　孔板流量计结构示意图

节流装置又称为差压式流量计，是由一次检测件（节流件）和二次装置（差压变送器和流量显示仪）组成，广泛应用于气体、蒸汽和液体的流量测量，具有结构简单、维修方便、性能稳定的优点。

充满管道的流体流经管道内的节流装置，在节流件附近造成局部收缩，流速增加，在其上、下游两侧产生静压力差。

孔板式流量计广泛应用于石油、化工、冶金、电力、供热、供水等领域的过程控制和测量。

（七）液体腰轮流量计

1. 概述

LY 型液体腰轮流量计是一种容积式流量测量仪表，用于计量充满于封闭管道中连续流过的液体的体积流量。流量计具有现场指示的机械式计数器，不必外加能源即可获得直读的累积体积总量，清晰明了，操作简便，测量精度高，工作可靠，牢固耐用。除此之外，每台流量计均有标准的转数输出轴，安装光电式电脉冲转换器后输出脉冲信号或标准电流信号，配上相应的流量数字积算仪或其他接受仪表，可以进行远距离读数、累积和数据监控。

（1）特点。

①测量准确度高，基本误差一般可达 ±0.2% ~ ±0.5%，高精度型可达 ±0.1%。流量计的特性一般不受流动状态的影响，也不受雷诺数大小的限制。

②可用于高黏度液体的流量测量。

③机械字轮式计数器累积流体总量双显示，无须外部能源，复零操作方便，使用寿命长。

④不锈钢型接触流体部件全部采用不锈钢制造，具备较强的防砂、防水、防腐性。

（2）适用范围。

原油、重油等高黏度液体以及含砂原油、含水原油等流体的流量计量。

其中：LY—D 防砂型，适用于含砂量较高的原油的计量，公称通径 50 ~ 300mm；

LY—F 不锈钢型，接触流体的零件全部采用不锈钢制造，适用于含水较多的原油及腐蚀性液体的计量，公称通径 15 ~ 100mm；

LY—C 轻质油型，适用于轻质油（柴油、汽油等）的计量；

LY—H 高精度型，采用特殊加工工艺，精确度达到 0.1 级，公称通径 150 ~ 300mm。

2. 结构和工作原理

（1）结构。

腰轮流量计由计量、密封联接和积算三部分组成。

计量部分有壳体、一对腰轮转子（含腰轮、轴、驱动齿轮）、上盖、下盖等零部件，这些零部件组成测量流量的计量腔。其中腰轮转子结构分单腰轮和双腰轮两种。采用双腰轮结构，是为了减小大口径流量计的振动和噪声。双腰轮结构的两个腰轮错开 45°，用中间隔板分开，中间隔板固定在腰轮壳体上。公称通径 DN50（含）以下为单腰轮结构，其他为双腰轮结构。各种型号的腰轮流量计的标准结构配置形式见表 9–2。

表 9–2　腰轮流量计的标准结构配置形式

序号	型　　号	密封形式	积算装置
I	DN15 ~ DN50，PN1.6	磁钢连接结构	小表头计数机构
II	DN80 ~ DN100，PN1.6		
III	DN50，PN2.5 ~ PN6.3	出轴密封机构	大字轮计数机构
IV	DN80 ~ DN100，PN2.5 ~ PN6.3 DN150 ~ DN300，PN1.6 ~ PN6.3		

①小表头计数机构见图 9–17。

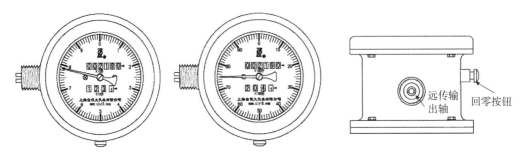

图 9–17　LJS–20A 双排字轮小表头流量计数器

②大表头计数机构见图9-18。

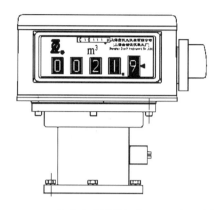

图9-18 LBS-Ⅱ大表头计数机构+LBG光电齿轮箱

（2）工作原理。

流体通过时，在流量计进出口流体差压的作用下，两腰轮按正方向旋转。由腰轮和壳体形成一封闭的计量室，该计量室内所充满的流体是腰轮从进口连续流体中分隔而成的单个体积，且是固定值。腰轮转子每旋转一圈形成4个计量室，通过流量计流体总量是计量室容积的4倍，通过密封联轴器、减速机构，将旋转次数减速后传递到计数器指示流体累积流量，见图9-19。

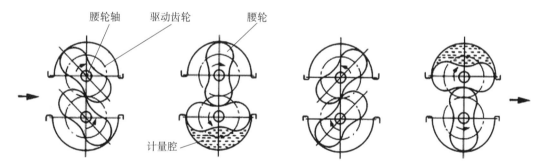

图9-19 计量室工作原理示意图

（八）电磁流量计

DE型电磁流量计是采用国内外最先进技术研制、开发的全新一代电磁流量计，该流量计组合采用了最先进的励磁技术、内衬技术、智能化技术，在测量精度、可靠性、稳定性、使用功能和使用寿命等方面较老式电磁流量计有了极大的提高。仪表结构简单、可靠，无可动部件，使用寿命长；无截流阻流部件，无流体堵塞现象；无机械惯性，响应快速、稳定性好；可广泛应用于自动检测、调节程控系统（图9-20）。

图 9-20　电磁流量计

1. 特点

（1）测量不受流体的密度、黏度、温度、压力和电导率变化的影响。

（2）采用四氟乙烯或橡胶衬质衬里，电极采用 HC、HB、Ti 等，不同组合可以适应不同介质测量的需要。

（3）转换器采用高速嵌入式微处理器，运算速度快，精度高；高清晰度背光 LCD 显示，全汉字菜单，使用方便，操作简单。

（4）全数字处理，抗干扰能力强，测量可靠，精度高，测量范围可达 100∶1。

（5）具有双向流量测量，双向总量累计功能。内部三个积算器可分别显示正向累计值、反向累计值及差值积算量。

（6）输出方式：电流、频率双向输出功能和 RS485、RS232C、MODBUS、HART 接口。

（7）采用 SMD 器件和表面安装（SMT）技术，电路可靠性高。

2. 适用范围

测量封闭管道内有一定导电率（电导率 ≥ 5μs/cm）的液体和浆液体的体积流量。包括酸、碱、盐溶液、水、污水、腐蚀性液体以及钻井液、矿浆、纸浆等的流体流量，广泛应用于石油化工、钢铁冶金、给水排水、水利灌溉、水处理、环保污水控制、电力、造纸、食品等行业，与计算机配套可实现系统控制。

3. 结构和工作原理

（1）结构。

①电磁流量计由流量传感器和流量转换器两部分组成。

②根据流量传感器和转换器组合方式，电磁流量计可分为一体型、分离型两种形式，见图 9-21。

③传感器主要由测量管、电极、励磁线圈、壳体等部分组成；分离型流量计另有单独接线盒。

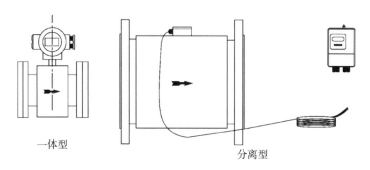

一体型   分离型

图 9-21 产品组成形式示意图

（2）工作原理。

电磁流量计的测量原理是基于法拉第电磁感应定律。流量计的测量管是一内衬绝缘材料的非导磁合金短管，两只电极沿管径方向穿透管壁固定在测量管上，其电极头与衬里内表面基本齐平。励磁线圈由双向方波脉冲励磁时，将在与测量管轴线垂直的方向上产生一磁通量密度为 B 的工作磁场。此时，如果具有一定电导率的流体流经测量管，将切割磁力线产生感应电势 E。E 正比于磁感应强度 B、测量管道截面的内径 D 和平均流速 V。即

$$E=KBVD$$

式中：K——仪表常数

B——磁感应强度（T）

V——测量管道内流体的平均流速（m/s）

D——测量管内径（m）

式中 K、B 是常数，励磁电流是恒流的，也是定值，所以体积流量与流速感应的信号电压 E 呈线性关系，测量出 E 就可以确定体积流量 Q。电磁流量计工作原理图见图 9-22。

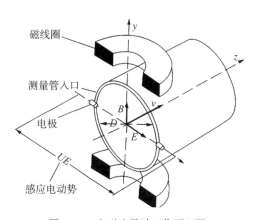

磁线圈

测量管入口

电极

B

v

D

E

UE

感应电动势

图 9-22 电磁流量计工作原理图

第五节　物位仪表

物位测量仪表是测量液态和粉粒状材料的液面和装载高度的工业自动化仪表。测量块状、颗粒状和粉料等固体物料堆积高度，或表面位置的仪表称为料位计；测量罐、塔和槽等容器内液体高度，或液面位置的仪表称为液位计，又称液面计；测量容器中两种互不溶解液体或固体与液体相界面位置的仪表称为相界面计。

按测量手段来区分主要有直读式、浮力式（浮球、浮子、磁翻转、电浮筒、磁致伸缩等）；回波反射式（超声、微波、导波雷达等）；电容式；重锤探测式；音叉式；阻旋式；静压式等多种；其他还有核辐射式、激光式等用于特殊场合的测量方法。

物位仪表的命名方式通常由仪表的测量手段、测量对象和测量目的三个部分组成。例如音叉物位控制器、电浮筒液位计等。对于既能测量液位又可测量料位的仪表则称为物位计。例如超声物位计、微波物位计、导波雷达物位计等。

一、玻璃板液位计

玻璃板液位计可用来直接指示密封容器中的液位高度，具有结构简单、直观可靠、经久耐用等优点，但容器中的介质必须是与钢、钢纸及石墨压环不起腐蚀作用的。HG5型玻璃板液位计是按原化工部HG5-1364～1370-80标准生产的适用于直接指示各种塔、罐、槽、箱等容器内介质液位。在仪表上下阀门内装有安全钢球，当玻璃意外破损时，钢球能在容器内压力的作用下，自动关闭液流通道，以防止液位继续外流。在仪表的阀端有阻塞孔螺钉，可供取样时用，或在检修时，放出仪表中剩余液体时用。根据连通器原理，通过透明玻璃直接显示容器内液位实际高度（图9-23）。

图9-23　HG5玻璃板液位计

通过法兰与容器连接构成连通器，透过玻璃板可直接读得容器内液位的高度。

（一）玻璃材质要求

（1）液位计玻璃应该具有适当的化学稳定性和热稳定性，机械强度好，膨胀系数小；

（2）颜色：玻璃板颜色应为无色透明或略带浅黄色或浅绿色。

（二）主要技术指标

外形尺寸测量范围（安装中心距L）：300mm、500mm、800mm、1100mm、1400mm、1700mm。工作压力：2.5MPa、4.0MPa、6.3MPa、0.6MPa（用于R型）。

材质：碳钢、不锈钢；工作温度：-20～+200℃；钢球自动关闭压力：≥0.2MPa；伴蒸汽压力：≤0.6MPa；蒸汽夹套接头：G1/2in外螺纹。

二、差压式液位计

（一）技术原理

常规的差压变送器通过测量容器中的液位压力来进行液位的测量。例如，500mm 的水柱对应了 500mmH$_2$O 的压力。然而，在许多应用中，在液体之上有额外的蒸气压力。由于蒸气压力不是液位测量的一部分，需要使用引压管和有密封件的毛细管来抵消它的存在。差压式液位计原理图见图9–24。

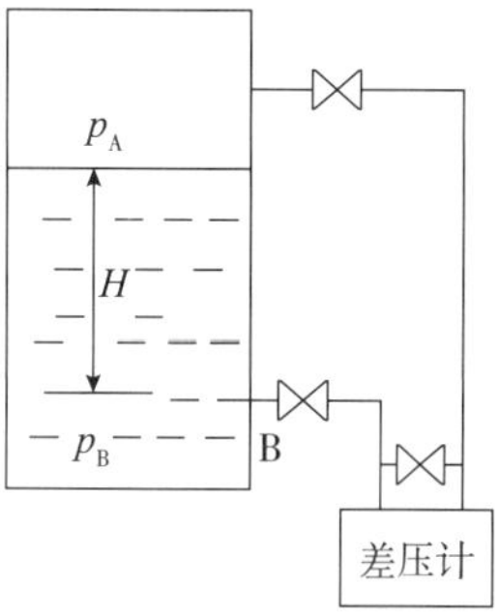

（二）电子远程传感技术

ERS 电子远程传感技术解决了在高型容器和塔上进行液位测量常见的问题。ERS 电子远传系统使用了两个直接安装的 3051S 压力变送器，而不是使用毛细管的单个差压变送器。两台压力变送器分别测量高低压侧的压力值，并且通过两台压力变送器中的主表计算差压；通过使用一个标准的两线制 4 ~ 20mA HART 信号传输回主机系统或 DCS 系统。除了测量差压以外，同时可以输出高低压侧的压力值，也可以把差压直接转化为液位值输出显示。

图 9-24　差压式液位计原理图

三、雷达液位计

雷达液位计属于通用型雷达液位计，它是基于时间行程原理的测量仪表，雷达波以光速运行，运行时间可以通过电子部件被转换成物位信号。探头发出高频脉冲在空间以光速传播，当脉冲遇到物料表面时反射回来被仪表内的接收器接收，并将距离信号转化为物位信号。

虽然双法兰差压液位系统是一种成熟可靠的技术，却一直以来很难在高型容器和塔中得到应用。因为这些都需要更长的毛细管以方便安装，距离过长的毛细管使得压力的传输变得误差过大，并且在环境温度变化较大的时候变得更为明显。同时安装过程要求较高，引压管可能并不可靠，都是非常严重的困扰。

（一）简介

雷达液位计发射能量很低的极短的微波脉冲通过天线系统发射并接收。雷达波以光速运行。运行时间可以通过电子部件被转换成物位信号。一种特殊的时间延伸方法可以确保极短时间内稳定和精确的测量。

即使工况比较复杂的情况下，存在虚假回波，用最新的微处理技术和调试软件也可以准确地分析出物位的回波。

天线接收反射的微波脉冲并将其传输给电子线路，微处理器对此信号进行处理，识别出微脉冲在物料表面所产生的回波。正确的回波信号识别由智能软件完成，精度可达到毫米级。距离物料表面的距离 D 与脉冲的时间行程 T 成正比：

$$D=C \times T/2$$

其中 C 为光速

因空罐的距离 E 已知，则物位 L 为：

$$L=E-D$$

通过输入空罐高度 E（＝零点），满罐高度 F（＝满量程）及一些应用参数来设定，应用参数将自动使仪表适应测量环境。对应于 4 ～ 20mA 输出。

（二）应用介质

智能雷达物位计适用于对液体、浆料及颗粒料的物位进行非接触式连续测量，适用于温度、压力变化大；有惰性气体及挥发存在的场合。

采用微波脉冲的测量方法，并可在工业频率波段范围内正常工作。波束能量较低，可安装于各种金属、非金属容器或管道内，对人体及环境均无伤害。

（三）测量原理

雷达液位计的电磁脉冲以光速沿钢缆或探棒传播，当遇到被测介质表面时，雷达液位计的部分脉冲被反射形成回波并沿相同路径返回到脉冲发射装置，发射装置与被测介质表面的距离同脉冲在其间的传播时间成正比，经计算得出液位高度。

（四）测量方法

依据时域反射原理（TDR），雷达液位计的部分脉冲被反射形成回波并沿相同路径返回。但是考虑到腐蚀及黏附的影响，测量范围的终值应距离天线的尖端至少 100mm。对于过溢保护，可定义一段雷达液位计安全距离附加在盲区上。最小测量范围与天线有关。随浓度不同，泡沫既可以吸收微波，又可以将其反射，但在一定的条件下是可以进行测量的。

（五）安装说明

（1）墙至安装短管的外壁：离罐壁为罐直径 1/6 处，最小距离为 200mm。

（2）不能安装在入料口的上方。

（3）不能安装在中心位置，如果安装在中央，会产生多重虚假回波，干扰回波会导致信号丢失。

（4）接管直径应小于或等于屏蔽管长度（100mm 或 250mm）。

（六）注意事项

（1）测量范围从波束触及罐底的那一点开始计算，但在特殊情况下，若罐底为凹型或锥形，当物位低于此点时无法进行测量。

（2）若介质为低介电常数，当其处于低液位时，罐底可见，此时为保证测量精度，建议将零点定在低高度为 C 的位置。

（3）理论上测量达到天线尖端的位置是可能的，但是考虑到腐蚀及黏附的影响，测量范围的终值应距离天线的尖端至少 100mm。

（4）对于过溢保护，可定义一段安全距离附加在盲区上。

（5）最小测量范围与天线有关。

（七）优势及应用

（1）雷达液位计可以测量液体、固体介质，如原油、浆料、原煤、粉煤、挥发性液体等。

（2）可以在真空中测量，可以测量所有介质常数大于 1.2 的介质，测量范围可达 70m。

（3）供电和输出信号通过一根两芯线缆（回路电路），采用 4～20mA 输出或数字型信号输出。

（4）非接触式测量，安装方便，采用极其稳定的材料，牢固耐用，精确可靠，分辨率可达 1mm。

（5）不受噪声、蒸汽、粉尘、真空等工况影响。

（6）不受介质密度和温度的变化，过程压力可达 400bar，介质温度可达 -200～800℃。

（7）安装方式有多种可以选择：顶部安装、侧面安装、旁通管安装、导波管安装。

（8）调试可多种方式选择：采用编程模块调试（相当于一个分析处理仪表）、SOFT软件调试、HART 手持编程器调试，调试起来方便快捷。

（八）选型要点

雷达液位计正确选型才能保证雷达液位计更好地使用。选用什么种类的雷达液位计应根据被测流体介质的物理性质和化学性质来决定，使雷达液位计的通径、流量范围、衬里材料、电极材料和输出电流等，都能适应被测流体的性质和流量测量的要求。

1. 精密功能检查

精度等级和功能根据测量要求和使用场合选择仪表精度等级，做到经济合算。比如用于贸易结算、产品交接和能源计量的场合，应该选择精度等级高些，如 1.0 级、0.5 级，或者更高等级；用于过程控制的场合，根据控制要求选择不同精度等级；有些仅仅是检测一下过程流量，无须做精确控制和计量的场合，可以选择精度等级稍低的，如 1.5 级、2.5 级，甚至 4.0 级，这时可以选用价格低廉的插入式雷达液位计。

2. 可测量的介质

测量介质流速、仪表量程与口径测量一般的介质时，雷达液位计的满度流量可以在测量介质流速 0.5～12m/s 范围内选用，范围比较宽。选择仪表规格（口径）不一定与工艺管道相同，应视测量流量范围是否在流速范围内确定，即当管道流速偏低，不能满足流量仪表要求时或者在此流速下测量准确度不能保证时，需要缩小仪表口径，从而提高管内流速，得到满意测量结果。

四、磁翻板液位计

磁翻板液位计是根据磁极耦合原理、阿基米德（浮力定律）等原理巧妙地结合机械传动的特性而开发研制的一种专门用于液位测量的装置。

常用的磁翻板液位计形式为 A 型和 B 型（图 9-25）。

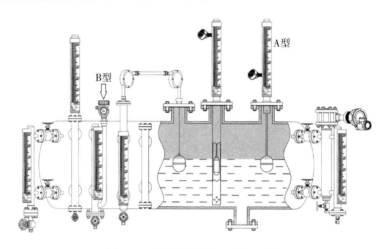

图 9-25　常用的形式为 A 型和 B 型

A 型顶装式磁翻板液位计分为上下两部分，上部在容器顶部，下部安装在容器内，由法兰与容器法兰连接。液下部分导管内浮子由连杆与上部导管内磁性头连成一体。当液体变化时，浮子带动磁钢在导管内上下运动，带动显示部分红白指示球翻转，在面板上读得液位高度。

B 型侧装式磁翻板液位计有一个容纳浮球的腔体（称为主体管或外壳），它通过法兰或其他接口与容器组成一个连通器；这样它腔体内的液面与容器内的液面是相同高度的，所以腔体内的浮球会随着容器内液面的升降而升降；这时候我们并不能看到液位，所以我们在腔体的外面装了一个翻柱显示器，因为我们在制造浮球时在浮球沉入液体与浮出部分的交界处安装了磁钢，它与浮球随液面升降时，它的磁性透过外壳传递给翻柱显示器，推动磁翻柱翻转 180°；由于磁翻柱是由红、白两个半圆柱合成的圆柱体，所以翻转 180° 后朝向翻柱显示器外的会改变颜色（液面以下红色、以上白色），两色交界处即是液面的高度。

A 型和 B 型两种液位计虽然在外观和结构上有所区别，但是其关键工作部分和工作原理基本相同，主要为磁翻板和磁变送器两部分顶装式的区别唯一在于磁浮子不在浮球内，而是通过连杆连接下部浮球。

为了扩大液位计的使用范围，还可以根据相关标准及要求增加液位变送装置，以输出多种电信号。其中，4 ~ 20mA 电流信号是比较常用的一种。比如：在监测液位的同时磁控开关信号可用于对液位进行控制或报警；在翻板液位计的基础上增加了 4 ~ 20mA 变送传感器，在现场监测液位的同时，将液位的变化通过变送传感器、线缆及仪表传到控制室，实现远程监测和控制。

磁变送器（干簧管变送器）：与磁开关的原理相似，它是捆绑在浮筒外面。当浮筒里面的浮子随着液位变化时，上下移动，浮子中的磁钢所在的位置将改变干簧管中磁开关的状态（闭合），只有在磁钢作用范围内的干簧管闭合，其他都处于开路状态，从而改变回路的电阻值，或者说是改变了输出回路的阻值。浮子的位置相当于电位器的滑动点，随着浮子的位置变化，引起上下电阻的抽头（上下电阻值）变化，液位越低，电阻值越大，越高电阻越小（出线在顶部）。由于回路是恒（定电）流，再通过电流/电压转换，进而可以转化为 4～20mA/HART 等信号。液位变化，液位旁边的磁开关闭合，电阻值变化，输出电压随之变化（图9-26）。

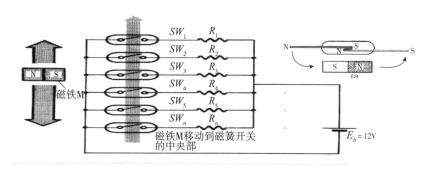

图9-26 磁变送器工作原理示意图

对于顶装式磁翻板液位计出现的液位显示不准确的情况一般有以下几种原因：磁浮子损坏导致的磁力不足；磁浮子在液位计管中卡阻；浮筒泄漏，磁翻板卡阻或损坏。针对以上几种原因的判断一般均可以通过以下步骤进行判断，该方法同样适用于常规检修。

（1）用实验磁体在磁翻板液位计的有机玻璃盖板上上下刷动，如不能正常变化应针对磁翻板进行检修，如果磁翻板正常变化，则磁翻板无故障，进行下一步检修。

（2）确认储罐内具备拆口条件的情况下，将液位计法兰与储罐法兰的螺栓拆卸掉。

（3）垂直提起液位计本体50cm，正常情况下磁翻板显示应下降50cm。

（4）用手抓住连杆，向下按20cm左右，正常情况下磁翻板显示应下降20cm，然后回升20cm，浮筒回弹明显。

故障现象：

（1）如果第二步操作完毕，磁翻板不能显示下降50cm，则有可能是磁性不足或者磁浮子卡阻。

（2）第三步操作中，如果下按困难，则磁浮子卡阻，更换磁浮子，如果下按阻力不很大，并且显示不能正常回复，则磁浮子磁力不足更换磁浮子。

（3）以上故障确认完毕，对浮筒回弹进行重新评估，进而确定浮筒是否泄漏，如泄漏，考虑焊接或更换。

以上问题描述参考图 9-27 标识（本图为示意，部分细节未画出）。

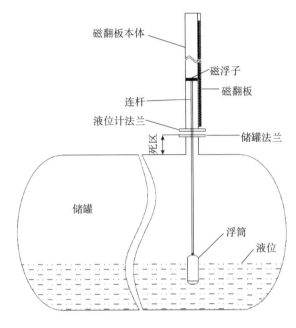

磁翻板本体
磁浮子
磁翻板
连杆
液位计法兰
储罐法兰
死区
储罐
浮筒
液位

图 9-27　磁翻板液位计结构示意图

磁翻板液位计原理上能够实现准确的液位、界位检测，但在使用过程中很多磁翻板液位计仍出现显示不准，出现液位跳变性变化或者画直线等现象，主要的原因之一就是浮子脏污，其二就是介质较黏稠和结晶造成的。这是磁翻板液位计使用中最常见也是最易引起故障的原因。

浮子出现卡阻的故障，我们通常的做法就是拆卸浮子液位计下方的法兰，拿出浮子进行人工清洗去污。

第六节　分析小屋

一、分析小屋性能特点

（一）概述

防爆分析小屋是集工业在线仪表的组合、成套、安装应用于一体，它使分析室规范化、专业化，使分析仪表在现场安装，维护更加方便，可适用于含有爆炸性危险气体场所。

本产品广泛用于石油、化工、制造、冶金等工矿企业领域的现代化电器设备，在可能存在可燃气体和蒸气与空气形成爆炸混合物的环境中使用，提高了企业设备标准化，安装方便，保护了非防爆仪表在危险场所的正常使用。

该分析小屋按照国家标准 GB 3836.1—2000《爆炸性气体环境用电气设备第 1 部分：通用要求》、GB 3836.2—2000《爆炸性气体环境用电气设备第 2 部分：隔爆型"d"》、JB/T 9329—1999《仪器仪表运输、运输贮存基本环境条件及试验方法》的技术规范设计生产的，它具有以下特点：

（1）门上带有阻尼限位闭门器和安全逃生门锁。能让工作人员遇到危险时很快地逃离危险区。

（2）屋顶具有防水功能，内外墙板间填有密封阻燃保温材料，结构件之间进行特殊处理后能更好地达到密封、防腐、防尘、控制温度等功能。

（3）小屋内配有空气置换系统可对小屋内空气进行置换，并配有通风、回风及过滤装置等，让分析仪表或现场工作人员有很好的工作环境。

（4）当室内可燃气体浓度过高，将自动打开空气置换系统进行空气置换，同时声光报警。其中报警模拟信号（4 ~ 20mADC）送控制室 DCS 或 PLC 系统。让控制室内工作人员在第一时间内得到所有的信息。

（5）小屋有足够的机械强度，所有紧固件都附有防松装置。小屋顶部配整体吊装耳环。使分析小屋在运输中不会出现配件脱落的现象。

（6）分析小屋外表面进行特殊的抛光处理，使产品外形更加的"气派"。内表面应进行特殊喷塑工艺处理，金属质感更添工业产品的"大气"。

（7）分析小屋门外左边配有照明开关和风扇开关，以方便操作人员在工作时使用。

（8）根据买方所提供的安装尺寸，本公司已预埋加固件，成套方或仪表供货方直接用螺丝固定即可。

（二）使用工作原理和注意事项

（1）当分析仪表在室内安装后，应确保无管漏。

（2）开机前应检查控制箱，防爆插座，防爆照明灯，防爆控制开关，检查各配件是完好后再来启用分析小屋。

（3）当可燃气体浓度超下限 25% 时，小屋会自动声光报警，当可燃气体浓度超下限 50% 时，小屋会自动打开排风风机将危险气体进行稀释。若频繁报警，应立即人工切断仪表电源，检查室内压力和有害气体浓度是否超过正常值范围，同时检查仪表管线及可燃气体浓度超限原因，总气源管路是否堵塞或者破裂。

（4）人进入室内前，开启照明灯，检查室内压力和有害气体浓度是否超过正常值范围，只有在正常值范围内方可进入，进入后立即关闭门。

（5）小屋必须接地使用，小屋的底座槽钢边缘配有接地螺栓，请用户根据方便自行接地。

（6）分析小屋的进风管道入口必须安装在安全场所，并加防护网。管道必须密封无泄漏。

（三）保养和维护

（1）安装完成后的电气安全检查要求安装完成后，必须再次按照本说明书的要求，对分析小屋进行全面的电气安全检查，排除隐患。主要电气安全检查要求如下：

电源电压和频率是否符合要求。

电源相线、火线、零线、接地线是否接错（接漏、接反），信号线是否有接错。

分析小屋是否安全地接地。

分析小屋所用的电线型号规格是否合适。

所有的电线与接线端子是否连接好了，电线是否整理好、固定好，内部布线是否松动。

在不通电源的情况下测量（火线＋零线）对地线之间的绝缘电阻，应大于2MΩ。

如果经过检查都没有发现问题，可能通电试运行。试运行的时候，请进行最后一步的电气安全确认：分析小屋内所使用的防爆配电箱、防爆接线箱表面是否带电。

（2）试运行时的电气安全要求：严禁带电打开电气设备。带电检查线路时应首先检查防爆配电箱和防爆接线箱等部件是否存在漏电。检查时应防止人体任何部位触及电路，发生电击事故。更换电器元器件时应先断开分析小屋的电源，防止触电。

严禁无资质的非专业人员打开、维修防爆电气设备。对电路进行拆接必须在断电情况下进行。拆接电线时应该遵循一个原则：先拆火零线；先装接地线。

（四）分析小屋组成结构

分析小屋组成结构见图9-28。

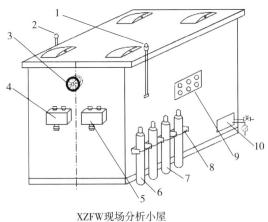

1—尾气排放管　2—报警灯　3—通风机　4—供电箱　5—信号及报警接线盒　6—参比气、载气气源
7—标准气　8—钢瓶固定架　9—气路接口板　10—分析间内工程管路接口板

图9-28　分析小屋组成结构

天然气在线分析小屋是工业在线分析系统成套（集成）装置（以下简称系统），适用于天然气组分分析、水露点分析和烃露点分析。分析小屋集成结构，宜于室内工作。

系统由分析小屋本体、电气部分、分析仪器部分、取样部分、可燃气体检测等部分构成，分析系统采用了西门子色谱分析仪、艾美泰克水露点分析仪和烃露点分析仪，均集成在分析小屋中。仪器的取样及样品预处理系统是根据双 6 储气库工况条件和要求设计制造的，适用性强、使用维护方便。

二、西门子色谱分析仪 SITRANSCV

（一）精准的天然气分析

新型天然气分析仪—SITRANSCV 已经发展成为快速、精确而可靠的专门的天然气热值分析仪器（图 9-29）。

图 9-29　西门子色谱分析仪 SITRANSCV

1. 源于 MEMS 技术的快速分析

MEMS（微电子机械加工技术）已经在许多分析应用领域发挥日益显著的作用。建立在硅芯片上的微型化技术开创了过程气相色谱的新天地。正是这种技术造就了 SITRANSCV 的发展，灵活的进样技术、高性能毛细管柱、串行多检测器技术的完美结合使极短的分析时间得以实现。例如：分析天然组成 C_1 到 C_{9+}，包括 N_2，CO_2，O_2 等，分析周期只要 100s。

2. 精确的无阀进样

精确进样是分析结果重复性的可靠保证。该系统不受变化的样品压力的影响，并保证了天然气样品进样量的可靠性。通过这种方式，SITRANSCV 热值测量的相对标准偏差可达到 ±0.05%。此外，西门子拥有专利的灵活进样系统不包含任何可动部件，因此可实现彻底免维护。

（二）快速的天然气分析

1. 通过窄孔毛细管柱达到极高的分离性能

毛细管柱提供了极好的体积 / 活性表面的比，从而仅仅需要很低的体积流量就能达到最好的分离效果。STIRANSCV 可以使微电子机械加工技术和灵活进样技术达到最佳结合，从而实现了最高的分离性能。

2. 通过灵活柱切分离复杂混合物

正如灵活进样技术一样，这种专利的灵活柱切由于不包含任何可动部件而实现了彻底免维护。这种柱切技术不仅可以反吹重组分，而且可以精确切出某些被测组分。

3. 通过在线重复检测保证分离的可靠性

与传统的气相色谱仪不同，SITRANSCV 运用了在线重复检测技术。每根柱子的分离效果都可检测到。除外，所有的气体出口也得到了检测。这种技术可以不间断的校验分离系统，如分离功能下降可马上被检测到并进行补偿。

4. 功能强大的检测器可达到极低的检测限

SITRANSCV 的 TCD 检测器基于微电子机械加工技术。这种微型化技术可达到极低的检测限。例如，对于新戊烷的检测极限可以达到 5μg/g。即使在极低的浓度比下，N_2 也可以精确地从 CH_4 中分离出来。因此完全可以对浓度高达 25% 的 N_2 实现精确测量。

5. 整个测量范围内呈现的良好线性节省了昂贵的校验气体

因为 SITRANSCV 在整个测量范围内都呈现良好的线性，使其不必进行多层效验。通过单点效验可使其在不用昂贵的效验气体的情况下实现可靠测量。

（三）可靠的天然气分析

1. SITRANSCV 热值测量

SITRANSCV 可根据气体成分的测量浓度按 ISO6976 标准计算出低位／高位热值，标准密度和 WOBBE 指数。分析仪可将所有成分的平均值和热值保存多达 100d。

2. 使用"热值管理"软件，实现简单操作

SITRANSCV 使用热值管理软件使得操作过程简单、清晰而且快速。该软件特别开发了认证功能。比如，需要输入密码才可进入到计量模式。

3. 方法的自动优化增强了实用性

SITRANSCV 根据当前保留时间优化柱切时间和保留时间窗口。这不仅提高了热值测量的重复性，补偿了色谱柱的老化，而且更少的校验频率节省了校验气体。

4. 通信选择与网络的完美结合

SITRANSCV 的 RS485 接口允许采用 MODBUSRTU 协议进行通信。也可采用 TCP/IP 协议通过以太网接口使其连接到控制系统或流量计算机。

5. 紧凑的结构设计使得安装更为灵活

SITRANSCV 可在一些极端的环境，如海边、野外得到应用，并可直接安装在管道上。因为重量只有 15kg，这种小巧的分析仪可以安装在工厂的任何位置。SITRANSCV 已经取得了适用于这些场合的相关认证，如防爆等级 EExdIIB+H2T4，防护等级 IP65 或

者 NEMA4。

6. 模块化设计和低耗电量降低了运行成本

SITRANSCV 由基本单元和分析模块组成，如有必要可快速进行更换。这降低了运行成本并极大地缩短了停工期。此外，较低的电量和气体消耗进一步降低了分析仪的操作成本。

7. 全球化的系统解决方案和服务

为了使 SITRANSCV 与实际应用完美结合，西门子提供包括取样，样品处理系统和分析小屋在内的彻底的解决方案。作为过程气体分析仪器的全球供应商，西门子在休斯敦、卡尔斯鲁厄、新加坡和中国国内均有系统集成能力。

三、3050 型微量水分析仪

（一）仪表概述

仪表名称：微量水分析仪。

仪表型号：3050OVL。

仪表位号：110 ~ 140-AT-20702。

制造厂家：美国 AMETE 公司。

（二）仪表工作条件

（1）排气压力（背压）：0 ~ 15psi。

（2）样气要求：样气需洁净气流，经 7μm 过滤器过滤。管道样气压力：50 ~ 3000psi，分析仪入口压力：20 ~ 50psi（通常 25 ~ 30psi），样气测量流量：150mL/min，旁通流量：1SLPM（L/min）。

（3）电源要求：分析仪：24VDC，50W；样气系统：230 ± 10VAC，50/60Hz。

（4）软件对笔记本电脑要求：PentiumMicrosoftWindows95/98/2000/XPPRO/NT。

（5）通信口：RS-232 和 RS-485。

（6）继电器触点报警：浓度报警，数据报警，系统报警。

（三）技术指标

（1）测量范围：0.1 ~ 2500mL/m^3。

（2）模拟输出：隔离的 4 ~ 20mA，500Ω。

（3）灵敏度：0.1mL/m^3。

（4）精度：±10%FS。

（5）测量低限：0.1mL/m^3。

（四）仪表结构

（1）样品取样和处理系统：样气由取样探头取出，经减压、压力开关保护、快速旁路，进入分析仪箱内气液分离器、电伴热带预热后，进入分析仪。其主要部件有采样探头，针式减压调节器、气动阀、电磁阀、压力开关、旁路流量计、气液分离器，预热伴热带等。

（2）样气分析系统：样气分析系统的主要部件有过滤器、滤污器、干燥器、调节阀、水分发生器、石英晶体传感器、样气换向电磁阀等。

（3）电路控制系统：电路控制系统主要部件有电源电压输出模块、信号线端子排、微处理器电路板、接口电路板等。

检测原理：晶体振荡式微量水分仪的敏感元件是水感性石英晶体，它是在石英晶体表面涂覆了一层对水敏感（容易吸湿也容易脱湿）的物质。当湿性样品气通过石英晶体时，石英表面的涂层吸收样品气中的水分，使晶体的质量增加，从而使石英晶体的振荡频率降低。

然后通入干性样品气，干性样品气萃取石英涂层中的水分，使晶体的质量减小，从而使晶体的振荡频率增高。在湿气和干气两种状态下振荡频率的差值，与被测气体中水分含量成比例。由于吸附和脱附的交替转换，使晶体表面质量发生变化，从而振荡频率发生变化，水分浓度通过测量晶体振荡频率的变化而被测出来（测量流程见图 9-30）。

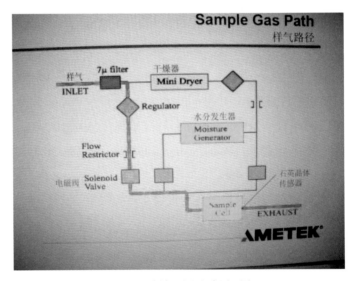

图 9-30　样气测量流路原理图

校验时，干气通过内部的水分发生器，加入一定量的水分，形成校验用的标气。传感器交替通入干参比气和水分发生器来的标准气，测量出标准气的水分含量值，测出的水分含量值与储存的标准数值比较，如果数值在允许范围内，分析仪会自动调整校准，如果数值超出允许范围，会发出报警信号，需更换水分发生器（校正流程见图 9-31 至图 9-32）。

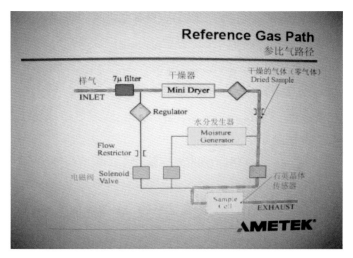

图 9-31　参比气测量流路原理图

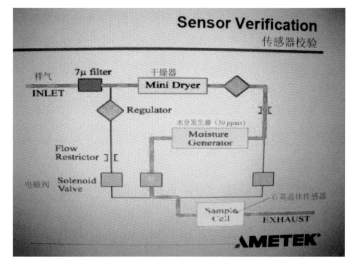

图 9-32　传感器校验流路原理图

（五）系统中英文对比表

Moisture Concentration：水分浓度，以 mL/m³ 为单位表示。

Delta Frequency：石英晶体频率差值，以 Hz 为单位表示。

Sensor Frequency 石英晶体振荡频率，以 Hz 为单位表示。

Sensor Temperature 石英晶体温度，以℃为单位表示。

Electronics Enclosure Temp：分析仪箱内温度，以℃为单位表示。

Flow：样气流速，以 mL/min 为单位表示。

Process Pressure 过程气体压力值，通常以 kPa 表示。

Sensor Pressure 石英晶体承受压力，以 kPa 表示。

Sampleperiod：采样周期。以 s 为单位表示。

Reference Period 参比气周期。以 s 为单位表示。

Test Alarm：测试触点报警按键。

Open：打开；Closed：关闭。

Test mA Output：测试毫安电流输出。

4mA　　　输出；12mA　　　输出；20mA　　　输出。

（六）日常维护

（1）每天对预处理箱内样气压力、空气调节阀、旁路流量进行检查。

（2）每天查看分析仪内报警灯是否报警，如有报警，用电脑连接后查看报警状况，分析报警原因，并及时进行处理。

（3）每周用电脑定期查看仪表运行情况：是否有报警提示，水分浓度值是否正常，石英晶体工作是否正常，箱内部温度是否正常（60℃），传感器温度是否正常（60℃±1℃），样气流速是否正常（50mL/min±5mL/min）。如有不正常，查找故障原因，并及时进行处理。

（4）每6个月对气液分离器，污物过滤器进行检查清洗，如有必要更换过滤膜。

（5）干燥器和污物过滤器，视所测气体介质情况每1～1.5a更换一次。

（6）一般情况下，水分发生器和石英晶体传感器每1～3a更换一次。

四、241CEⅡ烃露点分析仪

241CEⅡ烃露点分析仪使用热电冷却器来控制两面镜的温度。镜子的温度是用铂电阻温度检测器（RTD）测量的，与热电偶相比，它提供了更好的长期稳定性和准确性。结合敏感的光学元件和精确控制的冷却速度，241 CEⅡ提供了比手动冷却镜设备更高的精度和可重复性。在许多应用中，都是自动化的。

用于测量烃露点的在线分析仪正在取代需要训练有素的操作员的手动冷却镜，或使用气相色谱仪的计算方法，这些方法在测定烃露点时容易产生较大误差。

交钥匙安装完全集成的样品系统包，包括专为天然气样品设计的专有多级过滤。

保护分析仪不受天然气污染物的影响可靠运行单室双表面镜设计消除干扰，使241CEⅡ能够区分水和烃冷凝液，确保烃露点的准确测量。

自动测量241CEⅡ采用三级测量过程，无须调整，无须外部冷却剂。对碳氢化合物露点温度的光学测量消除了由于操作员解释镜子上形成的冷凝液而产生的任何误差。

一个关键的好处是准确和客观地直接测量管道或冷凝水压力下的碳氢化合物、露点温度专有三级样品过滤器为无人值守操作提供保护，低维护电力是唯一可通过 Modbus

RTU 协议进行数字通信的部件，可选远程启动可通过外部 inpu 提供的测量周期可与 AMETEK 的石英晶体微量天平（QCM）在单个封装中进行湿度测量相结合。

241CE Ⅱ烃露点分析仪可应用于天然气交接站、管道、地下储气库、掺混控制、燃气轮机原料气过热量的监测、变压吸收开关次数的优化等。

五、其他设备

分析小屋还包括，取样系统、配电系统、可燃气体报警检测、风机、声光报警灯等。

第七节　可燃气体火焰探测

WD6200 探测器是测量范围为 0 ~ 100%LEL 的点型可燃气体探测器（以下简称探测器），采用高性能红外元件和微控制技术，结合精良 SMD 工艺制造而成，具有良好的重复性和温湿度特性，以及使用寿命长、操作方便等优点。

该探测器的输出信号为 4 ~ 20mA 标准信号，可与 KB8000 Ⅱ、KB2100 Ⅱ、KB2160 系列控制器配套使用。

WD6200 探测器广泛应用于石油、石化行业的炼油厂、化工厂、冶金行业、电力行业等可能产生对人体有害气体场所的气体检测。

一、主要功能及特点

（1）测量精度高，性能稳定，使用寿命长。

（2）4 ~ 20mA 标准模拟信号输出。

（3）低报、高报、故障三路继电器输出。

（4）液晶显示，直观清晰。

（5）通过手持遥控器操作设置探测器，操作更简单。

（6）专业的配套安装支架，现场安装简易方便。

（7）数字传感器模组，免标定，维护方便。

（8）红外双光源双光路技术，长期稳定性好。

（9）传感器带加热功能，抗湿热性能优良。

本产品设计、制造、检定遵守以下国家标准：

GB 3836.1—2010《爆炸性气体环境用电气设备 第 1 部分：通用要求》

GB 3836.2—2010《爆炸性气体环境用电气设备 第 2 部分：隔爆型 "d"》

GB 15322.1—2003《测量范围为 0 ~ 100% LEL 的点型可燃气体探测器》

JJG 693—2011《可燃气体检测报警器检定规程》

GB 4208—2008《外壳防护等级（IP 代码）》

GB/T 13384—2008《机电产品包装通用技术条件》

本产品经国家法定权威机关审查及检验，并通过防爆合格检验。

二、主要技术指标

检测气体：甲烷（CH_4）。

传感器类型：红外式。

采样方式：自然扩散。

标准量程：0 ~ 100%LEL。

分辨率：1%LEL。

工作电压：DC 24V ± 6V。

功　耗：≤ 7.5W。

工作方式：连续检测。

全量程偏差：≤ ± 3%F.S。

显示方式：液晶显示。

状态指示：黄色 LED 指示故障；红色 LED 指示低报或高报。

操作方式：红外遥控。

响应时间（t_{90}）：≤ 20s。

工作温度：–40 ~ 70℃。

工作湿度：≤ 95%RH（非冷凝）。

防爆方式：隔爆型。

防爆等级：Exd Ⅱ CT6。

防护等级：IP66。

环境压力：86 ~ 106kPa。

输出信号：电流 4 ~ 20mA。

开关量：3 个。

防爆连接螺纹：G3/4（内管螺纹）或 G1/2（内管螺纹）。

使用电缆：≥ $1.5mm^2$ × 3 屏蔽电缆线，电缆外径要求在 6 ~ 12mm 之间。

探测器与主机间最大距离：≤ 1000m。

传感器使用寿命：≥ 5 年。

外形尺寸：276mm × 263mm × 108mm。

重量：约 3.8kg。

三、探测器结构

探测器结构见图 9–33。

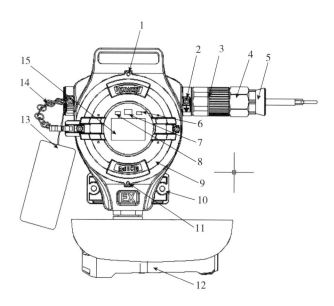

1—顶丝 2—接地螺母 3—穿线接头 4—转接头 5—护线接头 6—ALARM（报警）指示灯
7—遥控接收窗 8—FAULT（故障）指示灯 9—上盖 10—安装支架 11—顶丝 12—传感器组件
13—标记牌/快速指南 14—挂链 15—显示屏

图 9-33 探测器结构示意图

四、探测器的安装

（一）安装位置

（1）检测比空气轻的气体的探测器，其安装高度应高出释放源 0.5 ~ 2m。

（2）探测器的安装位置应综合空气流动的速度和方向、与潜在泄漏源的相对位置、通风条件而确定，并便于维护和标定。

（3）探测器应安装在无冲击、无振动、无强电磁场干扰的场所，且周围应留有不小于 0.5m 的净空。

（4）释放源处于露天或敞开式厂房布置的设备区域内，当探测点位于释放源的全年最小频率方向的上风侧时，气体探测点与释放源的距离不宜大于 15m；当探测点位于释放源的全年最小频率风向的下风侧时，气体探测点与释放源的距离不宜大于 5m。

（5）可燃气体释放源处于封闭或局部通风不良的半敞开厂房内，每隔 15m 可设一台探测器，且探测器距其所覆盖范围内的任一释放源不宜大于 7.5m。

（6）比空气轻的可燃气体释放源处于封闭或局部通风不良的半敞开厂房内，除应在释放源上方设置探测器外，还应在厂房内最高点气体易于积聚处设置可燃气体探测器。

（7）探测器处应尽量避免有快速流动气体直接吹过，否则会影响测试结果。

探测器尺寸见图 9-34。

（二）安装方式

安装时，气体传感器向下，避免灰尘、雨水等进入传感器影响其性能，同时也更好地检测到被测气体。

根据检测现场实际情况，将探测器固定到墙壁、水平管道或竖直管道上，具体如下所述。

1. 壁挂式安装

（1）根据安装支架尺寸（图9-35），确定孔位，在墙面上钻出适当的螺钉孔。

单位：mm

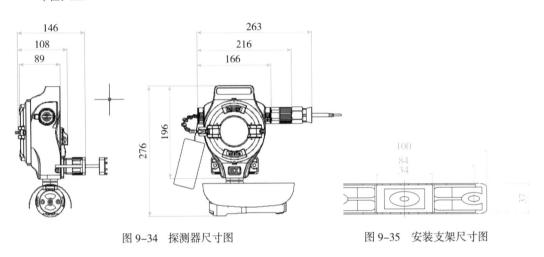

图9-34　探测器尺寸图　　　　　　　　　　图9-35　安装支架尺寸图

（2）组合安装支架，并用附件中配备的M5内六方螺钉将二者固定，固定时套上轻型弹垫，见图9-36。

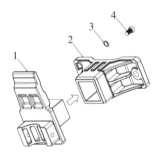

1—支架固定架　2—安装支架　3—轻型弹垫　4—内六方螺钉

图9-36　组合安装支架

（3）用M6膨胀螺栓将组合好的安装支架牢固固定于墙壁上，见图9-37。

（4）挂接探测器，使探测器挂接配件与支架固定架稳固挂接，并用2个M5内六方螺钉将探测器与安装支架固定（图9-38）。

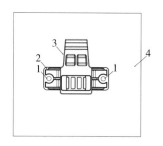

1—膨胀螺栓　2—安装支架　3—支架固定架　4—墙壁

图 9-37　固定安装支架

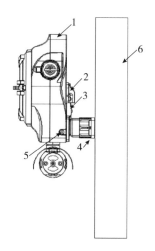

1—探测器　2—探测器挂接配件　3—支架固定架　4—安装支架　5—M5 内六方螺钉（2 个）　6—墙体

图 9-38　挂接固定探测器

2. 水平 / 竖直管道安装

（1）当现场有直径不大于 75mm 的水平或竖直管道时，可组合安装支架（同"壁挂式安装"步骤 2），然后配合螺栓（2 个）和支架安装架将其牢固固定到管道上。如图 9-39和图 9-40 所示。

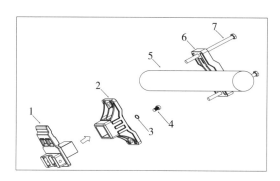

1—支架固定架　2—安装支架　3—轻型弹垫　4—内六方螺钉　5—水平管道　6—支架安装架　7—螺栓（2 个）

图 9-39　安装到水平管道上

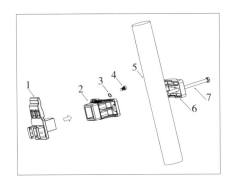

1—支架固定架　2—安装支架　3—轻型弹垫　4—内六方螺钉　5—竖直管道　6—支架安装架　7—螺栓（2个）

图 9-40　安装到竖直管道上

（2）挂接探测器，使探测器挂接配件与支架固定架稳固挂接，然后用 2 个 M5 内六方螺钉将探测器与安装支架固定。图 9-41 以竖直管道为例，水平管道挂接方法与此相同。

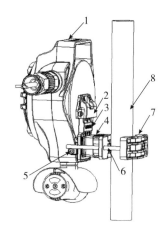

1—探测器　2—探测器挂接配件　3—安装支架　4—支架固定架　5—M5 内六方螺钉（2个）
6—螺栓（2个）　7—支架安装架　8—管道

图 9-41　挂接固定探测器

五、接线说明

⚠ 注意：

（1）在连接探测器前，必须断开探测器的电源！

（2）必须选择探测器的内部接地端或外部接地端任意一端可靠接地。

⚠ 小心：

（1）连线接口处的密封圈必须安装完好，以防水或灰尘通过管道或连线进入探测器腔体内而损坏探测器。

（2）电缆引入到探测器壳体内部时，应依据 GB 3836.1—2000 中 D2.4 的要求和 GB 3836.2—2000 中第 12 条的要求。

接线步骤：

（1）逆时针旋转取下探测器上盖，通过拉环向外拉出探测器主板（图 9-42）。

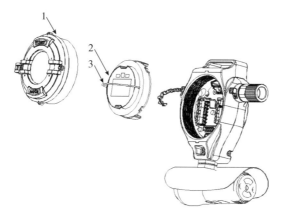

1—上盖　2—主板　3—拉环

图 9-42　接线步骤 1

（2）从附件中取出转接头、垫片和橡胶密封塞，然后将三芯传输电缆依次穿过转接头、垫片、和橡胶密封塞（图 9-43），并从接线孔穿入至壳体内。探测器壳体及内部电路板上的所有部件请勿随意丢弃。

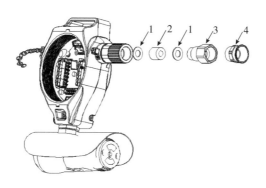

1—垫片　2—橡胶密封塞　3—转接头　4—护线接头

图 9-43　接线步骤 2

📖 备注：转接头有 G3/4 和 G1/2 两种规格，请根据外接防爆软管的螺纹直径选择，规格为 G1/2 的转接头不配备护线接头；垫片和橡胶密封塞各有内径为 9mm 和 12mm 两种规格，请根据所使用的电缆外径进行选择，以达到防爆密封的目的。

（3）所有接线都通过探测器壳体内的接线端子连接。接线端子示意图见图9-44，端子相关说明见表9-3。将导线按标记分别接到壳体内对应的接线端子上，注意电源输入端不可接反，将电缆线屏蔽层连接到壳体内部接地端或者在壳体外部可靠接地。

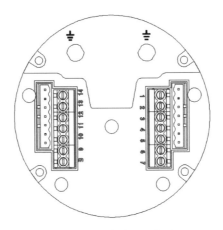

图 9-44　接线端子示意图

表 9-3　端子说明表

序号	标识	功能	序号	标识	功能
1	NC	故障继电器常闭端	8	⏚	接地
2	NO	故障继电器常开端	9	Iout	电流输出
3	COM	故障继电器公共端	10	24-	电源负端
4	NC	高报继电器常闭端	11	+24	电源正端
5	NO	高报继电器常开端	12	COM	低报继电器公共端
6	COM	高报继电器公共端	13	NC	低报继电器常闭端
7	—	—	14	NO	低报继电器常开端

如果低报继电器配置为有源输出，则端子 12、13、14 的相应功能见表 9-4。

表 9-4　不同接线端子的功能

序号	标识	功能
12	COM	电源负端输出
13	NC	电源正端常闭输出
14	NO	电源正端常开输出

例如，连接低报声光报警器时应将其正端接到 NO，负端接到 COM。

（4）检查接线正确无误后，再将壳体内多余的电缆线抽出，最后将转接头拧紧，压紧橡胶密封圈，抱紧电缆线（隔爆设计要求）。使用防爆软管时也可与本探测器直接连接。

备注：控制器和探测器之间，用外径不小于 6mm 的三芯屏蔽电缆连接（探测器与主机间最大距离：≤ 1000m）。

（5）各环节连接检查无误后，重新装上主板，顺时针旋紧上盖，并紧固顶丝以防被随意拆卸。

📖 备注：根据检测现场条件，可先固定探测器再接线，也可先接线再固定。

六、开机运行

⚠ 小心：

探测器的工作电压范围为 DC 24V ± 6V，推荐工作电压为 DC24V。超过 DC30V 的电压将导致仪器永久性损坏。

开机：

（1）给探测器加上外部电源。

（2）液晶屏显示所有字符，以测试屏幕显示是否正常（图 9–45）；然后依次显示探测器软件版本号（如 V1.01）和传感器模组软件版本号（右上角显示"S"标志）。

（3）等待探测器完成预热过程。预热时间由传感器自身特性决定。

（4）预热结束后，LCD 显示周围环境的气体浓度及探测器状态，相应的输出信号可以传送至控制器。

（5）探测器运行期间的各种状态见表 9–5。

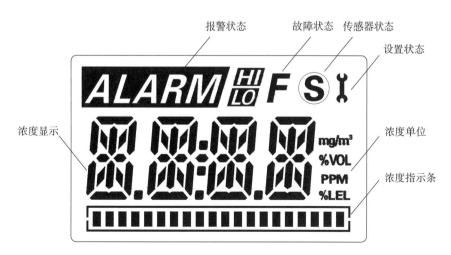

图 9–45　显示界面图标指示

表 9-5　探测器运行状态

运行状态	指示灯	LCD 显示	继电器
正常	灭	气体浓度值	—
低报①	ALARM 指示灯（红色）每秒闪烁 2 次	气体浓度值	低报继电器吸合
高报②	ALARM 指示灯（红色）每秒闪烁 5 次	气体浓度值	高报和低报继电器吸合
标定数据错误	FAULT 指示灯（黄色）点亮	E-01	故障继电器吸合
传感器故障	FAULT 指示灯（黄色）点亮	E-02	故障继电器吸合
通信故障	FAULT 指示灯（黄色）点亮	E-03	故障继电器吸合
传感器未标定	FAULT 指示灯（黄色）点亮	E-05	—
高浓度保护状态	—	FULL	高报、低报和故障继电器吸合

注①低报：当检测到现场气体浓度大于或等于低报值且小于高报值时，探测器处于低报状态。

注②高报：当检测到现场气体浓度大于或等于高报值时，探测器处于高报状态。

七、菜单操作

（一）手持遥控器

⚠ 注意：

禁止在危险区域为遥控器更换电池！

WD6200 的用户设置和标定等操作通过手持遥控器来完成。其中设置、确认、取消键为单次触发键，即使一直按键也只能触发一次，两次按键之间要有 2 秒以上间隔；+、－键可连续触发，即一直按键可重复触发。

任何设置更改都需要按确认键才能生效。

任何设置改变生效后，需按取消键，直到从设置状态回到正常气体检测状态。

有效设置内容可断电保持。探测器显示传感器故障的情况下，某些功能可能无法通过遥控器设置。

遥控器在离探测器 1 米的范围内操作，操作角度为 ±15°（以显示屏的中心线为基准）。

若长期不用，应将遥控器中的电池取出。

（二）菜单操作

WD6200 有 4 个菜单选项，这些菜单通过手持遥控器操作。表 9-6 列出了所有的菜单选项及其相应功能及描述。

表 9-6 菜单选项及其功能

菜单	功能	描述
F—1	低报设置	设置探测器的低限报警值
F—2	高报设置	设置探测器的高限报警值
F—3	零点平移	探测器零点平移
F—4	标定	探测器标定

1. 低报设置

低报设置步骤：

（1）正常检测状态下，按遥控器设置键一次，探测器显示 [F—1] 时，按确认键，探测器显示默认低报值。

（2）按 + 或 – 键调整低报值。

（3）按确认键，探测器显示"OK"表示设置生效。

（4）操作完成后，可按设置键继续其他设置，也可按取消键退出菜单，返回到正常检测状态。

2. 高报设置

高报设置步骤：

（1）正常检测状态下，按遥控器设置键两次，探测器显示 [F—2] 时，按确认键，探测器显示默认高报值。

（2）按 + 或 – 键调整高报值。

（3）按确认键，探测器显示"OK"表示设置生效。

（4）操作完成后，可按设置键继续其他设置，也可按取消键退出菜单，返回到正常检测状态。

3. 零点平移

探测器零点平移的具体操作见"8 零点平移"。

4. 标定

探测器标定的具体操作见"9 标定"。

八、零点平移

⚠ 小心：零点平移必须在洁净空气中进行。

探测器在使用一段时间后或应用到新的环境中时，其在洁净空气中的示值有时会出现不为零的现象，这种现象称为零点漂移。零点漂移一般都是由于环境温湿度变化较大而产生的，这种现象可以通过零点平移进行修正。

零点平移能对探测器进行简单的修正，使探测器可以准确可靠的工作。但相对于标定，其不能修正长时间使用带来的灵敏度偏差，因此原则上只有在不方便标定的时候才可使用零点平移功能进行修正。即使进行了零点平移，仍强烈建议每半年进行一次标定。

零点平移方法：

（1）探测器稳定工作 10 分钟后，将其置于洁净空气环境中，正常检测状态下，按遥控器设置键三次，探测器显示 [F—3] 时，按确认键，提示"OK？"（即确认进行零点平移操作？）时，按确认键开始零点平移。

（2）零点平移进行中，探测器显示当前 A/D 值。零点平移所需时间由传感器类型和传感器漂移程度决定。如果漂移较小，零点平移将在瞬间完成。

（3）零点平移完成，探测器返回到 [F—3] 界面，此时按设置键可继续其他设置，按取消键返回到正常检测状态。

九、标定

⚠ 注意：

不可在探测器正常工作时进行标定，否则会导致探测器工作异常或误报警。标定探测器必须由专业人员在有标气的条件下进行，严禁擅自操作！

标定是使用一定浓度的标准气体对探测器的示值进行校准，以保证探测器的检测精度和可靠性。相对于零点平移，标定可以更好地修正探测器长时间使用带来的灵敏度偏差。因此，为了使探测器更加准确可靠的工作，建议至少每半年标定一次。

WD6200 具有标定提醒功能，具体指示状态为：当距离传感器下次标定时间小于 30 天时，探测器在正常检测状态下闪烁显示"S"标志，按遥控器的辅助 2 键可查询距下次标定的天数，如"D020"表示标定剩余天数为 20d，请在 20d 之内进行标定操作。

标定方法：

（1）探测器稳定工作 10min 后，在正常检测状态下按遥控器的设置键四次，当显示 [F—4] 时，按确认键。

（2）屏幕显示默认标定浓度值，按 + 或 − 键调整标定浓度值直到与欲通入的标气浓度一致，按确认键。

（3）将已知浓度的标气通入探测器（推荐通入半量程标气 2 ~ 3min）。

（4）屏幕显示当前 A/D 值，待显示稳定后，按确认键记忆当前值并进行标定，退出后立即生效。

（5）标定完成后，屏幕显示 [F—4]，此时可按设置键继续其他设置，也可按取消键返回到正常检测状态。

📖 备注：如果需要更精确地测量现场气体浓度，WD6200 也可以进行工厂模式的精确标定，具体标定方法请与当地经销商或制造商联系。

十、传感器的更换

传感器使用寿命即将到期时，应尽快更换传感器。更换传感器敬请联系厂家。

⚠ 注意：

更换传感器前必须切断探测器电源！

⚠ 注意：

传感器使用寿命到期时，应从环保的角度，依照地方废物管理以及环境法规的要求进行安全处理，传感器可能会产生毒性烟雾，故不得焚烧。

十一、故障排除指南

故障排除指南见表 9-7。

表 9-7　故障排除指南

故障现象	可能故障原因	处理方法
无显示	接线错误或电源故障	重新接线、检查供电
无电流输出	接线错误或电路故障	重新接线
显示 E-01	标定数据错误	标定传感器
显示 E-02	传感器故障	更换传感器
显示 E-03	通信故障	断电后重新插拔或更换传感器
显示 E-05	传感器未标定	标定传感器
开机时传感器版本号显示"V_-_ _"	传感器未插好	断电后重新插拔传感器
	探测器未能够正确识别传感器模组软件版本信息	检查传感器模组是否损坏
示值不准确	传感器漂移	进行零点平移
	传感器标定时限到	标定传感器
	传感器寿命到期	更换新的传感器

美国 DET-TRONICS 迪创火焰探测器是世界上最先进的火灾和气体测试设备之一。Det-Tronics 的火灾和气体安全系统支持可寻址回路和点对点架构，所有解决方案都具有高度容错能力，可配置的检测和释放系统。

DET-TRONICS 迪创火焰探测器结合了紫外，红外，紫外 / 红外，双红外和多光谱红外的最新技术，以最大限度地检测，同时最大限度地减少误报。DET-TRONICS 迪创火焰探测器（flame detector）是探测在物质燃烧时，产生烟雾和放出热量的同时，也产生可见的或大气中没有的不可见的光辐射。火焰探测器又称感光式火灾探测器，它是用于响应火灾的光特性，即探测火焰燃烧的光照强度和火焰的闪烁频率的一种火灾探测器。

通过 FM 3260（2000）的认证，X9800 符合全球最严格的要求，具有先进的检测功能和免受外来噪声源的干扰，并结合卓越的机械设计。该探测器配备了自动和手动光学完整性测试功能。该 DET-TRONICS 迪创火焰探测器具有分区和区域防爆等级，适用于室内和室外应用。

带有三个红外传感器及相关的信号处理电路，标准输出配置包括火警继电器、故障继电器和辅助继电器。

输出选项包括：

（1）0 ~ 20mA 输出（外加三个继电器）。

（2）脉冲输出，以便兼容基于控制器的现有系统（带火警继电器和故障继电器）。

（3）兼容 Eagle Quantum Premier（EQP）的型号（无模拟输出或继电器输出）。

（4）HART 通信。

探测器面板上的多色 LED 指示灯用于指示探测器状态。

由微处理器控制的可加热镜片使设备能够更好地抵抗水气和冰。

X3301 的外壳用无铜铝合金或不锈钢制成，防护等级为 NEMA4X 或 IP66。

继电器输出：标准的探测器带有火警继电器、故障继电器和辅助继电器。这三个继电器的触点容量为 30VDC，5A。

（1）火警继电器带有冗余端子和常开 / 常闭触点，通常适用于不带电操作以及闭锁或非闭锁操作。

（2）故障继电器带有冗余端子和常开触点，通常适用于带电操作以及闭锁或非闭锁操作。

（3）辅助继电器带有常开 / 常闭触点，可配置用于带电或不带电操作以及闭锁或非闭锁操作。

输出选项包括：继电器，4 ~ 20mA，EQP 寻址和脉冲输出。

指定脉冲输出时，红外（IR）火焰探测器用于基于控制器的系统。脉冲输出模型可以替代现有基于 Det-Tronics 控制器的火焰检测系统，产生脉冲输出。兼容的控制器包括：R7404，R7405，R7494 和 R7495 系列控制器。

DET-TRONICS 探测器具有先进的火焰探测术和高性能解决方案：

（1）符合 SIL2 功能安全认证。

（2）性能符合 FM 3260、EN 54 和 VNIIPO 认证，可应对众多燃料源。

（3）符合 NFPA 72 标准的 LON 输出，用于安全系统集成。

经测试和证明：所有探测器都通过了严格的火焰测试，包括在不同的距离范围（轴上和离轴两种情况）接触多种燃料源。技术熟练的工程师还可模拟特定的应用以确保优良的安全性和高性能。

（1）加热式光学部件确保了在严寒或潮湿的环境中也可使用。

（2）整体式接线盒安装方便。

（3）结实的铝制或不锈钢结构有助于实现较佳的环保效果。

（4）抗振支臂保证了稳定性和实现较佳性能。

（5）出厂校准的自动光学完整性功能保证了不间断操作。

（6）集成式数据记录仪，用于事件记录以及日期和时间标记。

第十章 电气设备

第一节 电机基础知识

电机，也称电动机（俗称马达），是指依据电磁感应定律实现电能转换成机械能的电气设备，常用作各类泵、风机等的驱动机。电机在电路中是用字母 M 表示，它的主要作用是产生驱动转矩，作为用电电器或各种机械的动力源。

一、电机的结构

电机由定子、转子和其他附件组成。

（一）定子（静止部分）

1. 定子铁心

作用：电机磁路的一部分，并在其上放置定子绕组。

构造：定子铁心一般由 0.35 ～ 0.5mm 厚表面具有绝缘层的硅钢片冲制、叠压而成，在铁心的内圆冲有均匀分布的槽，用以嵌放定子绕组。

定子铁心槽型有以下几种：

（1）半闭口型槽：电动机的效率和功率因数较高，但绕组嵌线和绝缘都较困难。一般用于小型低压电机中。

（2）半开口型槽：可嵌放成型绕组，一般用于大型、中型低压电机。所谓成型绕组即绕组可事先经过绝缘处理后再放入槽内。

（3）开口型槽：用以嵌放成型绕组，绝缘方法方便，主要用在高压电机中。

2. 定子绕组

作用：是电动机的电路部分，通入三相交流电，产生旋转磁场。

构造：由三个在空间互隔 120° 电角度、队称排列的结构完全相同绕组连接而成，这些绕组的各个线圈按一定规律分别嵌放在定子各槽内。

电动机接线盒内的接线：电动机接线盒内都有一块接线板，三相绕组的 6 个线头排成上下两排，并规定上排 3 个接线桩自左至右排列的编号为 1（U1）、2（V1）、3（W1），下排 3 个接线桩自左至右排列的编号为 6（W2）、4（U2）、5（V2），将三相绕组接成星形接法或三角形接法。凡制造和维修时均应按这个序号排列。

3.机座

作用：固定定子铁心与前后端盖以支撑转子，并起防护、散热等作用。

构造：机座通常为铸铁件，大型异步电动机机座一般用钢板焊成，微型电动机的机座采用铸铝件。封闭式电机的机座外面有散热筋以增加散热面积，防护式电机的机座两端端盖开有通风孔，使电动机内外的空气可直接对流，以利于散热。

（二）转子（旋转部分）

1.电动机的转子铁心

作用：作为电机磁路的一部分以及在铁心槽内放置转子绕组。

构造：所用材料与定子一样，由0.5mm厚的硅钢片冲制、叠压而成，硅钢片外圆冲有均匀分布的孔，用来安置转子绕组。通常用定子铁心冲落后的硅钢片内圆来冲制转子铁心。一般小型异步电动机的转子铁心直接压装在转轴上，大、中型异步电动机（转子直径在300～400mm以上）的转子铁心则借助于转子支架压在转轴上。

2.电动机的转子绕组

作用：切割定子旋转磁场产生感应电动势及电流，并形成电磁转矩而使电动机旋转。

构造：分为鼠笼式转子和绕线式转子。

二、电动机的分类

按电源的不同，电动机分为直流电动机和交流电动机。

（一）直流电动机

直流电动机是将直流电能转换为机械能的电动机（图10-1）。根据励磁方式的不同，直流电机可分为下列几种类型：他励直流电机、并励直流电机、串励直流电机、复励直流电机。

图10-1　直流电动机

不同励磁方式的直流电机有着不同的特性。一般情况直流电动机的主要励磁方式是并励式、串励式和复励式，直流发电机的主要励磁方式是他励式、并励式和复励式。

构造：分为定子与转子。定子包括主磁极、机座、换向极、电刷装置等；转子包括电枢铁芯、电枢绕组、换向器、轴和风扇等。直流电动机工作原理见图 10-2，其中 abcd 为线框，A、B 为电刷，E、F 为换向器的两个半环。

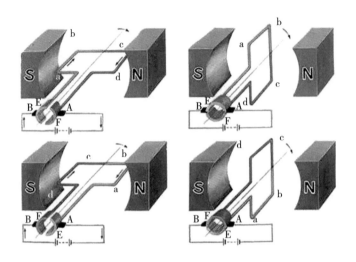

图 10-2　直流电动机工作原理示意图

（二）交流电动机

（1）交流电动机按转速与电源频率的关系，分同步电动机和异步电动机。

同步电动机是指电机的转速与交流电源的频率同步。在结构上，同步电机的转子有绕组，有电刷向转子供电。同步电动机用于对转速要求严格的场合（图 10-3）。

图 10-3　交流同步电动机

交流异步电动机转速与交流电源的频率不同步，在结构上转子无绕组，也无电刷。异步电动机普遍使用在一般场合，价格低廉（图 10-4）。

图 10-4　交流异步电动机

（2）交流电动机按照工作电源电压等级分为高压电动机和低压电动机。

工作电压在 1kV 以上的电动机是高压电动机，额定功率一般在 180kW 以上，如压缩机电动机。

工作电压在 1kV 以下的电动机是低压电动机，额定功率一般在 220kW 以下，如各种泵类、风机的电动机。低压电动机按照转子结构分为鼠笼式和绕线式两种（图 10-5）。

（a）鼠笼式

（b）绕线式

图 10-5　鼠笼式和绕线式低压电动机

（1）鼠笼式结构简单，成本低，运行可靠，维护工作量小，应用广泛，但是启动力矩较小，不可以调速，多用于泵类设备驱动。

（2）绕线式电动机增加了转子绕组和滑环，结构复杂，成本增加，运行可靠性降低，维护费用增加，且电刷有火花，不适合防爆场所，但是启动力矩较大，并可以适当调速，多用于起重机。

三、电动机铭牌介绍

（1）型号：表示电动机的系列品种、座机号、极数、性能、防护结构形式、转子类型等。

例如 Y160S1-2 中"Y"表示 Y 系列鼠笼式异步电动机（YR 表示绕线式异步电动机），"160"表示电机的中心高为 160mm，"S"表示短机座（L 表示长机座，M 表示中机座），S 后面的"1"表示 1 号铁心长（2 为 2 号铁心长），最后的"2"表示 2 极电机（图 10-6）。

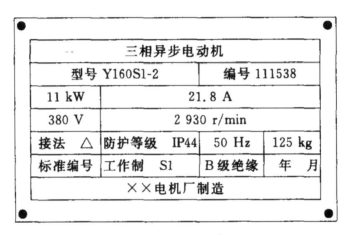

图 10-6　电机铭牌示意图

（2）额定功率：表示额定运行时电动机轴上输出的额定机械功率，单位 kW 或 hp，1hp=0.736kW。

（3）额定电压：是电动机在额定运行状态下，电动机定子绕组上应加的线电压值（V）。Y 系列电动机的额定电压都是 380V。凡功率小于 3kW 的电机，其定子绕组均为星形连接，4kW 以上都是三角形连接。

（4）额定电流：电动机在额定电压和额定频率下，并输出额定功率时定子绕组的三相线电流。

（5）额定频率：电动机在额定运行状态下，定子绕组所接电源的频率，叫额定频率。我国规定的额定频率为 50Hz。

（6）额定转速：电动机在额定电压、额定频率、额定负载下，电动机每分钟的转速（r/min）；2 极电机的同步转速为 3000r/min。

（7）绝缘等级：电动机绝缘材料的等级，决定电机的允许温升。

（8）标准编号：表示设计电机的技术文件依据。

（9）防护等级：指防止人体接触电机转动部分、电机内带电体和防止固体异物进入电机内的防护等级。防护标志 IP44 含义：

IP——特征字母，为"国际防护"的缩写；

44——4级防固体（防止大于1mm固体进入电机）；4级防水（任何方向溅水应无害影响）。

（10）接法：电动机绕组引出端的连接方式：△或Y接法。

（11）工作制（定额）：指电动机的运行方式。一般分为"连续"（代号为S1）、"短时"（代号为S2）、"断续"（代号为S3）。

四、现场实际应用

辽河油田储气库在用的电动机有送风机、过滤加压泵、计量泵、气缸油橇出油泵、清水泵、生活水泵、闭式排放泵、采暖泵房补水泵、采暖泵房循环水泵、空冷器电机、导热油区电动机、电动消防泵电机、反洗泵、放空系统污油污水泵、注甲醇、乙二醇区电动机、搅拌泵、压缩机电动机、乙二醇再生系统电动机等。

五、电动机保养维修及保养流程

清洗定转子—更换碳刷或其他零部件—真空F级压力浸漆—烘干—校动平衡。

电动机日常保养维修要求：

（1）使用环境应经常保持干燥，电动机表面应保持清洁，进风口不应受尘土、纤维等阻碍。

（2）当电动机的热保护连续发生动作时，应查明故障来自电动机还是超负荷或保护装置整定值太低，消除故障后，方可投入运行。

（3）应保证电动机在运行过程中良好的润滑。一般的电动机运行5000h左右，即应补充或更换润滑脂，运行中发现轴承过热或润滑变质时，液压及时换润滑脂。更换润滑脂时，应清除旧的润滑油，并有汽油洗净轴承及轴承盖的油槽，然后将ZL-3锂基脂填充轴承内外圈之间的空腔的1/2（对2极）及2/3（对4、6、8极）。

（4）当轴承的寿命终了时，电动机运行的振动及噪声将明显增大，检查轴承的径向游隙，更换轴承。

（5）拆卸电动机时，从轴伸端或非伸端取出转子都可以。如果没有必要卸下风扇，还是从非轴伸端取出转子较为便利，从定子中抽出转子时，应防止损坏定子绕组或绝缘。

（6）更换绕组时必须记下原绕组的形式、尺寸及匝数、线规等，当丢失了这些数据时，应向制造厂索取，随意更改原设计绕组，常常使电动机某项或几项性能恶化，甚至无法使用。

第二节 UPS 基础知识

UPS 即不间断电源，是一种含有储能装置的不间断电源，主要用于给部分对电源稳定性要求较高的设备提供不间断的电源。

UPS 工作原理：UPS 是一套将交流电变为直流电的整流器和充电器，以及把直流电再变为交流电的逆变器，电池在交流电正常供电时贮存能量且维持在一个正常的充电电压上。当市电正常时，UPS 将优先保证对市电进行净化稳压处理后向负载供电，在市电不正常或停电时，由蓄电池系统不间断接替供电；当 UPS 设备发生故障时，系统自动转为市电旁路供电；若需要对系统进行维修时，可将系统切换至维修旁路供电，从而保证系统在维修期间，输出也不会中断。

UPS 从构造上由整流器、逆变器、旁路开关、蓄电池等几个主要部分组成（图 10-7）。

图 10-7　UPS 系统

一、整流充电器

整流充电器可以把市电或油机的交流电能变为直流电能，为逆变器和蓄电池提供能量，其性能的优劣直接影响 UPS 不间断电源的输入指标。它主要有两个作用，一是将交流电转化为直流电，经过滤波处理后提供给负载设备或是逆变器，还有一个作用就是为蓄电池起到一个充电电压的作用，好比是一台充电器。整流充电器有以下两种：

（1）晶闸管整流器。晶闸管整流器输出容量大，可靠性高，工作频率低，滤波器体积大，噪声大，适用于输入电压低、功率大的 UPS 电源。

（2）二极管与绝缘栅双极晶体管（IGBT）组合型整流器。二极管 +IGBT 组合型整流器的工作频率高，具有功率因数校正功能，滤波器体积小，噪声低，可靠性高，适用于中小功率 UPS 电源。

二、逆变器

逆变器主要由滤波电路、控制逻辑和逆变桥三部分组成。

逆变器用以把市电经整流后的直流电能或蓄电池的直流电能转换为电压和频率都比较稳定的交流电能，其性能的优劣直接影响 UPS 不间断电源的输出性能指标。我们现使用的逆变器应采用 IGBT 电子元件，PWM 脉宽调制。

三、旁路开关

旁路开关是为提高 UPS 不间断电源系统工作的可靠性而设置的，能承受负载的瞬时过载或短路。因 UPS 不间断电源的逆变器采用电子器件，如 IGBT 管的过载能力仅为 125%，当 UPS 电源供电系统出现过载或短路故障时，UPS 电源将自动切换到旁路，以保护 UPS 电源的逆变器不会因过载而损坏。UPS 电源供电系统转入旁路供电后，是由市电直接供给负载，因市电的系统容量大可提供足够的时间，使过载或短路回路的断路器跳闸，待系统切除过载或短路回路后，旁路开关将自动转换回由逆变器继续向其他负载供电。

四、蓄电池

（1）蓄电池安装后不能立即投入使用，要进行充放电。UPS 蓄电池组见图 10-8。

（2）蓄电池充电的管理：蓄电池在使用前一般应进行补充充电，蓄电池最大补充充电电压不大于 2.4V/ 单体。蓄电池均衡充电单体电压为 2.30 ~ 2.40V（25℃）。蓄电池浮充电单体电压为 2.20 ~ 2.27V（25℃）。

图 10-8　UPS 蓄电池组

UPS 容量大于等于 30kV·A 时，单台 UPS 蓄电池组数应不小于 2 组且不大于 4 组。如果 2 台 UPS 的蓄电池组并联运行，应避免环流对设备正常工作产生影响。每组蓄电池的串联数量，应能保证在退出 1 ~ 4 只电池后仍能在 UPS 可调节直流工作电压区间，UPS 能够正常运行。

五、UPS 的使用说明

UPS 配置在集注站、注采站内配电间、井场配电间、分输站配电间和调压站配电间等地方。UPS 现在所带重要负荷有中控操作台、压缩机远程防爆箱、压缩机远程控制柜、压缩机控制盘 LCP 压缩机云平台、DCS 交换机、ESD 机柜、火气机柜、MP 机柜、装置区三甘醇装置 PLC 柜、低压变电所配电智能运维监测系统、低压变电所配 XF-AP 配电箱、应急照明、控制室工业电视监控终端、工艺区现场分析小屋、工艺区 3PTDX 和 4PTDX 配电箱、火灾报警控制系统、集注站室外摄像头、场区室外摄像头、压缩机房室内摄像头、火炬区火炬点火控制盘、电动调节阀、仪表 RTU 机柜、通信机柜等。能够在停电情况下备用时间 1h。

第三节　电气元件介绍

一、电气回路基本架构

电压、电流→控制元件（电源开关、保护开关、控制开关等）→感测元件（检知器）→驱动元件（驱动器、负载）。

二、电气元件

常见的电气元件有断路器、接触器、热继电器、中间继电器、时间继电器、熔断器、按钮、装换开关、行程开关、感应开关等。以下是部分常见电气元件的相关作用、分类和结构：

（一）断路器

断路器是指能够关合、承载和开断正常回路条件下的电流并能在规定的时间内关合、承载和开断异常回路条件下的电流的开关装置。断路器按其使用范围分为高压断路器和低压断路器。辽河油田储气库主要使用的是低压断路器，低压断路器也称为自动空气开关，按操作机构分为手动和电动两种。

（1）电动空气开关的额定容量一般在1000A以上，常用做低压配电间的电源进线开关（图10-9）。

（2）手动空气开关额定容量一般在630A以下，分动力用和照明用两类。动力用手动空气开关主要作为低压盘柜、动力箱中的电源总开关和支路开关（图10-10）。

图10-9　电动空气开关　　　　　图10-10　动力用手动空气开关

（3）照明用手动空气开关主要用于照明箱中的电源总开关和支路开关，极数分单极、双极、三极和四极（图10-11）。

断路器的作用是切断和接通负荷电路，以及切断故障电路，防止事故扩大，保证安全运行。断路器一般由触头系统、灭弧系统、操作机构、脱扣器、外壳等构成。

图 10-11 照明用手动空气开关

（二）接触器

接触器分为交流接触器（电压 AC）和直流接触器（电压 DC），它应用于电力、配电与用电场合。接触器广义上是指工业电中利用线圈流过电流产生磁场，使触头闭合，以达到控制负载的电器。接触器结构图见图 10-12。

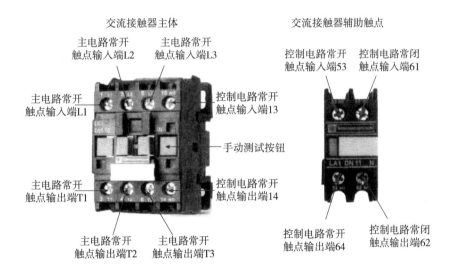

图 10-12 接触器结构图

（1）接触器特点：采用按钮控制电磁线圈，电流很小，控制安全可靠，电磁力动作迅速，可以频繁操作，常用来控制电动机，可以用附加按钮实现多处控制一台电动机或遥控功能，具有失电压或欠电压保护作用，当电压过低时自动断电。

（2）接触器的工作原理：当接触器线圈通电后，线圈电流会产生磁场，产生的磁场使静铁芯产生电磁吸力吸引动铁芯，并带动交流接触器点动作，常闭触点断开，常开触点闭合，两者是联动的。当线圈断电时，电磁吸力消失，衔铁在释放弹簧的作用下释放，使触点复原，常开触点断开，常闭触点闭合。直流接触器的工作原理跟温度开关的原理有点相似。

（三）热继电器

图 10-13　热继电器

热继电器是用于电动机或其他电气设备、电气线路的过载保护的保护电器（图 10-13）。

热继电器的工作原理：流入热元件的电流产生热量，使有不同膨胀系数的双金属片发生形变，当形变达到一定距离时，就推动连杆动作，使控制电路断开，从而使接触器失电，主电路断开，实现电动机的过载保护。主要用来对异步电动机进行过载保护，其工作原理是过载电流通过热元件后，使双金属片加热弯曲去推动动作机构来带动触点动作，从而将电动机控制电路断开实现电动机断电停车，起到过载保护的作用。鉴于双金属片受热弯曲过程中，热量的传递需要较长的时间，因此，热继电器不能用作短路保护，而只能用作热继电器的过载保护。

（四）中间继电器

中间继电器通常用来传递信号和同时控制多个电路，也可用来直接控制小容量电动机或其他电气执行元件（图 10-14）。

中间继电器的结构和工作原理与交流接触器基本相同，与交流接触器的主要区别是触点数目多些，且触点容量小。中间继电器的电磁线圈所用电源有直流和交流两种。在继电保护与自动控制系统中，用来扩展控制触点的数量和增加触点的容量。在控制电路中，用来中间传递信号（将信号同时传给几个控制元件）和同时控制多条线路。

图 10-14　中间继电器

具体来说，中间继电器有以下几种用途：（1）代替小型接触器；（2）增加触点数量；（3）增加触点容量；（4）转换接点类型；（5）用作小容量开关；（6）转换电压；（7）消除电路中的干扰。

（五）熔断器

熔断器是指当电流超过规定值时，以本身产生的热量使熔体熔断，从而断开电路的一种电器（图 10-15）。熔断器是根据电流超过规定值一段时间后，以其自身产生的热量使熔体熔化，从而使电路断开，运用这种原理制成的一种电流保护器。熔断器广泛应用于高低压配电系统和控制系统以及用电设备中，作为短路和过电流的保护器，是应用最普遍的保护器件之一。

图 10-15　熔断器

熔断器工作原理：利用金属导体作为熔体串联于电路中，当过载或短路电流通过熔体时，因其自身发热而熔断，从而分断电路的一种电器。熔断器结构简单，使用方便，广泛用于电力系统、各种电工设备和家用电器中作为保护器件。常见的熔断器有插入式熔断器、螺旋式熔断器、封闭式熔断器、快速熔断器、自复熔断器。现场经常看到它在变压器上大量使用。

第四节　防爆电气设备基础知识

防爆电气设备就是在含有爆炸性危险气体混合物的场合中能够防止爆炸事故发生的电气。

防爆电气设备主要分为防爆控制箱、防爆启动器、防爆控制开关、防爆主令电器、防爆接线箱、防爆电器、防爆管件、防爆防腐电器、粉尘防爆电器、不锈钢防爆电器。

防爆电气设备相关标准：GB 3836《爆炸性环境用防爆电气设备》、GB50058《爆炸危险环境电力装置设计规范》。

防爆电气设备类型有：

（1）防爆安全型（标志A）。在正常运行时不产生火花、电弧或危险温度，可提高安全程度的电气设备。

（2）隔爆型（标志B）。其结构为全封闭式。即使在电气设备内部爆炸，也不会传爆引燃外部爆炸性气体，从而排除了着火爆炸的危险性。隔爆电动机就是这种结构。

（3）防爆充油型（标志C）。将可能产生火花、电弧或危险温度可能成为引火源的带电部件浸入油中，使外部可燃气体不产生着火爆炸的电气设备。

（4）防爆通风充气型（标志F）。在内部充入空气或惰性气体，并使其保持正压，以阻止外部可燃性气体进入内部的电气设备。

（5）防爆安全火花型。在电路系统中，正常情况产生的电火花，不致引燃爆炸性气体的电气设备。该设备按最小引爆电流分为Ⅰ级、Ⅱ级、Ⅲ级。这种防爆电气设备电流限制很小，用于仪表和通信。

（6）防爆特殊型（标志T）。这种结构不属于上述各类型，而是采用其他防爆措施的电气设备。

防爆区域划分和防爆电气设备选型：依据《石油设施电气设备场所Ⅰ级0区、1区和2区的分类推荐作法》（SY/T 6671—2017）标准，将储气库工艺装置区具体区域划分为：（1）通风充分的输送比空气轻的易燃气体的压缩机房7.5m以内的范围为爆炸危险场所2区；（2）通风充分的非封闭区域内的户外工艺装置3m以内的范围为爆炸危险场所2区；（3）火炬管口、取样口管口半径1.5m范围内划为1区，1区外半径3m范围内划为2区。气体爆炸危险场所用电气设备防爆类型选型表见表10–1。

表 10-1　气体爆炸危险场所用电气设备防爆类型选型表

爆炸危险场所	适用的防护型式	
	电气设备类型	符号
0 区	（1）本质安全型（ia 级）	ia
	（2）其他特别为 0 区设计的电气设备（特殊型）	s
1 区	（1）适用于 0 区的防护类型	
	（2）隔爆型 （3）增安型 （4）本质安全型（ib 级） （5）充油型 （6）正压型 （7）充砂型 （8）其他特别为 1 区设计的电气设备（特殊型）	d e i b o p q s
2 区	（1）适用于 0 区或 1 区的防护类型	
	（2）无火花型	n

　　防爆标志的组成：Ex—表示该设备为防爆电气设备；防爆类型——表明该设备采用何种措施进行防爆，如 d 为隔爆型，p 为正压型，i 为本安型等；防爆设备类别——分为两大类，Ⅰ为煤矿井下用电气设备，Ⅱ为工厂用电气设备；防爆级别——分为 A、B、C 三级，C 级最强，B 级次之；温度组别——分为 T1 ~ T6 六组，说明该设备的最高表面温度允许值。

图 10-16　带 Ex 标志的防爆界限箱

　　防爆标志铭牌的设置：（1）应在电气设备主体部分的明显地方设置标志；在设备安装前应能被很容易地看到；（2）标志必须考虑到在可能存在的化学腐蚀下，仍然清晰和耐久。如标志 Ex（图 10-16）、防爆型式、类别、温度组别可用凸纹或凹纹标在外壳的明显处；（3）标志牌的材质应采用耐化学腐蚀的材料，如青铜、黄铜或不锈钢。

　　外壳防护等级，作为应用于易爆危险区的电气设备，对其外壳的保护等级应做出规定，赋予一定的代码，即 IP 等级号。IP 是国际用来认定防护等级的代号，IP 等级由两个数字所组成，第一个数字表示防尘；第二个数字表示防水，数字越大表示其防护等级越佳，如现场应用的 IP65，6 表示完全防止粉尘进入，5 表示任何角度低压喷射无影响。

　　防爆电气要求，必须具备 Ex 标志，以表明该电气设备符合专用标准的一个或多个防爆型式。

防爆电气在检维修时的注意事项：

（1）防爆电气设备的检修和检验人员，应进行防爆电气设备修理知识的培训，经考核合格后方可承担检修和检验工作。

（2）在爆炸危险场所需动火检修防爆电气设备和线路时，必须办理动火审批手续。

（3）在爆炸危险场所禁止带电检修电气设备和线路。禁止约时送电、停电，并应在断电处挂上"有人工作，严禁合闸"警告牌。

（4）检修时如将防爆设备拆至安全区域进行，现场的设备电源电缆线头应做好防爆处理，并严禁通电。

（5）在现场检修时，当防爆电气设备的旋转部分未完全停止之前不得开盖。如防爆外壳内的设备有储能元件，应按厂家规定，停电延迟一定时间，放尽能量后再开盖子。

（6）在现场检修中，不准使用非防爆型的仪表、照明灯具、电话机等，除非把爆炸性混合气体排除干净，并采取相应的安全措施。所用工具采用无火花防爆工具。

（7）应妥善保护隔爆面，不得损伤，隔爆面不得有锈蚀层，经清洗后涂以磷化膏或204防锈油。

（8）更换防爆电气设备的元件、零部件等时，其尺寸、型号、材质必须和原件一样。紧固螺栓不得任意调换或缺少。

（9）禁止改变本安型设备内部的电路、线路。如更换元件，必须与原规格相同。其电池更换必须在安全区域内进行，同时必须换上同型号、规格的电池。

（10）严禁带电拆卸防爆灯具和更换防爆灯管（泡），严禁用普通照明灯具代替防爆灯具。不得随意改动防爆灯具的反光灯罩，不准随便增大防爆灯管（泡）的功率。

（11）检修完的防爆设备的防爆标志应保持原样。检修完毕后，应将检查项目、修理内容、测试记录、零部件更换、缺陷处理等情况详细记入设备的技术档案。

（12）在检查、检修防爆电气设备中，发现设备不符合本规程的要求，但一时又无合格备品时，为了不影响正常作业，可由油库提出安全防范措施并报上级主管部门备案，对危险程度较大的设备必须上报主管部门批准，但对设备问题仍要限期解决。

第五节　电缆识别、分类

一、电缆分类

（1）电缆按用途分为动力电缆、控制电缆（电气用控制电缆和仪表、计算机用的各种屏蔽电缆）。

（2）按电压等级分为高压电缆和低压电缆。

（3）按线芯分为单芯、双芯、三芯、三芯连地、四芯、五芯等。

（4）按绝缘材料可分为油浸纸绝缘、塑料绝缘、橡胶绝缘及目前普遍使用的交联聚乙烯绝缘电缆等。

二、型号的含义

电气装备用电线电缆及电力电缆的型号主要由以下七部分组成，有些特殊的电线电缆型号最后还有派生代号。下面将最常用的电线电缆型号中字母的含义介绍一下。

（一）类别、用途代号

A—安装线；B—绝缘线；C—船用电缆；K—控制电缆；N—农用电缆；R—软线；U—矿用电缆；Y—移动电缆；JK—绝缘架空电缆；M—煤矿用；ZR—阻燃型；NH—耐火型；ZA—A 级阻燃；ZB—B 级阻燃；ZC—C 级阻燃；WD—低烟无卤型。

（二）导体代号

T—铜导线（略）；L—铝芯。

（三）绝缘层代号

V—PVC 塑料；YJ—XLPE 绝缘；X—橡皮；Y—聚乙烯料；F—聚四氟乙烯。

（四）护层代号

V—PVC 套；Y—聚乙烯料；N—尼龙护套；P—铜丝编织屏蔽；P2—铜带屏蔽；L—棉纱编织涂蜡克；Q—铅包。

（五）特征代号

B—扁平型；R—柔软；C—重型；Q—轻型；G—高压；H—电焊机用；S—双绞型。

（六）铠装层代号

2—双钢带；3—细圆钢丝；4—粗圆钢丝。

（七）外护层代号

1—纤维层；2—PVC 套；3—PE 套。

三、最常用的电气装备所用电线电缆及电力电缆的型号示例

VV—铜芯聚氯乙烯绝缘聚氯乙烯护套电力电缆

VLV—铝芯聚氯乙烯绝缘聚氯乙烯护套电力电缆

YJV22—铜芯交联聚乙烯绝缘钢带铠装聚氯乙烯护套电力电缆

KVV—聚氯乙烯绝缘聚氯乙烯护套控制电缆

227IEC 01（BV）—简称 BV，一般用途单芯硬导体无护套电缆

227IEC 02（RV）—简称 RV，一般用途单芯软导体无护套电缆

227IEC 10（BVV）—简称 BVV，轻型聚氯乙烯护套电缆

227IEC 52（RVV）—简称 RVV，轻型聚氯乙烯护套软线

227IEC 53（RVV）—简称 RVV，普通聚氯乙烯护套软线

BV—铜芯聚氯乙烯绝缘电线

BVR—铜芯聚氯乙烯绝缘软电缆

BVVB—铜芯聚氯乙烯绝缘聚氯乙烯护套扁形电缆

JKLYJ—交联聚乙烯绝缘架空电缆

YC、YCW—重型橡套软电缆

YZ、YZW—中型橡套软电缆

YQ、YQW—轻型橡套软电缆

YH—电焊机电缆

四、规格

（1）规格由额定电压、芯数及标称截面组成。

（2）电线及控制电缆等一般的额定电压为 300/300V、300/500V、450/750V。

（3）中低压电力电缆的额定电压一般有 0.6/1kV、1.8/3kV、3.6/6kV、6/6（10）kV、8.7/10（15）kV、12/20kV、18/20（30）kV、21/35kV、26/35kV 等。

（4）电线电缆的芯数根据实际需要来定，一般电力电缆主要有 1、2、3、4、5 芯，电线主要也是 1~5 芯，控制电缆有 1~61 芯。

（5）标称截面是指导体横截面的近似值。为了达到规定的直流电阻，方便记忆并且统一而规定的一个导体横截面附近的一个整数值。我国统一规定的导体横截面有 0.5、0.75、1、1.5、2.5、4、6、10、16、25、35、50、70、95、120、150、185、240、300、400、500、630、800、1000、1200 等。这里要强调的是导体的标称截面不是导体的实际的横截面，导体实际的横截面许多比标称截面小，有几个比标称截面大。实际生产过程中，只要导体的直流电阻能达到规定的要求，就可以说这根电缆的截面是达标的。

五、举例说明

（1）VV-0.6/1 3×150 + 1×70（GB/T 12706.2—2002）：

铜芯聚氯乙烯绝缘聚氯乙烯护套电力电缆，额定电压为 0.6/1kV，3+1 芯，主线芯的标称截面为 150mm²，第四芯截面为 70mm²。

（2）BVVB-450/750V 2×1.5（JB 8734.2—1998）：

铜芯聚氯乙烯绝缘聚氯乙烯护套扁型电缆，额定电压为 450/750V，2 芯，导体的标称截面为 1.5mm²。

（3）YJLV22-8.7/10 3×120（GB/T 12706.3—2002）：

铝芯交联聚乙烯绝缘钢带铠装聚氯乙烯护套电力电缆，额定电压 8.7/10kV，3 芯，主线芯的标称截面为 120mm²。

六、电缆主要材料

（一）铜丝

采用电解铜作为原料，经连铸连轧工艺制成的铜线称为低氧铜线；经上引法制成的铜线称为无氧铜线。

（1）低氧铜线含氧量为 100 ～ 250μg/g，含铜量为 99.9% ～ 9.95%，导电率为 100% ～ 101%。

（2）无氧铜线含氧量为 4 ～ 20μg/g，含铜量为 99.96% ～ 9.99%，导电率为 102%。铜的相对密度为 $8.9g/cm^3$。

（二）铝线

用作电线用的铝线都要进行退火软化过。用作电缆用的铝线一般不用软化。电线电缆用的铝的电阻率要求达到 $0.028264\Omega \cdot mm^2/m$，铝的相对密度为 $2.703g/cm^3$。

（三）聚氯乙烯（PVC）

聚氯乙烯塑料是以聚氯乙烯树脂为基础，加入各种配合剂混合而成的，如防老剂、抗氧剂、填料、光亮剂、阻燃剂等，其密度为 1.38 ～ $1.46g/cm^3$。

聚氯乙烯材料的特点：力学性能优越，耐化学腐蚀，不延燃，耐候性好，电绝缘性能好，容易加工等。

聚氯乙烯材料的缺点：（1）燃烧时有大量有毒的烟雾发出；（2）热老化性能差。

聚氯乙烯有绝缘料与护套料之分。

（四）聚乙烯（PE）

聚乙烯是由精制的乙烯聚合而成的，按密度可分为低密度聚乙烯（LDPE）、中密度聚乙烯（MDPE）、高密度聚乙烯（HDPE）。

低密度聚乙烯的密度一般为 0.91 ～ $0.925g/cm^3$；中密度聚乙烯的密度一般为 0.925 ～ $0.94g/cm^3$；高密度聚乙烯的密度一般为 0.94 ～ $0.97g/cm^3$。

聚乙烯材料的优点：（1）绝缘电阻和耐电压强度高；（2）在较宽的频带范围内，介电常数 ε 和介质损耗角正切值 $\tan\delta$ 小；（3）富于可挠性，耐磨性能好；（4）耐热老化性能、低温性能及耐化学稳定性好；（5）耐水性能好，吸湿率低；（6）用它制作的电缆质量轻，使用敷设方便。

聚乙烯材料的缺点：（1）接触火焰时易燃烧；（2）软化温度较低。

（五）交联聚乙烯（XLPE）

现在电缆行业使用的主要有两种类型的交联聚乙烯。一种是以硅烷作交联剂的，叫硅烷交联料，主要应用在低压电线电缆的绝缘层上。另一种是以过氧化二异丙苯（DCP）作交联剂的交联聚乙烯料，其主要是由聚乙烯、交联剂和抗氧剂组成。主要应用在中、高压电缆的绝缘层上，对绝缘耐压等级越高，要求纯净度就越高。

交联聚乙烯材料的优点：电气性能比聚乙烯还优良；其机械性能比聚乙烯好，所以应用比聚乙烯广泛。软化温度比 PVC 高，电缆正常的运行温度能达到 90℃。缺点是加工困难，易燃烧。

第十一章　站控系统

第一节　名词解释

什么是 DCS?

DCS 是分布式控制系统的英文缩写（Distributed Control System），在国内自控行业又称之为集散控制系统。

DCS 有什么特点?

DCS 是计算机技术、控制技术和网络技术高度结合的产物。DCS 通常采用若干个控制器（过程站）对一个生产过程中的众多控制点进行控制，各控制器间通过网络连接并可进行数据交换。操作采用计算机操作站，通过网络与控制器连接，收集生产数据，传达操作指令。因此，DCS 的主要特点归结为一句话就是：分散控制，集中管理。

DCS 的结构是怎样的?

从结构上划分，DCS 包括过程级、操作级和管理级。过程级主要由过程控制站、I/O 单元和现场仪表组成，是系统控制功能的主要实施部分。操作级包括：操作员站和工程师站，完成系统的操作和组态。管理级主要是指工厂管理信息系统（MIS 系统），作为 DCS 更高层次的应用。

DCS 的控制程序是由谁执行的?

DCS 的控制决策是由过程控制站完成的，所以控制程序是由过程控制站执行的。

过程控制站的组成如何?

DCS 的过程控制站是一个完整的计算机系统，主要由电源、CPU（中央处理器）、网络接口和 I/O 组成

I/O 是什么?

控制系统需要建立信号的输入和输出通道，这就是 I/O。DCS 中的 I/O 一般是模块化的，一个 I/O 模块上有一个或多个 I/O 通道，用来连接传感器和执行器（调节阀）。

什么是 I/O 单元?

通常，一个过程控制站是有几个机架组成，每个机架可以摆放一定数量的模块。CPU 所在的机架被称为 CPU 单元，同一个过程站中只能有一个 CPU 单元，其他只用来

摆放 I/O 模块的机架就是 I/O 单元。

I/O 单元和 CPU 单元是如何连接的?

I/O 单元与 CPU 是通过现场总线连接的。

什么是现场总线?

现场总线是应用于过程控制现场的一种数字网络,它不仅包含有过程控制信息交换,而且还包含设备管理信息的交流。通过现场总线,各种智能设备(智能变送器、调节法、分析仪和分布式 I/O 单元)可以方便地进行数据交换,过程控制策略可以完全在现场设备层次上实现。目前,使用较多的现场总线主要是 FUNDATION fieldbus 基金会现场总线(FF 总线)和 PROFIBUS 现场总线。应用现场总线技术可以将各种分布在控制现场的相关智能设备和 I/O 单元方便地连接在一起,构成控制系统,这种结构已经成为 DCS 发展的趋势。

常用的系统中采用什么现场总线?

目前常用的系统主要是 SIEMENS 的 S7 和 ABB 的 Freelance2000,其中使用的现场总线是 PROFIBUS。

表述网络传输速度的单位是什么?

表述网络传输速度一般以波特率(Bps)为单位,其含义是每秒钟传输的二进制数的位数。不同的网络一般波特率不同,相同的网络采用不同的网络电缆也可以达到不同的特率。如 PROFIBUS 现场总线在以双绞线作为网络电缆时通讯速度为 1.5kBps,采用光缆时可以 12MBps。采用普通双绞线的以太网传输速度为 10MBps,采用光缆时可以达到 100MBps。另外,传输距离的长短会影响传输速度,一般来说,距离越长,速度越慢。

什么是组态?

通过专用的软件定义系统的过程就是组态(configuration)。定义过程站各模块的排列位置和类型的过程叫过程站硬件组态;定义过程站控制策略和控制程序的过程叫控制策略组态;定义操作员站监控程序的过程叫操作员站组态;定义系统网络连接方式和各站地址的过程叫网络组态。

辽河油田储气库公司的操作员站和工程师站采用什么操作系统?

目前,辽河油田储气库公司操作员站和工程师站采用的操作系统是中文 Windows NT。

什么是 PLC?

PLC 就是可编程逻辑控制器。

PLC 能用于过程控制吗?

早期的 PLC 只是用来完成一些电气逻辑控制和开关量,现在的 PLC 在性能上,特别是对模拟信号的处理能力上已经大大提高,因此现在 PLC 是可以用于过程控制的。

什么是模拟量和数字量？

模拟量是指连续变化的信号（如 4 ~ 20mA,0 ~ 5V）；数字量是只有开关状态的信号。

I/O 信号是如何分类的？

常用的 I/O 信号一般分为：AI、AO、DI 和 DO。

AI——模拟量输入信号

AO——模拟量输出信号

DI——数字量输入信号

DO——数字量输出信号

什么是 DCS 的开放性？

DCS 的开放性是指 DCS 能通过不同的接口方便地与第三方系统或设备连接，并获取其信息的性能。这种连接主要是通过网络实现的，采用通用的、开放的网络协议和标准的软件接口是 DCS 开放性的保障。公司目前采用的 DCS 系统有很好的开放性。

什么是系统冗余？

在一些对系统可靠性要求很高的应用中，DCS 的设计需要考虑热备份也就是系统冗余，这是指系统中一些关键模块或网络在设计上有一个或多个备份，当现在工作的部分出现问题时，系统可以通过特殊的软件或硬件自动切换到备份上，从而保证了系统不间断工作。通常设计的冗余方式包括 CPU 冗余、网络冗余、电源冗余。在极端情况下，一些系统会考虑全系统冗余，即还包括 I/O 冗余。

什么是 I/O 余量？

与冗余不同,I/O 余量只是系统中 I/O 数量大于应用的要求，这种余量只是数量上的，主要目的是使系统今后有继续加入控制信号的可能。

第二节　DCS 控制系统

DCS 是分布式控制系统的英文缩写（Distributed Control System），在国内自控行业又称之为集散控制系统，是相对于集中式控制系统而言的一种新型计算机控制系统，它是在集中式控制系统的基础上发展、演变而来的。

DCS 系统是随着现代大型工业生产自动化的不断兴起和过程控制要求的日益复杂应运而生的综合控制系统，它是计算机技术、系统控制技术、网络通信技术和多媒体技术相结合的产物，可提供窗口友好的人机界面和强大的通信功能，是完成过程控制、过程管理的现代化设备。

首先，DCS 的骨架——系统网络，它是 DCS 的基础和核心。由于网络对于 DCS 整个系统的实时性、可靠性和扩充性，起着决定性的作用，因此各厂家都在这方面进行了精心的设计。对于 DCS 的系统网络来说，它必须满足实时性的要求，即在确定的时间限度内完成信息的传送。这里所说的"确定"的时间限度，是指在无论何种情况下，信息传送都能在这个时间限度内完成，而这个时间限度则是根据被控制过程的实时性要求确定的。因此，衡量系统网络性能的指标并不是网络的速率，即通常所说的每秒比特数（bps），而是系统网络的实时性，即能在多长的时间内确保所需信息的传输完成。系统网络还必须非常可靠，无论在任何情况下，网络通信都不能中断，因此多数厂家的 DCS 均采用双总线、环形或双重星形的网络拓扑结构。为了满足系统扩充性的要求，系统网络上可接入的最大节点数量应比实际使用的节点数量大若干倍。这样，一方面可以随时增加新的节点，另一方面也可以使系统网络运行于较轻的通信负荷状态，以确保系统的实时性和可靠性。在系统实际运行过程中，各个节点的上网和下网是随时可能发生的，特别是操作员站，这样，网络重构会经常进行，而这种操作绝对不能影响系统的正常运行，因此，系统网络应该具有很强在线网络重构功能。

其次，这是一种完全对现场 I/O 处理并实现直接数字控制（DOS）功能的网络节点。一般一套 DCS 中要设置现场 I/O 控制站，用以分担整个系统的 I/O 和控制功能。这样既可以避免由于一个站点失效造成整个系统的失效，提高系统可靠性，也可以使各站点分担数据采集和控制功能，有利于提高整个系统的性能。DCS 的操作员站是处理一切与运行操作有关的人机界面（HMI–Human Machine Interface 或 operator interface）功能的网络节点。

系统网络是 DCS 的工程师站，它是对 DCS 进行离线的配置、组态工作和在线的系统监督、控制、维护的网络节点，其主要功能是提供对 DCS 进行组态、配置工作的工具软件（即组态软件），并在 DCS 在线运行时实时地监视 DCS 网络上各个节点的运行情况，使系统工程师可以通过工程师站及时调整系统配置及一些系统参数的设定，使 DCS 随时处在最佳的工作状态之下。与集中式控制系统不同，所有的 DCS 都要求有系统组态功能，可以说，没有系统组态功能的系统就不能称其为 DCS。

一、架构说明

Human Interface Station（HIS）操作站：用于运行操作和监视。采用了微软公司的 Windows XP 作为操作系统和工业用高性能计算机。因此系统工作站具有很强的安全性和可靠性。

Field Control Station（FCS）现场控制器：用于过程 I/O 信号处理，完成模拟量调节、顺序控制、逻辑运算、批量控制等实时控制运算功能。

Engineering Station（ENG）工程师站：用于设计组态、仿真调试及操作监视。采用了微软公司的 Windows XP 作为操作系统的横河电机指定的高性能计算机。

ESB 总线（Extended Serial Backboard Bus）：用于控制站内，中央主控制器 FCU 同

本地 I/O 节点之间进行数据传输的双重化实时通信总线，网络拓扑构成：总线型；通信速率：128Mbps；每台控制站可连接 14 个 I/O 节点，最大通讯距离 10m。

V net/IP 网络：横河电机集散控制系统采用冗余的 Vnet/IP 网过程控制网络。它是连接操作站，现场控制站等设备的实时控制网络。采用符合 IEEE802.4 和 UDP/IP 标准的复用控制网络 V–Net/IP，控制网的传输速度高达 1Gbps/s。为了确保网络能够在最理想的状态上运作，整个系统可分为 16 个区域，每个区域能支持 64 个站点，共计 256 个站点。

二、DCS 硬件：处理器

DCS 硬件处理器实物图见图 11–1。

处理器：VR5432（133MHz）

主内存容量：32M 字节

在电源故障的内存保护：电池

电池备份主内存：最大 72h

电池充电时间：最少 48h

提供一对故障报警端子（NC）

通信接口：

Vnet/ IP 接口：双冗余

ESB 总线接口：双冗余

Vnet/ IP 通信速度：1000 Mbps 全双工

连接规格电缆（增强型 5 类电缆）：超五类

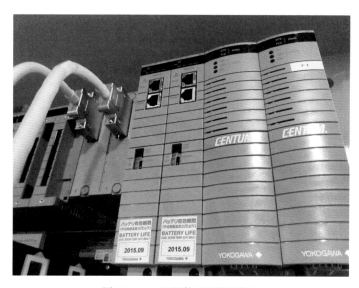

图 11–1　DCS 硬件处理器实物图

传动方式：1000BASE-T 和 100Base-TX

连接接口：RJ45 连接器

最大距离：100m

6 个卡件插槽

三、DCS 硬件：AI 模块 AAI143-H

DCS 硬件模块实物图见图 11-2。

参数：

输入通道：16 点 信号隔离

输入信号：4 ~ 20 mA

允许的输入电流：24mA

精度：±16μA

数据扫描周期：10 ms

通过设置引脚实现每个通道 2 线或 4 线切换

最大电流消耗 230mA（DC 5 V），540mA（DC 24 V）

外部连接通过压线端子，MIL 连接电缆，KS 专用电缆

HART 通信

图 11-2 DCS 硬件模块实物图

四、DCS 硬件：AO 模块 AAI543-H

参数：

输出通道：16 点 信号隔离

输出信号：4～20 mA

容许负载电阻：0～750 Ω

精度：±48μA

数据扫描周期：10 ms

小于 0.65 mA 电路开路检测

通过设置引脚实现每个通道 2 线或 4 线切换

最大电流消耗：230 mA（5 V DC），540 mA（24 V DC）

外部连接通过压线端子，MIL 连接电缆，KS 专用电缆

HART 通信

五、DCS 硬件：DI 模块 ADV151-P

主要参数：

数输入通道：32 通道

额定输入电压：24 V DC

输入 ON 电压：18～26.4 V

输入 OFF 电压：5.0 V 或更低

温度漂移　RTD：0.3　/10　C

最大输入电压：30 V DC

输入响应时间：8ms 或更少

最低检测时间：为 20ms（按键输入）

最大的 ON / OFF 周期：2.5Hz

外部连接通过压线端子，MIL 连接电缆，KS 专用电缆

六、DCS 硬件：DO 模块

主要参数：

输出通道：32 通道

负载电压：24 V DC，50mA

额定适用于电压：24 V DC

输出 ON 电压最大值：2V DC

温度漂移　RTD：0.3　/10　C

输出响应时间：3ms 或更少

脉冲宽度：8～7200ms

外部连接通过压线端子，MIL 连接电缆，KS 专用电缆

第三节 SIS 系统

SIS 的全称是安全仪表系统（Safety Instrumented System），它对装置或设备可能发生的危险采取紧急措施，并对继续恶化的状态进行及时响应，使其进入一个预定义的安全停车工况，从而使危险和损失降到最低程度，保证生产设备、环境和人员安全。目前，SIS 已经被广泛应用于石化等流程工业领域，是工厂企业自动控制中的重要组成部分。

SIS 系统属于企业生产过程自动化范畴，用于保障安全生产的一套系统，安全等级高于 DCS 的自动化控制系统，当自动化生产系统出现异常时，SIS 会进行干预，降低事故发生的可能性。SIS 系统以分散控制系统为基础，采用先进、适用、有效的专业计算方法，提高了机组运行的可靠性。根据美国仪表协会（ISA）对安全系统控制系统的定义而得名，也称紧急停车系统（ESD）、安全连锁系统（SIS）或仪表保护系统（IPS）。

一、SIS 的基本原则

SIS 安全仪表系统是指能实现一个或多个安全功能的系统，用于监视生产装置或独立单元的操作，如果生产过程超出安全操作范围，可以使其进入安全状态，确保装置或独立单元具有一定的安全度。安全系统不同于批量控制、顺序控制及过程控制的工艺联锁，当过程变量（温度、压力、流量、液位等）超限，机械设备故障，系统本身故障或能源中断时，安全仪表系统自动（必要时可手动）地完成预先设定的动作，使操作人员、工艺装置处于安全状态。

SIS 包括测量仪表、逻辑运算器和最终元件、关联软件及部件。目前，仪表保护系统 IPS、安全联锁系统 SIS（Safety Interlocking System）、紧急停车系统 ESD、压力保护系统 HIPPS 和火气保护系统 F&GS 等都属于安全仪表系统的范畴。

SIS 在生产装置的开车、停车、运行以及维护期间，对人员健康、装置设备及环境提供安全保护。无论是生产装置本身出现的故障危险，还是人为因素导致的危险以及一些不可抗拒因素引发的危险，SIS 都应立即做出正确反应并给出相应的逻辑信号，使生产装置安全联锁或停车，阻止危险的发生和事故的扩散，使危害减少到最小。

安全仪表系统应具备高的可靠性、可用性和可维护性。当安全仪表系统本身出现故障时仍能提供安全保护功能。

SIS 硬件构成图见图 11-3。

SSC50D-S2121 特性：

处理器：MIPS R5000 处理器

主内存容量：32 MB

在断电的情况下保护：电池

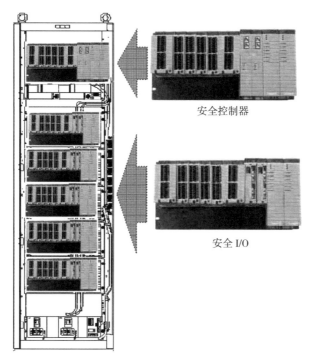

安全控制器

安全 I/O

图 11-3 SIS 硬件构成图

通信接口的 Vnet/ IP 接口：双冗余

ESB 总线接口：双冗余

I/O 模块的数量：每个安全控制单元多达 8 个

连接安全节点单位：

对于每个安全控制单元，最多 9 个安全节点（图 11-4）

电源要求：

电压：220 ～ 240 V AC，50 或 60 Hz

功耗：200 ～ 240 V AC 型号：230 VA

安装：机架安装：安装在机架上

有 8 个 M5 螺丝

SNB10D

安全节点单元安装电源模块，ESB 总线接口模块，ESB 总线中继模块和 I/O 模块。

特性：

节点单位可连接：

可连接多达 9 家单位的安全节点，ESB 总线耦合器模块使用 SEC401。

电源电压：220 ～ 240 V AC50/60 Hz 频率

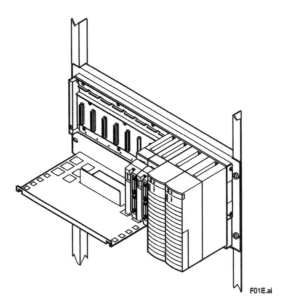

图 11-4　系统硬件：节点单元

功耗：220 ～ 240 V AC 规格：230 VA

质量：约 5.9kg

安装方法：机架安装，机架式 4 个 M5 螺丝

双 6 储气库 ESD 系统主要是在因注气、采气期间管线超压，站场、井场火险，天然气泄漏而采取的紧急关断系统。

ESD0 级关断：ESD0 级是装置关断。是整个站场、井场设备、流程工艺全部关断，并开启放空，启动全场消防系统，是最高级关断。ESD0 级关断采用人工干预，是通过设置在值班室、站场上的 0 级关断操作柱上的按钮触发的；

ESD1 级关断：ESD1 级关断是生产关断。是站场内一级关断触发按钮，站场、井场内可燃气体报警仪浓度超高报警后经人工确认，以及注采气干线超压报警、仪用空压低压报警经人工确认后进行的保护性停产，但无须开启放空和启动消防系统；

ESD-2 级关断：为单元系统关断。

采气期：它是由采气进站紧急断阀关状态报警、低温分离器凝液高液位报警及井场紧急关断按钮触发生的生产关断，此级只是关断该单元系统，对其他系统不影响。安全泄放阀不打开，同时消防泵不启动。

注气期：它是由压缩机罩棚可燃气体浓度高报警和注气压缩机组火焰报警产生的生产关断。此级只是关断该单元系统，对其他系统不影响。安全泄放阀打开，但消防泵不启动。

ESD-3 级关断：为设备关断。由设备故障触发。此级只关断故障的设备，其他设备不受影响。

采气期：预分离器、生产分离器、低温分离器加热盘管泄露对装置产生的关断；井场平台关断；导热油炉异常报警产生的单体关断。

注气期：注气压缩机综合报警关断压缩机组。

二、SIS 主要特点

（一）一定的安全完整性等级

SIS 充分考虑了系统的整体安全生命周期，提出了评估安全完整性等级（SIL）的方法，规范了为实现必要的功能安全所使用的工具与措施。SIS 系统的设计与开发过程必须遵循 IEC61508，并应通过独立机构（如德国 TÜV）的功能安全评估和认证，取得认证证书，才能在工业现场中应用。

（二）较高的可用性和可维护性

SIS 系统的构成部分应充分考虑到构成单元所能达到的安全仪表功能，其采用的逻辑冗余结构构成形式，以及系统本身的单一故障是否会造成系统的误停车等。同时，还要考虑系统带故障运行时，是否可对故障卡件在线维护，而不需要停整个系统。

（三）容错性的多重冗余系统

SIS 系统一般采用多重冗余结构以提高系统的硬件故障裕度，单一故障不会导致 SIS 系统安全功能丧失。如 SIS 系统主流的三重化结构（TMR）：它将三路隔离、并行的控制系统（每路称为一个分电路）和广泛的诊断集成在一个系统中，用三取二表决提供高度完善、无差错，不会中断控制。

（四）全面的故障自诊断能力

SIS 系统的安全完整性要求还包括避免失效的要求和系统故障控制的要求，同时，构成系统的各个部件均需明确故障诊断措施和失效后的行为。系统整体诊断覆盖率一般高达 90% 以上。SIS 系统的硬件具有高度可靠性，能承受大多数环境应力，如现场电磁干扰等，从而可以较好地应用于各种工业环境。

（五）响应速度快

SIS 系统的实时性很好，从输入变化到输出变化的响应时间一般在 50 ~ 100ms，一些小型 SIS 系统的响应时间更短。

（六）具备顺序事件记录功能

为了更好地进行事故分析与事后追忆，SIS 一般具有事件顺序记录（SOE）功能，即可按时间顺序记录各个指定输入和输出及状态变量的变化时间，记录精度一般精确到毫秒级。

（七）产品的功能安全设计

实现从传感器到执行元件所组成的整个回路的安全性设计，具有输入 / 输出（I/O）

短路、断线等监测功能。

三、SIS 与 DCS 等过程控制系统的区别

（1）DCS 用于生产过程的连续测量、常规控制（连续、顺序、间歇等）、操作控制管理，保证生产装置的平稳运行；SIS 用于监视生产装置的运行状况，对出现异常工况迅速处理，使危害降到最低，使人员和生产装置处于安全状态。

（2）DCS 是"动态"系统，始终对过程变量连续进行检测、运算和控制，对生产过程进行动态控制，确保产品的质量和产量；SIS 是"静态"系统，正常工况时，始终监视生产装置的运行，系统输出不变，对生产过程不产生影响；非正常工况时，按照预先的设计进行逻辑运算，使生产装置安全联锁或停车。

（3）SIS 比 DCS 安全性、可靠性、可用性要求更严格，因此 SIS 与 DCS 硬件理论上应独立设置。

第四节　RTU 系统

RTU 是 Remote Terminal Unit（远程测控终端）的缩写，它负责对现场信号、工业设备的监测和控制。RTU 是构成企业综合自动化系统的核心装置，通常由信号输入/出模块、微处理器、有线/无线通信设备、电源及外壳等组成，由微处理器控制，并支持网络系统。它通过自身的软件（或智能软件）系统，可理想地实现企业中央监控与调度系统对生产现场一次仪表的遥测、遥控、遥信和遥调等功能。

一个 RTU 可以由几个、几十个或几百个 I/O 点组成，可以放置在测量点附近的现场。RTU 至少具备以下两种功能：数据采集及处理、数据传输（网络通信），当然，许多 RTU 还具备 PID 控制功能或逻辑控制功能、流量累计功能等等。

一、RTU 的构成

RTU 的硬件主要包括 CPU、存储器以及各种输入输出接口等功能模块。这些模块被集成到电路板中，通过电路板布线完成 RTU 各功能模块连接。CPU 是 RTU 控制器的中枢系统，负责处理各种输入信号，经运算处理后，完成输出。存储器是 RTU 记忆系统，用来存储各种临时或永久性数据。RTU 一般包括开关量输入、开关量输出、模拟量输入、模拟量输出、RS485 通信等各种接口。

二、RTU 的功能

（1）提供多个数字接口及多个模拟接口。

（2）采集状态量并向远程发送，带有光电隔离，遥信变位优先传送。

（3）采集数据量并向远程发送，带有光电隔离。

（4）直接采集系统工频电量，实现对电压、电流、有功、无功的测量并向远程发送，

可计算正反向电度。

（5）采集脉冲电度量并向远程发送，带有光电隔离。

（6）采集事件顺序记录并向远程发送。

（7）接收并执行遥控及返校。

（8）接受远程命令，选择发送各类信息。

（9）可进行远程 / 本地设置。

（10）程序自诊断、自恢复。

三、RTU 的特点

（1）极强的环境适应能力，工作温度 –40 ～ 70℃，环境湿度 5% ～ 95%RH。

（2）极强的抗电磁干扰能力。

（3）多种标准通信协议。

（4）丰富的通信接口、支持多种通信方式、通信距离长。

（5）在具有遥信、遥测、遥控领域的水利，电力调度，市政调度等行业广泛使用。

四、RTU 的应用场景

与常用的可编程控制器 PLC 相比，RTU 通常具有优良的通讯能力和更大的存储容量，适用于更恶劣的温度和湿度环境，提供更多的计算功能。RTU 产品在石油天然气、水利、电力调度、市政调度等行业 SCADA 系统中广泛应用。

第五节　PLC 系统

可编程逻辑控制器是种专门为在工业环境下应用而设计的数字运算操作电子系统。它采用一种可编程的存储器，在其内部存储执行逻辑运算、顺序控制、定时、计数和算术运算等操作的指令，通过数字式或模拟式的输入输出来控制各种类型的机械设备或生产过程。

西门子 PLC 控制器见图 11–5，西门子 S7–200 CPU 接口示意图见图 11–6。

图 11–5　西门子 PLCS7–300 系列

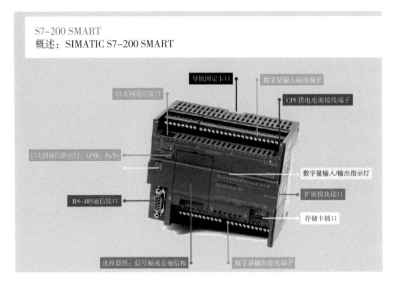

图 11-6　西门子 S7-200 CPU 接口示意图

控制规模可以分为大型机、中型机和小型机。

小型机：小型机的控制点一般在 256 点之内，适合于单机控制或小型系统的控制。

西门子小型机有 S7-200：处理速度 0.8 ~ 1.2ms；存储器 2k；数字量 248 点；模拟量 35 路。

中型机：中型机的控制点一般不大于 2048 点，可用于对设备进行直接控制，还可以对多个下一级的可编程序控制器进行监控，它适合中型或大型控制系统。

西门子中型机有 S7-300：处理速度 0.8 ~ 1.2ms；存储器 2k；数字量 1024 点；模拟量 128 路；网络 PROFIBUS；工业以太网；MPI。

大型机：大型机的控制点一般大于 2048 点，不仅能完成较复杂的算术运算还能进行复杂的矩阵运算。它不仅可用于对设备进行直接控制，还可以对多个下一级的可编程序控制器进行监控。

西门子大型机有 S7-1500，S7-400：处理速度 0.3ms / 1k 字节；

存储器 512k；I/O 点 12672。

第六节　光纤通信系统

光纤即为光导纤维的简称。光纤通信是以光波作为信息载体，以光纤作为传输媒介的一种通信方式。从原理上看，构成光纤通信的基本物质要素是光纤、光源和光检测器。光纤除了按制造工艺、材料组成以及光学特性进行分类外，在应用中，光纤常按用途进行分类，可分为通信用光纤和传感用光纤。传输介质光纤又分为通用与专用两种，而功能器件光纤则指用于完成光波的放大、整形、分频、倍频、调制以及光振荡等功能的光纤，并常以某种功能器件的形式出现。

光纤通信是利用光波作载波，以光纤作为传输媒质将信息从一处传至另一处的通信方式，被称之为"有线"光通信。当今，光纤以其传输频带宽、抗干扰性高和信号衰减小，而远优于电缆、微波通信的传输，已成为世界通信中主要传输方式之一。

最基本的光纤通信系统由数据源、光发送端、光学信道和光接收机组成。其中数据源包括所有的信号源，它们是话音、图像、数据等业务经过信源编码所得到的信号；光发送机和调制器则负责将信号转变成适合于在光纤上传输的光信号，先后用过的光波窗口有 0.85、1.31 和 1.55。光学信道包括最基本的光纤，还有中继放大器 EDFA 等；而光学接收机则接收光信号，并从中提取信息，然后转变成电信号，最后得到对应的话音、图像、数据等信息。

光纤通信连接方式为：

盘锦末站 ←→ 阀室 ←→ 双 6 联络站 ←→ 双 6 集注站 ←→ 注采站 ←→ 井场。

常用的光纤通信设备见图 11–7 至图 11–9。

图 11–7　西门子工业以太网交换机

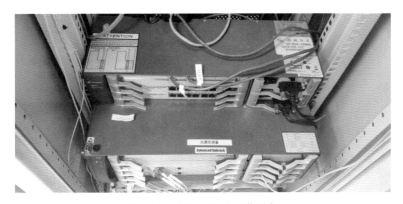

图 11–8　华为 SDH 光通信设备

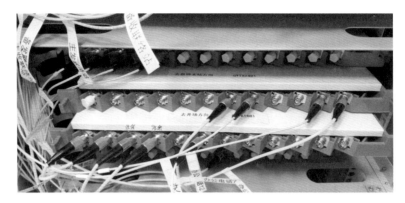

图 11-9　ODF 光纤配线架

第七节　周界安防监控系统

一、周界报警系统简介

辽河油田储气库公司双 6 集注站共计 19 个周界报警区域，当布防区域出现异常时，上位机提示报警，就近区域的监控摄像头会第一时间转至此处，查看现场情况。

IP-Alarm 周界报警系统操作分为：控制盘操作（图 11-10）与上位机软件界面（图 11-11）操作。

布防操作：点击显示板—全部防区或平面图—周界图，鼠标点击选择任意防区，鼠标右键—旁路恢复，布防指示颜色由白色转为黄色（正常），即布防成功。

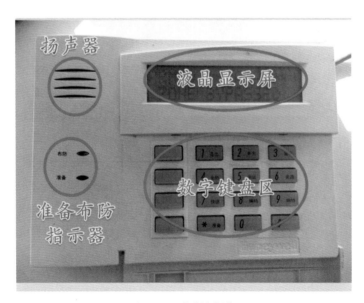

图 11-10　控制盘操作

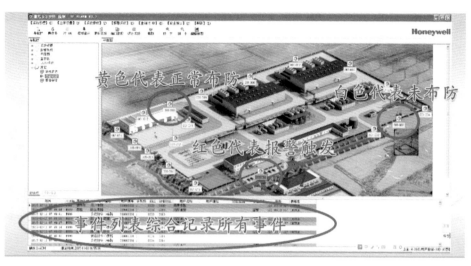

图 11-11　上位机软件操作

撤防操作：点击显示板—全部防区或平面图—周界图，鼠标点击选择任意防区，鼠标右键—旁路，布防指示颜色由黄色转白色（旁路），即撤防成功。

操作实例：

（1）如遇到个别区域报警无法消除，可屏蔽（旁路）布防区域，进行布防操作。

例：站内 013 区域报警无法消除

布防操作：

4140（1234）+ 6 + 013（区域号）

（2）中控室周界报警软件操作电脑操作关联为二级权限密码。

使用二级权限密码进行布防、撤防操作时，上位机电脑软件内可进行相应布防、撤防、旁路等操作。

使用一级权限密码进行布防、撤防操作时，上位机电脑软件无法联网操作。

二、红外线对射报警器

红外线对射全名叫"光束遮断式感应器"（Photoelectric Beam Detector），其基本的构造包括瞄准孔、光束强度指示灯、球面镜片、LED 指示灯等。

其侦测原理乃是利用红外线经 LED 红外光发射二极体，再经光学镜面做聚焦处理使光线传至很远距离，由受光器接受。当光线被遮断时就会发出警报。红外线是一种不可见光，而且会扩散，投射出去会形成圆锥体光束。红外光不间歇 1s 发 1000 光束，所以是脉动式红外光束。由此这些对射无法传输很远距离（600m 内）。

利用光束遮断方式的探测器当有人横跨过监控防护区时，遮断不可见的红外线光束而引发警报。常用于室外围墙报警，它总是成对使用：一个发射，一个接收。发射机发出一束或多束人眼无法看到的红外光，形成警戒线，有物体通过，光线被遮挡，接收机信号发生变化，放大处理后报警。红外对射探头要选择合适的响应时间：太短容易引起不必要的干扰，如小鸟飞过、小动物穿过等；太长会发生漏报。通常以 10m/s 的速度来确定最短遮光时间。若人的宽度为 20cm，则最短遮断时间为 20ms。大于 20ms 报警，小于 20ms 不报警。红外对射探测器广泛应用在城市安防、小区、工厂、公司、学校、家庭、别墅、仓库、资源、石油、化工、燃气输配等众多领域。

三、雷 61 作业区周界报警系统介绍

振动电缆周界入侵报警系统的安装在集注站。振动电缆周界入侵报警系统由振动电缆、前端处理器、电源箱、浪涌保护器、控制 / 处理 / 管理系统等。振动电缆安装在站场四周的围墙围网上。报警主机设置在机柜间内，装有管理软件系统的管理终端和报警器放置在控制室。周界报警系统拓扑图见图 11–12。

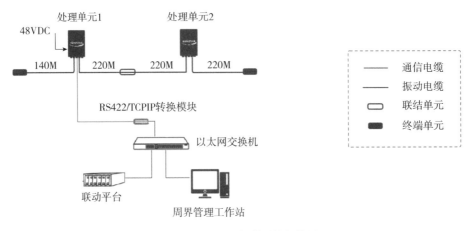

图 11–12　周界报警系统拓扑图

精确定位振动电缆入侵探测系统。能够对任何剪切、攀爬或破坏围栏的行为进行探测和定位。它能同时精确定位多个入侵者，也能在复杂的环境噪声中辨别真实入侵。它应用在围栏上保护周界的安全。静电传感电缆将围栏上的微小振动转化成电信号传给数字信号处理器，通过分析该信号，处理器能够区分是有人剪断围栏还是攀爬围栏或是抬起围栏。

精确定位振动电缆系统处理器可定位扰动源在 3m 范围内，测距算法允许在传感电缆划分出的不同区段中设定不同的门限值，每根传感电缆可由软件划分出任意数量的防区，防区可由每根传感电缆的不连续的区段组成，例如周界位于大门两端的区段可以成为同一个防区，大门单独设置为一个防区。

现场防范区域大约 800m，设计振动电缆依附与柔性围网上，只需要在围网中部水平铺设一条振动电缆即可满足探测要求。

现场设置两台振动电缆处理器，一共控制 800m 左右的振动电缆，并配置相应数量的连接器和终止器。

在第一台处理器上配置 RS422 通信卡，处理器通过 4 芯电缆将数据传回设备机房，机房配置一个 TCP/IP 网络通信模块将信号通过网络交换机与中控室周界管理软件通信，配置报警联动平台，与工业电视系统实现报警联动功能。

四、集注站

防爆摄像机 15 套，厂家为库柏裕华常州电子设备制造有限公司 型号为 YHW126，其中每个压缩机房安装 2 套，两个压缩机房共计安装 4 套，其余 11 套摄像机安装在集注站场区内。

硬盘录像机 1 台，生产厂家为浙江大华技术股份有限公司，型号为 DH-DVR1604HG-U，硬盘容量为 24TB，中控室操作台上设置两套视频工作站（一台为实时监控集注站画面，另一台实时监控井场画面），流媒体服务器 1 套，厂家为戴尔中国有限公司，型号为 DELL R310。

五、井场

每个井场安装 1 套防爆摄像机，厂家为库柏裕华常州电子设备制造有限公司，型号为 YHW-HD-026，通过 TCP/IP 网络将视频画面传输到集注站硬盘录像机，硬盘录像机生产厂家为浙江大华技术股份有限公司型号为 DH-DVR1604HG-U，硬盘容量为 16TB。

六、注采站

共计摄像机 8 台，其中库柏裕华常州电子设备制造有限公司生产型号为 YHW126 的摄像机 5 台，防爆球机 2 台，型号为 YHQ50，1 台大华网络摄像机型号为 DH-IPC-HDB3101P。硬盘录像机 1 台，生产厂家为浙江大华技术股份有限公司，型号为 DH-DVR1604HG-U。

现场没有网闸、防火墙等网络安全设备。视频数据为全天录制，自动覆盖。

井场网络通信方式为环形组网，工业电视（图 11-13）与自控、PA/GA 共用一个网络。

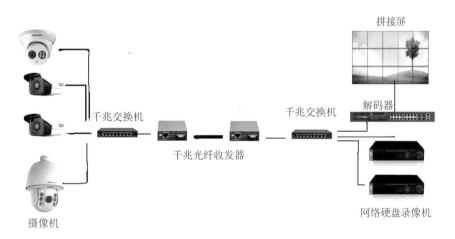

图 11-13 工业电视监控系统图

第十二章　腐蚀与防护

腐蚀是指物质与环境相互作用而失去它原有的性质的变化。

广义的腐蚀是指任何材料（金属或非金属材料）受到周围环境因素（如湿气、水、化工大气、电解液、有机溶剂、酸、碱等）的作用引起破坏或变质的现象，统称为"腐蚀"。狭义的腐蚀是指材料受环境介质的化学作用而破坏的现象。

金属材料受周围介质的作用而损坏，称为金属腐蚀（Metallic Corrosion）。金属腐蚀给生产生活带来很多不便，甚至造成了巨大的经济损失。全世界每年因为金属腐蚀造成的直接经济损失约达 7000 亿美元，是地震、水灾、台风等自然灾害造成损失总和的 6 倍。这些数据只是与腐蚀有关的直接损失数据，间接损失数据有时是难以统计的，甚至是一个惊人的数字。

第一节　腐蚀的机理及分类

一、腐蚀机理

金属材料的腐蚀，是指金属材料和周围介质接触时发生化学或电化学作用而引起的一种破坏现象。对于金属而言，在自然界大多是以金属化合物的形态存在。从热力学的观点来看，除了少数贵金属（如金、铂等）外，各种金属都有转变成离子的趋势。因此，金属元素比它们的化合物具有更高的自由能，必然有自发地转回到热力学上更稳定的自然形态——氧化物的趋势和倾向，所以说金属腐蚀是自发的普遍存在的一种现象，是不可避免的。

天然气在现代社会经济结构中，起着重要作用。储气库在国民经济中发挥的作用越来越大，由于其环境的复杂性，从储气库注采井的井口到集输站的油气集输管道，输送介质往往含有油、气、水多相介质，还含有溶解 O_2、CO_2、H_2S 等腐蚀性气体。生产工况变化和输送的复杂流体使得设备设施的内腐蚀不容乐观。据调查，我国东部 9 个油气田各类管道因腐蚀穿孔达 2 万次 / 年，更换管道数量达 400km/a，因腐蚀造成的年直接经济损失约为数亿元，因此，加强对腐蚀问题的研究，具有重要的现实意义。

二、腐蚀分类

（一）按机理分类

可分为化学腐蚀和电化学腐蚀。

（1）化学腐蚀特征：发生化学反应，无腐蚀电流。如金属和周围介质（酸、碱、盐、O_2、SO_2、CO_2、水蒸气等）直接接触而引起的腐蚀、金属在高温下形成的氧化皮等。实际上，单纯的化学腐蚀是很少见的，更常见的是电化学腐蚀。

（2）电化学腐蚀特征：发生电化学反应，有腐蚀电流。如干电池对外供电。石油工业中发生的腐蚀，绝大多数为电化学腐蚀。

（二）按破坏形式分类

可分为全面腐蚀和局部腐蚀。

（1）全面腐蚀（均匀腐蚀）：腐蚀在金属表面全面展开。如纯金属在强电解液里的腐蚀。一般来说全面腐蚀开始时腐蚀速率较大。全面腐蚀的危害性较局部腐蚀小，而且可以事先预测。如卫星接收天线锅、暴露在大气中的金属管线等。

（2）局部腐蚀：腐蚀只集中在金属表面的局部区域，其他部分腐蚀很轻微或几乎没有。局部腐蚀的类型很多，如点蚀、电偶腐蚀、脱层腐蚀、晶间腐蚀、缝隙腐蚀、选择性腐蚀、应力腐蚀、磨蚀、氢腐蚀等。局部腐蚀的危害较大，应引起足够的重视。

在天然气集输系统中，对采用不锈钢的管道，含氯离子的溶液在一定的温度下易引起管道底部积液处不锈钢的坑点腐蚀，造成设备、管线腐蚀穿孔，极易酿成重大事故。

（三）按腐蚀环境分类

（1）大气腐蚀：金属在大气及任何潮湿性气体中发生的腐蚀，是最为普遍的一种腐蚀。

（2）电解质溶液腐蚀：酸、碱、盐。污水处理系统中的腐蚀。

（3）海水腐蚀：本质还是电解质溶液腐蚀，但是一大类特定类型。海洋工程、海上石油钻采平台、设备、舰船、潜艇、航空母舰、海水换热器等都会遭到海水腐蚀。

（4）非电解质溶液腐蚀：金属在不导电的溶液中的腐蚀，如金属在有机液体（如酒精、石油）中的腐蚀；铝在 CCl_4、$CHCl_3$、C_2H_5OH 中的腐蚀；Mg、Ti 在 CH_3OH 中的腐蚀。

（5）土壤腐蚀：供水、供气、供油、供热管网、设备的地埋部分。

（6）生物腐蚀：硫酸盐还原菌 SRB、腐生菌等对油气管道的生物腐蚀。

（7）其他环境下的腐蚀：如高温（＞100℃）、高压、熔融电解质溶液等。高温气体腐蚀、发动机、火箭高温废气腐蚀。

第二节　阴极保护系统

阴极保护是电化学保护的一种，其原理是向被腐蚀金属结构物表面施加一个外加电流，被保护结构物成为阴极，从而给金属补充大量的电子，使被保护金属整体处于电子过剩的状态，使金属表面各点达到同一负电位，使得金属腐蚀发生的电子迁移得到抑制，避免或减弱腐蚀的发生。工业中通常采用阴极保护对金属管道和设备进行防护。

有两种办法可以实现这一目的：外加电流阴极保护和牺牲阳极阴极保护。

一、外加电流阴极保护

（一）外加电流阴极保护原理

通过外加直流电源以及辅助阳极，迫使电流从土壤中流向被保护金属，使被保护金属结构电位低于周围环境。阴极保护模型图见图12-1。

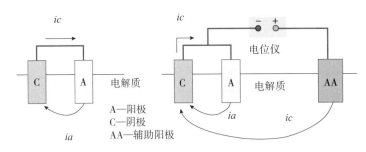

图 12-1　阴极保护模型图（外加电流）

（二）外加电流阴极保护组成

外加电流阴极保护系统一般由整流电源、阳极地床、辅助阳极、参比电极、连接电缆组成。

1. 整流电源

电源类型可分为整流器、恒电位仪、电位传感器、太阳能电池、柴油发电机、风力发电机等。对于阴极保护电源，基本的要求是具有恒电位输出、恒电压输出、恒电流输出功能，还要求具有同步通断功能、数据远传、远控功能。在具备交流电源的场所，和其他外加电流电源相比，整流器和恒电位仪具有明显的经济性和操作优越性。

（1）整流器工作原理：整流器是一种将交流电转换成直流电的装置。阴极保护用整流器宜采用桥式全波整流电路。其纹波系数应满足单相不大于50%，三相不大于5%的要求，最大温升不得超过85℃。在交流输入端和直流输出端应装有过流、防冲击等保护环节。户外型整流器应能适应当地所处的气候环境，通常采用油冷式整流器。

（2）恒电位仪工作原理：恒电位仪是一台整流器下的一个分支，具有恒电位、恒电流功能。恒电位仪整体上说是一个负反馈放大—输出系统，与被保护物（如埋地管道）构成闭环调节，通过参比电极测量通电点电位，作为取样信号与控制信号进行比较，实现控制并调节极化电流输出，使通电点电位得以保持在设定的控制电位上。

基于安全方面的考虑，恒电位仪输出电压一般限定在50V，如果必须提高输出电压，应对阳极地床位置进行安全防护，如用围栏围护或安装导电网、安全垫层等。恒电位仪印刷电路板一般采取防潮、防盐雾、防细菌的三防措施。辽河油田储气库应用的恒电位仪见图12-2。

图12-2　辽河油田储气库应用的恒电位仪

2. 阳极地床

阳极地床是由多支阳极组成的阴极保护接地电极。在选择阳极地床场址时，不仅要考虑方便的电源和较低的土壤电阻率，而且要考虑与外部管道的距离。

可以加长阳极地床来降低接地电阻，可以强行降低所需的阳极电压或采用深井阳极（约20m厚的覆土层的深井阳极特别适用于工业管道的阴极保护）。阳极地床示例见图12-3，辽河油田现有储气库深井阳极地床，井深50m见图12-4。

图12-3　阳极地床　　　图12-4　辽河现有储气库深井阳极地床井深50m

3. 辅助阳极材料

辅助阳极是外加电流系统中的重要组成部分，在外加电流阴极保护系统中与直流电源正极连接的外加电极称为辅助阳极，其作用是使电流从阳极经介质到达被保护结构的表面。地下结构物外加电流阴极保护所用阳极通常并不直接埋在土壤中，而是在阳极周围填充碳质回填料而构成阳极地床。碳质回填料通常包括冶金焦炭和石墨颗粒等。回填料的作用是降低阳极地床的接地电阻，延长阳极寿命。辅助阳极材料见图12-5。

主要有：废钢阳极、柔性阳极、网状阳极、混合物阳极、聚合物阳极、高硅铸铁阳极等。

针对阳极的工作环境，结合工程要求，理想的埋地用辅助阳极应当具备如下性能：

（1）良好的导电性能，工作电流密度大，极化小；

（2）在苛刻的环境中，有良好的化学和电化学稳定性，消耗率低，寿命长；

（3）机械性能好，不易损坏，便于加工制造，运输和安装；

（4）综合保护费用低。

4. 参比电极

测量各种电极电位时作为参照比较的电极。将被测定的电极与精确已知电极电位数值的参比电极构成电池，测定电池电位数值，就可计算出被测定电极的电极电位。在参比电极上进行的电极反应必须是单一的可逆反应，电极电位稳定和重现性好。

饱和硫酸铜参比电极，其电极电位具有良好的重复性和稳定性，构造简单，适于现场使用，在阴极保护领域中得到广泛采用。主要用于测定地下金属管道的自然电位及阴极保护电位，测定土壤中的杂散电流，也可用于测定电缆金属护套及混凝土中钢筋的电位。便携式硫酸铜参比电极见图12-6。

图 12-5　辅助阳极

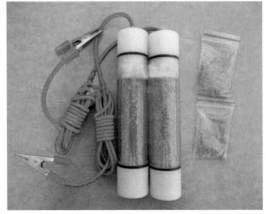

图 12-6　便携式硫酸铜参比电极

5.测试桩

测试桩用于阴极保护参数的检测，是管道管理维护中必不可少的装置，主要用于管道的公里指示、阴极保护效果和运行参数的检测。按照测试功能沿线布设，管道每千米设 1 支电位测试桩，测试桩兼做里程桩。测试桩应尽可能设置在路边、田埂上等易进入位置，尽量不占用农田，也不得设置在水域内。测试桩位置可在 100m 范围内调整。管沟旁直立黄色桩为测试桩（图 12-7）。

测试桩里面接线，一边连接参比电极，一边连接管道，这样测试保护电位时就不用开挖管道，用万用表接上就可以测试，相当于输电线路中电表的两个接线端子。

图 12-7 管沟旁测试桩

（三）外加电流阴极保护的应用

主要用在大型设备的阴极保护或者土壤电阻率比较高的环境中的设备的阴极保护，比如长距离输油输气等埋在地下的工业管道，还有大型的储备石油等工业原料的储罐群都是使用这种外加电流的阴极保护方式。外加电流阴极保护配线系统示意图见图 12-8。

双 6 储气库、雷 61 储气库阴保系统主要设备有：恒电位仪、深井阳极、阴保测试桩、去耦合器、电位传送器、绝缘接头等。

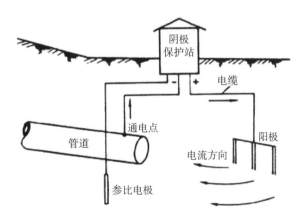

图 12-8 外加电流阴极保护配线系统示意图

施加阴极保护后，阴极保护效果应达到下列要求：

一是测得的管道保护电位（不含 IR 降）应达到 -850mV 或更负（相对于铜 / 饱和硫酸铜参比电极）；管道的极限保护电位不能比 -1200mV 更负。

二是在土壤电阻率 100 ~ 1000Ω·m 环境中的管道，阴极保护电位宜 -750mV（相对于铜 / 饱和硫酸铜参比电极）；在土壤电阻率大于 1000Ω·m 环境中的管道，阴极保

护电位宜 –650mV（相对于铜 / 饱和硫酸铜参比电极）。

二、牺牲阳极阴极保护

（一）牺牲阳极阴极保护原理

牺牲阳极阴极保护是将电位更负的金属与被保护金属连接，并处于同一电解质中，使该金属上的电子转移到被保护金属上去，使整个被保护金属处于一个较负的相同的电位下。牺牲阳极埋设示意图见图 12–9。

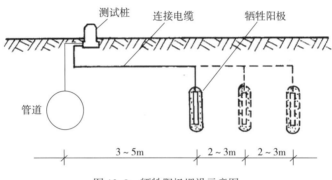

图 12–9　牺牲阳极埋设示意图

（二）牺牲阳极阴极保护组成

牺牲阳极阴极保护包含牺牲阳极、检测桩、参比电极、辅助材料（绝缘接头、接地电池、铝热焊、补伤片、热熔胶）、导线。

1. 作为牺牲阳极的阴极保护的材料要求

（1）电位足够负，且稳定，以免阴极区产生析氢反应。

（2）阳极的极化率要小，溶解均匀，腐蚀产物易脱落。

（3）阳极材料的电容量要大。

（4）必须有高的电流效率。

（5）腐蚀产物无毒，不易污染环境

（6）材料来源广，加工容易，价格便宜

2. 牺牲阳极的管理要求

首先要定期检测被保护构筑物的电位，还要半年或一年检测一次阳极工作的电位和电流，必要时检验阳极表面的腐蚀状态，最后还要对牺牲阳极装置系统的完整性进行维护。

（三）牺牲阳极阴极保护的应用

该方式简便易行，不需要外加电源，很少产生腐蚀干扰，广泛应用于保护小型（电流一般小于 1A）或处于低土壤电阻率环境下（土壤电阻率小于 100Ω·m）的金属结构。如城市管网、小型储罐等。但也有资料报道，认为牺牲阳极的使用寿命一般不会超过 3 年，最多 5 年，否则容易导致牺牲阳极阴极保护失败，其主要原因是阳极表面生成一层不导电的硬壳，限制了阳极的电流输出。产生该问题的主要原因是阳极成分达不到规范要求，其次是阳极所处位置土壤电阻率太高。因此，设计牺牲阳极阴极保护系统时，除了严格控制阳极成分外，一定要选择土壤电阻率低的阳极床位置。

三、阴极保护系统的日常维护

（一）阴极的日常维护

（1）检查各电气设备电路接触的牢固性，安装的正确性，个别元件是否有机械障碍。检查接阴极保护站的电源导线，以及接至阳极地床、通电点的导线是否完好，接头是否牢固。

（2）检查配电盘上熔断器的保险丝是否按规定接好，当交流回路中的熔断器保险丝被烧毁时，应查明原因及时恢复供电。

（3）观察电气仪表，在专用的表格上记录输出电压、电流、通电点电位数值，与前次记录（或值班记录）对照是否有变化，若不相同，应查找原因，采取相应措施，使管道全线达到阴极保护。

（4）应定期检查工作接地和避雷器接地，并保证其接地电阻不大于 10Ω，在雷雨季节要注意防雷。

（5）搞好站内设备的清洁卫生，注意保持室内干燥，通电良好，防止仪器过热。

（二）恒电位仪的维护

（1）对于每个阴极保护区域，恒电位仪一般都配置两台，互为备用，因此应按管理要求定时切换使用。改用备用仪器时，应即时进行一次观测和维修。仪器维修过程中不得带电插、拔各插接件、印刷电路板等。

（2）观察全部零件是否正常，元件有无腐蚀，脱焊、虚焊、损坏、各连接点是否可靠，电路有无故障，各紧固件是否松动，熔断器是否完好，如有熔断，需查清原因再更换。

（3）清洁内部，除去外来物。

（4）发现仪器故障应及时检修，并投入备用仪器，保证供电。每年要计算开机率。

$$开机率 = （全年小时数 - 全年停机小时数）/ 全年小时数 \times 100\%$$

（三）硫酸铜电极的维护

（1）使用定型产品或自制硫酸铜电极，其底部均要求做到渗而不漏，忌污染。使用后应保持清洁，防止溶液大量漏失。

（2）作为恒定电位仪信号源的埋地硫酸铜参比电极，在使用过程中需每周查看一次，及时添加饱和硫酸铜溶液。严防冻结和干涸，影响仪器正常工作。

（3）电极中的紫铜棒使用一段时间后，表面会黏附一层蓝色污物，应定期擦洗干净，露出铜的本色。配制饱和硫酸铜溶液必须使用纯净的硫酸铜和蒸馏水。

（四）阳极地床的维护

（1）阳极架空线：每月检查一次线路是否完好，如电杆有无倾斜，瓷瓶、导线是否松动，阳极导线与地床的连接是否牢固，地床埋设标志是否完好等。发现问题及时整改。

（2）阳极地床接地电阻每半年测试一次，接地电阻增大至影响恒电位仪不能提供管道所需保护电流时，应该更换阳极地床或进行维修，以减小接地电阻。

（五）测试桩的维护

（1）检查接线柱与大地绝缘情况，电阻值应大于 $100k\Omega$，用万用表测量，若小于此值应检查接线柱与外套钢管有无接地，若有，则需更换或维修。

（2）测试桩应每年定期刷漆和编号。

（3）防止测试桩的破坏丢失，对沿线城乡居民及儿童做好爱护国家财产的宣传教育工作。

（六）绝缘法兰的维护

（1）定期检测绝缘法兰两侧管地电位，若与原始记录有差异时，应对其性能好坏作鉴别。如有漏电情况应采取相应措施。

（2）对有附属设备的绝缘法兰（如限流电阻、过压保护二极管、防雨护罩等）均应加强维护管理工作，保证完好。

（3）保持绝缘法兰清洁、干燥，定期刷漆。

四、阴极保护系统常见故障分析处理

（一）保护管道绝缘不良，漏电故障

产生的原因：在阴极保护站投入运行，或牺牲阳极保护投产一段时间后，出现了在规定的通电点电位下，输出电流增大、管道保护距离却缩短的现象，或者在牺牲阳极系统中，牺牲阳极组的输出电流量增大，其值已超过管道的保护电流需要，但保护电位仍达不到规定指标的现象。发生上述情况的原因，主要是被保护金属管道与未被保护的金属结构物"短路"，这种现象称之为阴极保护管道漏电，或者叫作"接地故障"，使得被保护管道的阴极保护电流流入非保护金属体，在两管道的"短接"处形成"漏电点"，就会造成阴极保护电流的增大；或者导致阴极保护电源的过负荷和阴极保护引起的干扰。另外，阳极地床断路、阴极开路、零位接阴断路都会导致阴极保护不能投保。

解决办法可采用：（1）测输出电流，将恒电位仪开启，在恒电位仪阳极输出端串上一电流表，如果电流为零，则说明有断路现象。（2）将恒电位仪机后阳极输出线断开，接入临时地床或其他接地装置，若有输出电压、电流，则可断定阳极地床连接线断路。

（二）造成管道漏电

产生的原因：（1）施工不当，交叉管道间距不合规范，即当两条管道，一条为阴极保护的管道，另一条为未保护的管道交叉时，施工要求应保持管道间的垂直净距不小于0.3m，并在交叉点前后一定长度内将管道作特别绝缘，如果施工时不严格按照上述规定去做，那么在管道埋设一段时间后，在土壤应力的作用下，管道相互可能搭接在一起，会造成绝缘层破损，金属与金属的相连，形成漏电点。（2）绝缘法兰失效或漏电，绝缘法兰质量欠佳，在使用一段时间后绝缘零件受损或变质，使法兰不再绝缘，从而使得两法兰盘侧不再具有绝缘性能，阴极保护电流也就不再有限制；或者是输送介质中有一些电解质杂质使绝缘法兰导通，不再具有绝缘性能。

解决办法：从上述原因看，漏电点只可能发生在保护管道与非保护管道的交叉点，或保护管道的绝缘法兰处，因此查找漏电点就带有上述局限性。但如果地下管网复杂，被保护管道与多条和线有交叉穿越，则使得漏电点的查找出现复杂现象。常常要根据现场实际情况，反复测量、多方位检查并综合判断才能找到真正的漏电故障点。

漏电点的查找方法：

（1）利用查找管道绝缘层破损点，从而确定管道的漏电点或短接点的方法。此方法首先将脉冲信号送到被测管道上，如果管道防腐绝缘层良好，流入管道的电流很弱，仪表没有显示。如果管道防腐层有破损，电流将从土壤中通过破损处漏入管道，电流的流动会在周围土壤中将产生明显的电位梯度。当探测人员手持两个参比电极在管道正上方探测行走时，伏特计将明显的抖动，当伏特计指针停止抖动时，两个参比电极的中间既为防腐层漏点位置，该方法简便易行，定位准确，是目前国际上公认的检漏方法（DCVG）。

（2）可利用测定管内电流大小的方法寻找漏电点。因为无分支的阴极保护管道，管内电流是从远端流向通电点。当非保护管道接入后就会形成分支电路，使保护电流经过漏电点会变小。因此，可利此法来寻找漏电点的位置。利用此法测定时，在有怀疑的管段上可依次选点，用IR压降法或者补偿法测定管内电流。再通过比较各点电流的大小来确定漏电点的电位。

（3）绝缘法兰漏电的测定。当绝缘法兰漏电而导致阴极保护系统故障时，则可通过在绝缘法兰两侧管段上，分别测量管地电位，若保护侧为保护电位，非保护侧为自然电位，则绝缘法兰正常。否则，有问题存在。也可在非保护侧测法兰端部的对地电位，如此电位比非保护管道或其他金属构筑物的电位要负，则此绝缘法兰漏电。测定流过绝缘法兰的电流，也可用来判定绝缘法兰的性能。若绝缘法兰非保护端一侧，能测出电流，则法兰漏电；若测不出电流，绝缘法兰不漏电。

（4）近间距电位测量法CIPS。在测试桩上测量保护电位只能反映管道的整体保护水平，不能说明管道各点都得到了保护。采用近间距测量方式，是沿管道每隔1～2m测量一次管地电位，可以准确地检测出没有得到保护的管段。

（三）牺牲阳极故障

产生的原因：有两种情况，一是阳极输出的电流减小，达不到保护电位，造成这种情况的原因是阳极已经被全部消耗掉，需要更换，或阳极/阴极的连接断开，或阳极/阴极的导线接头断开，阳极的周围环境土壤干燥，环境污染对阳极性能也有很大的影响。二是阳极输出电流增大，但保护构筑物电位极化不上去，造成这种现象的情况是被保护构筑物所需要的电流过大，阳极输出的电流远远小于所需电流，被保护体与相邻金属构筑物有电连接，环境改变引起迅速去极化，或者水的含氧量增大绝缘装置的失效和覆盖层老化或破坏。

牺牲阳极的其他一些故障有阳极体腐蚀不严重，但是阳极已经不能工作。可能的原因是阳极成分不合理，在工作环境中造成钝化所致，影响的因素有温度、含盐量类型等。阳极体局部腐蚀严重，造成阳极体断裂。可能的原因是阳极合金不均匀，造成局部腐蚀等等。

解决办法：选择合适的材料作为阳极，定期检查阳极的腐蚀情况。

（四）阳极接地故障

产生原因：阴极保护另一常见故障是由阳极接地引起的。阳极接地电阻与阳极地床的设计与施工质量密切相关。"冻土"会使阳极地床电阻增加几倍至十几倍，"气阻"也会使阳极地床电阻增加。当阳极使用一段时间后，也会由于腐蚀严重，表面溶解不均匀造成电流障碍。因此，在阴极保护的仪器上会出现电位升高，而保护电流下降的现象。

解决办法：应通过测量，更换或检修阳极地床，来使阴极保护正常运行。另一薄弱环节，是阳极电缆线与阳极接头处的密封与绝缘，若施工不妥则会造成接头处的腐蚀与断路，使阴极保护电流断路而无法输入给管道。

第三节　管道防腐工艺介绍

管道防腐指的是为减缓或防止管道在内外介质的化学、电化学作用下或由微生物的代谢活动而被侵蚀和变质的措施。

输送气的管道大多处于复杂的土壤环境中，输气管线内输送天然气的温度和含水率随着输送距离的增加会使温度降低，水分凝结在管内壁上，极易形成管道内腐蚀，因而管道内壁和外壁都可能遭到腐蚀。一旦管道被腐蚀穿孔，即造成气体漏失，不仅使运输中断，而且会污染环境，甚至可能引起火灾，造成危害，因此，防止管道腐蚀是管道工程的重要内容。

$$\begin{cases} 管内壁：输送油气介质（含H_2O、盐类、H_2S、CO_2） \\ 管外壁：土壤、水环境、杂散电流、细菌 \end{cases}$$

图 12-10

一、管道防腐方法

按管道被腐蚀部位，可分为内壁防腐和外壁防腐，即对管道进行内表面和外表面涂刷防腐材料。由于难以做到绝对完好的表面涂层，目前国际和国内提倡管道的腐蚀控制采取外涂层与阴极保护联合应用的工艺技术。这样涂层不至于太厚，保护电流也小。即：

（1）选用耐腐蚀材料（在特定环境下选用耐腐蚀材料）。

（2）在输送或储存时的介质中加入缓蚀剂抑制内壁腐蚀。

（3）采用内、外壁防腐涂层：在管道内壁喷涂环氧树脂等，不仅可以防止内壁腐蚀，还可以减少输送介质的摩阻。外壁涂层主要用沥青玻璃布和塑料涂层。

（4）采用阴极保护：在管道上通以阴极电流防止管道外壁腐蚀。

表 12-1 列举不同类型覆盖层所需的保护电流密度。

表 12-1　不同类型覆盖层所需的保护电流密度

覆盖层类型	所需保护电流密度（mA/m^2）
聚乙烯夹克	0.001 ~ 0.007
沥青玻璃布（加强级）	0.01 ~ 0.05
沥青玻璃布（普通级）	0.05 ~ 0.25
沥青玻璃布（旧覆盖层）	0.5 ~ 3.5
裸钢管	5 ~ 50（平均 30）

二、管道防腐工艺流程

管道防腐分为主体防腐和补口焊口防腐。

基面处理 → 调配涂料 → 刷中间漆 → 刷或喷涂施工 → 养护。

管道防腐具体选用什么材料，要根据主体管道防腐层材料的不同而定。常用补口方式有石油沥青补口、环氧煤沥青补口、粘胶带补口、粉末环氧补口和 PE 热缩材料补口等。管道主体如果是三层 PE 复合结构，其补口材料首选三层 PE 热缩补口材料。单层环氧粉末涂层的补口可采用环氧粉末、胶粘带 + 底漆和三层 PE 热缩补口三种方式。

天然气集输管道防腐还包含了缓蚀剂加注工艺。用于天然气集输管道防腐的缓蚀剂加注工艺最初使用平衡罐法，后来又发展了清管器法、喷雾法、泡沫法、气溶胶法等加注工艺。平衡罐自流式加注法采用压力平衡罐，使缓蚀剂自动流入管道。但是由于自动流入管道内的缓蚀剂在天然气中的分散性较差，不易被气流带走，使缓蚀剂的保护距离较短，难于充分发挥缓蚀功能。喷雾加注装置能有效雾化缓蚀剂溶液，改善其流动性和分散能力，从而促使雾化后的缓蚀剂在管道内壁均匀成膜，增强了缓蚀效果。

三、常见防腐材料

国内应用较多的钢质管道外防腐层有 PE 夹克及 PE 泡沫夹克、环氧煤沥青、煤焦油磁漆、环氧粉末和三层复合结构、环氧煤沥青冷缠带（PF 型）、橡塑型环氧煤沥青冷缠带（RPC 型）等，目前推广应用最广的几种管道防腐方式为三层 PE 复合结构、单层粉末环氧、PF 型冷缠带、RPC 型冷缠带。

内防腐层有环氧型、环氧酚醛型、聚氨型、漆酚型等主要基料。底漆涂料一般多掺铁红类、铬黄类等具有钝化功能的填料，中间层面料涂层多掺加鳞片或玻璃微珠，以提高渗透能力。近年来，发展较快的熔环氧粉末涂层，性能优越，简化了成膜工艺。

（1）环氧煤沥青：操作简便，但覆盖层固化时间长，受环境影响大，不适于野外作业，10℃以下难以施工。

（2）环氧粉末防腐：采用静电喷涂方式，与同种材料防腐的管体熔结好，黏结力强，但环氧粉末防水性较差（吸水率较高，达到 0.83%），给阴极保护设计带来一定的困难。现场器具要求高，操作难度大，质量不易控制。

（3）三层 PE 热缩材料：管道防腐密封性强，机械强度高，防水性强，质量稳定，施工方便，适用性好，不污染环境。PE 吸水率低（低于 0.01%），同时具备环氧强度高、PE 吸水性低和热熔胶柔软性好等，有很高的防腐可靠性，缺点是与其他补口材料成本相比，费用高。

第一层（底层）：熔结环氧（FBE）。厚度一般为 60 ~ 100μm。以粉末形态进行喷涂并熔融成膜。这种热固性粉末涂料无溶剂污染，固化迅速，具有极好的黏结性能。

第二层（中间层）：聚烯烃共聚物。它作为胶黏剂的作用是连接底层与外防护层，厚度为 200 ~ 400μm。三层 PE 中的胶黏剂具有黏结性强、吸水率高、抗阴极剥离的优点，在施工过程中可以与防护层聚乙烯共同挤出，方便施工。

第三层（防护层）：聚烯烃。如低密度聚乙烯、高 / 中密度聚乙烯，或改性聚丙烯（PP）。一般厚度为 1.8 ~ 3.7mm，或视工程的特殊要求增加厚度。

图 12-11 为三层 PE 热缩材料分层示意图。

三层 PE 可使埋地管道的寿命达到 50 年，目前，在国际上被认为是管道外防腐技术。在我国，三层 PE 已率先在石油天然气系统得到应用。我国已建成的陕京天然气管道，国家重点工程西气东输近 4000km 管道均采用了三层 PE 外防腐涂层。

（4）PF 型、RPC 型冷缠带施工简便易行，配套的三种定型胶，使 PF 型环氧煤沥青冷缠带可以在任何环境、任何季节、任何温度条件下施工。冷缠带和 3PE 热缩带的

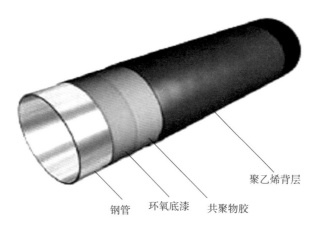

聚乙烯背层

钢管　环氧底漆　共聚物胶

图 12-11　三层 PE 热缩材料分层示意图

特点是适用各种材料主体防腐层管道，而其他方式适用于相同或接近材料的主体防腐层管道。

其次冬季的北方，由于热胀冷缩会冻裂管道，有些管道在防腐的同时也需要保温，如原油管道、成品油管道、部分湿气管道在防腐的情况下，也需要做保温。

（5）防腐保温涂层（泡沫夹克）：用于热油管道的保温、防腐的复合结构。常用硬质、密孔的聚氨酯泡沫塑料作保温层，外面再包覆高密度聚乙烯，形成外壳。

四、常用防腐涂层性能对比

常用防腐涂层性能对比见表 12-2。

表 12-2　常用防腐涂层性能对比

项目	石油沥青	聚乙烯胶带	三层 PE	熔结环氧粉末层	煤焦油磁漆层	环氧煤沥青层
绝缘性能	差	优	优	优	优	中
化学稳定性	差	优	优	优	优	优
机械性能	差	差	优	优	中	中
抗阴极剥离性能	差	中	良	优	优	良
抗微生物侵蚀	差	优	优	优	优	优
施工及修补	难	易	难	难	难	中
对生态环境影响	劣	优	优	优	劣	良
寿命长短	短	中	久	久	久	中
经济成本	差	优	优	优	优	中

第十三章　清管及管道工艺计算

第一节　清管工艺及设备介绍

输气管道的输送效率和使用寿命很大程度上取决于管道内壁和内部的清洁状况。对气质和管道有害的物质，如凝析油、水、砂、硫分、机械杂质等，进入输气管道后引起管道内壁腐蚀，增大管壁粗糙度，大量水和腐蚀产物的聚积还会局部堵塞和缩小管道的流通截面。在施工过程中大气环境也会使无涂层的管道生锈，并难免有一些焊渣、泥土、石块等有害物品遗落在管道内。管线水试压后，单纯利用管线高差开口排水很难排尽。为解决以上问题，进行管道内部和内壁的清扫是十分必要的，因此清管一直是管道施工和生产管理的重要工艺措施。

一、清管主要工作原理

通过过盈量利用气体压差将清管设备从被清扫管道的始端推向末端。在清管施工阶段采用不同类型清管器按照清管能力由弱到强、通过能力由强到弱的次序，分批次将管道内杂质清除，以达到检测器运行环境的要求。

二、清管器分类

清管器分为：软质清管器、机械清管器。

图 13-1　泡沫清管器

我们常用的清管器有：泡沫清管器、测径板清管器、两直四碟皮碗清管器、钢刷清管器、磁力清管器、双节磁力清管器等。

（一）泡沫清管器

由软体泡沫芯体外涂聚氨酯涂层而成，能初步探测管道的可通过性能（图 13-1）。

（二）测径板清管器

由碟型皮碗、隔垫、测径铝板及筒体组成。

特点：结构轻便、通过能力强，筒体上安装测径铝盘，可以初步判断管道的通过性能，为下一步投运其他类型清管器提供依据。运行时配备电子跟踪仪。

（三）两直四碟皮碗清管器

由支撑皮碗、碟型皮碗、隔垫及筒体组成（图 13-2）。

（四）钢刷清管器

由钢刷、支撑皮碗、碟型皮碗、隔垫及筒体组成（图 13-3）。

特点：体积小，采用的是全周向钢刷，对管道内壁凝结的残留物有很强清除能力。

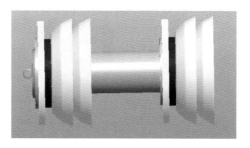

图 13-2　两直四碟皮碗清管器

（五）磁力清管器

磁力清管器由钢刷、支撑皮碗、碟型皮碗、隔垫及磁性筒体组成（图 13-4）。

特点：具备磁性钢刷结构，可以吸附并清出管内的铁磁性杂质及较小颗粒，根据现场情况可以将钢刷开槽，以实现分批次清除杂质。

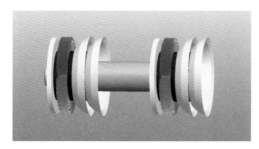

图 13-3　钢刷清管器

图 13-4　磁力清管器

（六）双节磁力清管器

双节磁力清管器由钢刷、支撑皮碗、碟型皮碗、隔垫及磁性筒体组成（图 13-5）。

特点：由于具备磁性钢刷结构，可以最大限度吸附并清出管内的铁磁性杂质及较小颗粒。根据现场情况可以将钢刷开槽，以实现分批次清除杂质。

图 13-5　双节磁力清管器

图 13-6　管道跟踪仪

三、管道跟踪仪

管道跟踪仪由发射机和接收机组成（图13-6）。安装在清管器上的发射机，不断发出可穿透管壁的低频信号。在管道中运行时，地面跟踪人员在事先设置的跟踪点使用接收机，在预定的时间接收由发射机发出的信号，从而检测出清管器在管道中的运行状况与位置。当清管器发生卡堵时，可用接收机准确判断出清管器的卡堵位置。机械清管器投运时，都必须安装发射机。

第二节　管道容积、放空量及流量计算

一、管道容积、放空量计算

管道是指用管子、管子连接件和阀门等连接成的用于输送气体、液体或带固体颗粒的流体的装置。通常，流体经压缩机、泵和锅炉等增压后，从管道的高压处流向低压处，也可利用流体自身的压力或重力输送。管道主要用在给水、排水、供热、长距离输送污水和天然气。

管道容积及放空量：$V=$ 管口面积 × 长度 = 半径^2 × π × 长度。

二、天然气流量计算

天然气流量计算公式：

$$q_{\mathrm{v}}=5033.11d^{8/3}\sqrt{\frac{p_1^2-p_2^2}{\varDelta ZTL}}$$

式中：q_{v}——管道计算流量，m^3/d；

$\quad\quad d$——管内径，cm；

$\quad\quad p_1$——管道起点压力（绝压），MPa；

$\quad\quad p_2$——管道终点压力（绝压），MPa；

$\quad\quad L$——管道计算长度，km；

$\quad\quad \varDelta$——气体的相对密度；

$\quad\quad Z$——气体在计算管段平均压力和平均温度下的压缩因子；

$\quad\quad T$——气体的平均热力学温度，K。

第三节　常用单位换算

常用单位换算见表 13-1 至表 13-14 所示。

表 13-1　质量单位换算参考表

1 吨（t）= 1000 千克（kg）= 2205 磅（lb）
1 千克（kg）=1000 克（g）
1 分克（dg）=100 毫克（mg）=1/10 克（g）
1 厘克（cg）=1/100 克（g）
1 毫克（mg）=1/1000 克（g）
1 微克（µg）=1/10^6 克（g）=1/1000 毫克（mg）
1 纳克（ng）=1/10^9 克（g）
1 磅（lb）= 0.454 千克（kg）
1 盎司（oz）= 28.350 克（g）

表 13-2　密度单位换算参考表

1 千克/立方米（kg/m³）= 0.001 克/立方厘米（g/cm³）= 0.0624 磅/立方英尺（lb/ft³）；
1 磅/立方英尺（lb/ft³）= 16.02 千克/立方米（kg/m³）；
1 磅/立方美加仑（lb/gal³）= 119.826 千克/立方米（kg/m³）；
1 磅/立方英加仑（lb/gal³）= 99.776 千克/立方米（kg/m³）；
1 磅/立方（石油）桶（lb/bbl³）= 2.853 千克/立方米（kg/m³）；

表 13-3　体积单位换算参考表

1 立方米（m³）=1000 升（L）= 1000 立方分米（dm³）
1 立方分米（dm³）=1000 立方厘米（cm³）；
1 立方厘米（cm³）=1000 立方毫米（mm³）。
1 立方英尺（ft³）= 0.0283 立方米（m³）= 28.317 升（L）
1000 立方英尺（mcf）= 28.317 立方米（m³）
1 立方英寸（in³）= 16.3871 立方厘米（cm³）
1 桶（bbl）= 0.159 立方米（m³）= 42 美加仑（gal）
1 美加仑（gal）= 3.785 升（L）
1 美夸脱（qt）= 0.946 升（L）
1 美品脱（pt）= 0.473 升（L）
1 美吉耳（gi）= 0.118 升（L）
1 英加仑（gal）= 4.546 升（L）

表 13-4　压强单位换算参考表

1 巴（bar）= 100 千帕（kPa）

1 千帕（kPa）= 0.145 磅力 / 平方英寸（psi）= 0.0102 千克力 / 平方厘米（kgf/cm^2）= 0.0098 大气压（atm）

1 磅力 / 平方英寸（psi）= 6.895 千帕（kPa）= 0.0703 千克力 / 平方厘米（kg/cm^2）=0.0689 巴（bar）= 0.068 大气压（atm）

1 物理大气压（atm）= 101.325 千帕（kPa）= 14.696 磅 / 英寸（psi）= 1.0333 巴（bar）

1 工程大气压 = 98.0665 千帕（kPa）

1 毫米水柱（mmH$_2$O）= 9.80665 帕（Pa）

1 毫米汞柱（mmHg）= 133.322 帕（Pa）

表 13-5　温度单位换算参考表

K=5/9（℉ +459.67）　K =℃ +273.15

n ℉ = [（n–32）× 5/9]℃

n℃ =（9/5 × n+32）℉

1℃ = 9/5 ℉ +32 ℉ 1 ℉ =5/9℃ –32 × 5/9℃

F=9/5（C+32），或 C=5/9（F–32）

表 13-6　功率单位换算参考表

1 千克力・米 / 秒（kgf・m/s）= 9.80665 瓦（W）

1 米制马力（hp）= 735.499 瓦（W）

1 卡 / 秒（cal/s）=4.1868 瓦（W）

1 英热单位 / 时（Btu/h）= 0.293071 瓦（W）

1 千瓦（kW）= 3.6 × 10^6 焦耳（J）/ 小时（h）

表 13-7　速度单位换算参考表

1 英尺 / 秒（fpss）= 0.3048 米 / 秒（m/s）

1 英里 / 时（mph）= 0.44704 米 / 秒（m/s）

1 千米 / 时（km/h）=0.27778 米 / 秒（m/s）

表 13-8　渗透率单位换算参考表

1 达西（D）=1000 毫达西（mD）

1 毫达西（mD）=0.987 × 10^{-15} 平方米（m^2）

表 13-9　地温梯度单位换算参考表

1 ℉ /100 英尺 =1.8℃ /100 米（℃ /m）

1℃ / 千米 =2.9 ℉ / 英里（℉ /mile）= 0.055 ℉ /100 英尺（℉ /ft）

表 13-10　油气产量单位换算参考表

1 桶（bbl）= 0.14 吨（t）（原油，全球平均值）
1 吨（t）= 7.3 桶（bbl）（原油，全球平均值）
1 桶 / 日（bpd）= 50 吨 / 年（t/a）（原油，全球平均值）
1000 立方英尺 / 日（Mcfd）= 28.32 立方米 / 日（m^3/d）= 1.0336 万立方米 / 年（m^3/a）
100 万立方英尺 / 日（MMcfd）= 2.832 万立方米 / 日（m^3/d）= 1033.55 万立方米 / 年（m^3/a）
10 亿立方英尺 / 日（bcfd）= 0.2832 亿立方米 / 日（m^3/d）= 103.36 亿立方米 / 年（m^3/a）

表 13-11　气油比单位换算参考表

1 立方英尺 / 桶（cu.ft/bbl）= 0.2067 立方米 / 吨（m^3/t）

表 13-12　热值换算参考表

1 桶原油 = 5.8×10^6 英热单位（Btu）
1 立方米湿气 = 3.909×10^4 英热单位（Btu）
1 立方米干气 = 3.577×10^4 英热单位（Btu）
1 吨煤 = 2.406×10^7 英热单位（Btu）
1 千瓦小时水电 = 1.0235×10^4 英热（Btu）

表 13-13　热当量单位换算参考表

1 桶原油 = 5800 立方英尺天然气（按平均热值计算）
1 千克原油 = 1.4286 千克标准煤
1 立方米天然气 = 1.3300 千克标准煤

表 13-14　压力等级 Class 和公称压力换算参考表

磅级 Class	150	300	400	600	900	1500	2500
公称压力 MPa	2.0MPa	5.0MPa	6.3MPa	10MPa	15MPa	25MPa	42MPa
公称压力 PN	PN20	PN50	PN63	PN100	PN150	PN250	PN420

第十四章　常用工器具使用与维护

第一节　游标卡尺的使用与操作

一、简介

游标卡尺是工业上常用的测量长度的仪器，它由尺身及在尺身上滑动的游标组成。若从背面看，游标是一个整体。游标与尺身之间有一弹簧片，利用弹簧片的弹力使游标与尺身靠紧。游标上部有一紧固螺钉，可将游标固定在尺身上的任意位置。尺身和游标都有量爪，利用内测量爪可以测量槽的宽度和管的内径，利用外测量爪可以测量零件的厚度和管的外径。深度尺与游标尺连在一起，可以测槽和筒的深度（图14-1）。

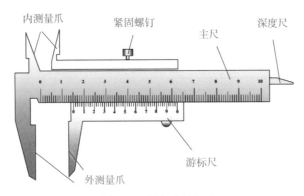

图14-1　游标卡尺组成

游标卡尺一般分为10分度、20分度和50分度三种（表14-1），10分度的游标卡尺可精确到0.1mm，20分度的游标卡尺可精确到0.05mm，而50分度的游标卡尺则可以精确到0.02mm。

表14-1　游标卡尺分类

卡尺分类	主尺最小刻度（mm）	游标刻度总长（mm）	精确度（mm）
10分度	1	9	0.1
20分度	1	19	0.05
50分度	1	49	0.02

二、使用与操作

将量爪并拢，查看游标和主尺身的零刻度线是否对齐。如果对齐就可以进行测量，如没有对齐则要记取零误差。游标的零刻度线在尺身零刻度线右侧的叫正零误差，在尺身零刻度线左侧的叫负零误差（这种规定方法与数轴的规定一致，原点以右为正，原点以左为负）。

（一）测量方法

测量时，右手拿住尺身，大拇指移动游标，左手拿待测外径（或内径）的物体，使待测物位于外测量爪之间，当与量爪紧紧相贴时，即可读数。

游标卡尺可以方便地测量外径、内径、深度（图 14-2）。

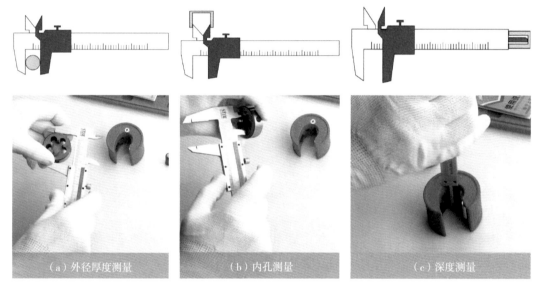

（a）外径厚度测量　　　　（b）内孔测量　　　　（c）深度测量

图 14-2　游标卡尺测量工件

（二）读数方法

（1）看游标尺总刻度确定精确度（10 分度、20 分度、50 分度的精确度）；

（2）读出游标尺零刻度线左侧的主尺整毫米数（X）；

（3）找出游标尺与主尺刻度线"正对"的位置，并在游标尺上读出对齐线到零刻度线的小格数（n）（不要估读）；

（4）按读数公式读出测量值。

（三）读数公式：

测量值（L）= 主尺读数（X）+ 游标尺读数（$n \times$ 精确度）

（四）10 分度游标卡尺

尺上的最小分度是 1mm，游标上有 10 个等分度，总长为主尺上的 9mm，则游标上每一个分度为 0.9mm，主尺上一个刻度与游标上的一个刻度相差 0.1mm（图 14-3）。

注意：如果小数点后面的数字是 0，不能省略，表示精度。

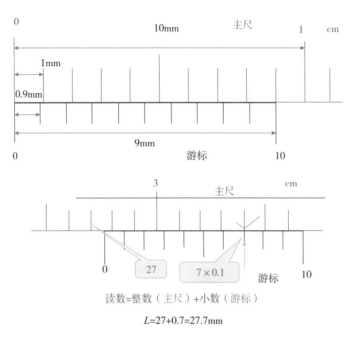

图 14-3　10 分度游标卡尺读数示意

（五）50 分度游标卡尺

主尺的最小分度是 1mm，游标尺上有 50 个小的等分刻度它们的总长等于 49mm，因此游标尺的每一分度与主尺的最小分度相差 0.02mm（图 14-4）。

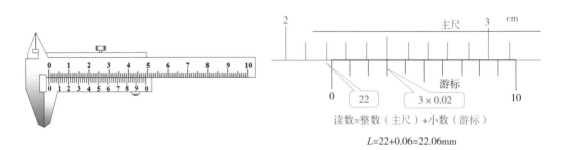

图 14-4　50 分度游标卡尺读数示意

三、注意事项

（1）游标卡尺是比较精密的测量工具，要轻拿轻放，不得碰撞或跌落地下。使用时不要用来测量粗糙的物体，以免损坏量爪，避免与刃具放在一起，以免刃具划伤游标卡尺的表面，不使用时应置于干燥中性的地方，远离酸碱性物质，防止锈蚀。

（2）测量前应把卡尺揩干净，检查卡尺的两个测量面和测量刃口是否平直无损，把两个量爪紧密贴合时，应无明显的间隙，同时游标和主尺的零位刻线要相互对准。这个过程称为校对游标卡尺的零位。

（3）移动尺框时，活动要自如，不应有过松或过紧，更不能有晃动现象。用固定螺钉固定尺框时，卡尺的读数不应有所改变。在移动尺框时，不要忘记松开固定螺钉，亦不宜过松以免掉了。

（4）当测量零件的外尺寸时，卡尺两测量面的连线应垂直于被测量表面，不能歪斜。测量时，可以轻轻摇动卡尺，放正垂直位置。否则，量爪若在错误位置上，将使测量结果比实际尺寸要大；先把卡尺的活动量爪张开，使量爪能自由地卡进工件，把零件贴靠在固定量爪上，然后移动尺框，用轻微的压力使活动量爪接触零件。如卡尺带有微动装置，此时可拧紧微动装置上的固定螺钉，再转动调节螺母，使量爪接触零件并读取尺寸。决不可把卡尺的两个量爪调节到接近甚至小于所测尺寸，把卡尺强制的卡到零件上去。这样做会使量爪变形，或使测量面过早磨损，使卡尺失去应有的精度。

（5）用游标卡尺测量零件时，不允许过分地施加压力，所用压力应使两个量爪刚好接触零件表面。如果测量压力过大，不但会使量爪弯曲或磨损，且量爪在压力作用下产生弹性变形，使测量的尺寸不准确（外尺寸小于实际尺寸，内尺寸大于实际尺寸）。

（6）在游标卡尺上读数时，应把卡尺水平拿着，朝着亮光的方向，使人的视线尽可能和卡尺的刻线表面垂直，以免由于视线的歪斜造成读数误差。

（7）为了获得正确的测量结果，可以多测量几次。即在零件的同一截面上的不同方向进行测量。对于较长零件，则应当在全长的各个部位进行测量，务使获得一个比较正确的测量结果。

第二节　扭力扳手的使用与操作

一、简介

扭力扳手是储气库压缩机等精密维修的必备维修工具（图14-5）。在紧固螺钉螺栓螺母等螺纹紧固件时需要控制施加的力矩大小，以保证螺纹紧固且不至于因力矩过大破坏螺纹，所以用扭力扳手来操作。首先设定好一个需要的扭矩值上限，当施加的扭矩达到设定值时，扳手会发出"咔嗒"声响或者扳手连接处折弯一点角度，这就代表已经紧固不要再加力。

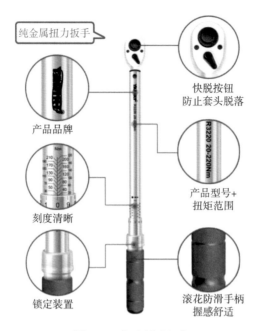

图 14-5　扭力扳手组成

二、预置式扭力扳手的使用方法

（1）选用合适量程的扭力扳手。

预置式扭力扳手的使用，要根据测量工件的要求，选取适中量程扭力扳手，所测扭力值不可小于扭力器在使用中量程的 20%，太大的量程不宜用于小扭力部件的加固，小量程的扭力器更不可以超量程使用。扭矩调整示意图见图 14-6。

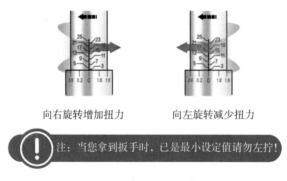

向右旋转增加扭力　　　　　向左旋转减少扭力

!　注：当您拿到扳手时，已是最小设定值请勿左拧！

图 14-6　扭矩调整示意图

（2）根据工件所需扭矩值要求，确定预设扭矩值。

预设扭矩值时，将扳手手柄上的锁定环下拉，同时转动手柄，调节标尺主刻度线和微分刻度线数值至所需扭矩值。调节好后，松开锁定环，手柄自动锁定。

（3）确认扭力扳手与固定件连接可靠并已锁定。

用扭力扳手时，先将扳手方榫连接好辅助配件（如套筒、各类批嘴），确保连接已经没问题。在加固扭力之前，设定好需要加固的力值，并锁好紧锁装置，调整好方向转换扭到加力的方向，然后在使用时先快速连续操作 5 ~ 6 次，使扳手内部组件上特殊润滑剂能充分润滑，使扭力扳手更精确，持久使用。

（4）扭力扳手加力方法。

在扳手方榫上装上相应规格套筒，并套住紧固件，再在手柄上缓慢用力。施加外力时必须按标明的箭头方向操作。

手要握住把手的有效范围，沿垂直于扭力扳手壳体方向，慢慢地加力，直至听到扭力扳手发出"嗒"的声音，当拧紧到发出信号"咔嗒"的一声（已达到预设扭矩值），停止加力。一次作业完毕。

此时扭力扳手已到达预置扭力值，工件已加力完毕，然后应及时解除作用力，以免损坏零部件。

在施力过程中，按照国家标准仪器操作规范，其垂直度偏差左右不应超过 10°。其水平方向上下偏差不应超过 3°，操作人员在使用过程中应保证其上下左右施力范围均不超过 15°。

（5）大规格扭矩扳手使用时，可外加接长套杆以便操作省力。

（6）避免测量结果因水平和垂直方向上的偏差而产生影响，在测量时，应在加力把持端上施加一个垂直向下的稳定力值，然后再加点力，这样测量值更精准。

（7）扳手是测量工具，应轻拿轻放，不能代替手锤敲打，不用时请注意将扭力设为最小值，存放在干燥处。扭力范围较广，在加固扭力时，只需要设定其要求扭力值便可进行操作。

（8）如长期不用，调节标尺刻线退至扭矩最小数值处，有利于保证扭矩的精度。

三、扭力扳手的读数方法

扳手的读数：如果是带表扭力仪器，直接读取指针所指示的数据为测量数据值；如果套筒加副刻度指示器，应先读取主刻度上的刻度值，再加上副刻度或微分筒上的刻度值之和为测量数据值（图 14-7）。

力矩大小 = 力矩主刻度指示线读数 + 微分刻度读数。

调节好后，必须按回手柄下端锁定环，

图 14-7　扭矩读值示意图

锁定力矩值。

四、扭力扳手使用注意事项

扭力扳手是一种精密控制螺栓和螺母锁紧力矩的专用工具，应按照下列要求正确使用：

（1）不能使用预置式扭力扳手去拆卸螺栓或螺母。

（2）严禁在扭力扳手尾端加接套管延长力臂，以防损坏扭力扳手。

（3）根据需要调节所需的扭矩，并确认调节机构处于锁定状态才可使用。

（4）使用扭力扳手时，应平衡缓慢地加载，切不可猛拉猛压，以免造成过载，导致输出扭矩失准。在达到预置扭矩后，应停止加载力量。

（5）预置式扭力扳手使用完毕，应将其调至最小扭矩，使测力弹簧充分放松，以延长其寿命。

（6）应避免水分侵入预置式扭力扳手，以防零件锈蚀。

（7）所选用的扭力扳手的开口尺寸必须与螺栓或螺母的尺寸相符合，扳手开口过大易滑脱并损伤螺件的六角，各类扳手的选用原则，一般优先选用套筒扳手，其次为梅花扳手，再次为开口扳手，最后选活动扳手。

（8）为防止扳手损坏和滑脱，应使拉力作用在开口较厚的一边，这一点对受力较大的活动扳手尤其应该注意，以防开口出现"八"字形，损坏螺母和扳手。

（9）扭力扳手是按人手的力量来设计的，遇到较紧的螺纹件时，不能用锤击打扳手；除套筒扳手外，其他扳手都不能套装加力杆，以防损坏扳手或螺纹连接件。

（10）扭力扳手使用时，当听到"啪"的一声时，此时是最合适的。

备注：

（1）用途：扭力扳手为旋转螺栓或螺帽的工具。

（2）用法：扭力扳手扳转时应该使用拉力，推转扳手极易发生危险。

（3）扭力扳手可用于松紧螺栓，螺栓旋紧前应先将螺栓清洁并上润滑油。

（4）使用扭力扳手旋紧螺栓时应均匀使力，不得利用冲击力。

五、扭力扳手日常维护和注意事项

（1）不使用时，请将扭力扳手调到最小扭力值，并装入指定的盒子里。

（2）除了棘轮机构之外不要润滑扭力扳手的其他地方。需要时可以滴入棘轮机构少许的机油。

（3）不要用丙酮或其他去清洗扭力扳手。用干净的抹布蘸取少量的酒精清洗。

（4）不得私自拆装扭力扳手，不正确的拆装会导致内部结构的受损而使仪器严重损坏。

（5）所使用的力矩大小必须按规定的大小使用。

（6）扭力扳手是较高档的精密工具，必须指定专人使用和保管。

第三节　法兰扩张器的使用与操作

一、简介

法兰扩张器（图 14-8）是通过液压装置使分离器胀开，同时把法兰间隙撑开，可通过分离片深度和液压装置压力调节法兰扩张缝隙的大小。

主要应用于管道和法兰的维修、移动直角接头、快速接头、垫圈和金属密封调换、阀门和控制部分的维护和调换。

二、工作原理与操作

（1）在操作法兰扩张器时，首先严格劳保着装制度。

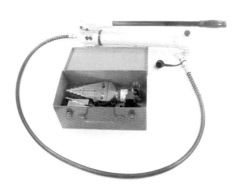

图 14-8　法兰扩张器

（2）使用前必须检查手动泵液压油管分离器之间的接头是否连接紧固无泄漏，严禁在各系统未完全连接紧固时操作扩张器。

（3）严禁向未连接的快速接头打压。

图 14-9　操作示意图

（4）操作手动泵时，操作者必须站在泵的一侧，远离手柄回弹力范围；严禁人为加长泵的手柄；手动泵必须平置摆放（图 14-9）。

（5）在顶升负载前应确保安装件的稳定性。

（6）在无载荷时，油泵在大流量的第一级工作，当连接载荷时，油泵自动转换到第二级建立压力，应用中速操作手柄，较快操作速度会使油泵吸油不充分。

（7）当扩张器被用来作为顶升负载的装置时，严禁作为支撑装置使用，严禁在顶升或挤压状态下将扩张器当作垫块使用。

（8）在顶升负载时，绝对不要超过额定负载。

（9）在布放液压油管时，应避免过度弯曲和铰接软管，严禁提拉软管和旋转接头来提起液压设备。

（10）在使用扩张器时，远离明火和过热源。

（11）不要用手触摸打压状态的液压油管，飞溅出的压力油能射穿皮肤，导致严重伤害。

（12）在使用扩张器时，应将负载作用力完全分配到整个鞍座表面，始终使用鞍座保护活塞杆上产生相当大的张力，负载偏移将严重损伤外分离器，造成外分离器损坏。

（13）严禁用锤击或用力将分离块推进缝隙中。

（14）在使用扩张器时，分离块应该180°放置，只有在分离块的台阶面积全部放入间隙时才可使用，并且需要被扩张的目标与下一个台阶的根部相接触后，按压手动泵作业（图14-10）。

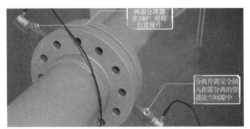

图 14-10 操作示意图

（15）作业时要确保分离块台阶楔片定位在被选择用来扩张的台阶，最小保持量15mm。

（16）扩张器分离的最大扩张间隙为 31mm。

（17）油泵卸荷阀只能用手轻轻开关，严禁使用工具开关。

（18）必须在油缸完全缩回状态下检查油泵油位。

（19）当快速接头的两半没有连接时，一定将防尘帽旋上，防止污物进入。

（20）操作者在每次使用后必须进行清洁处理。

（21）严禁操作人员调整油泵溢流阀装置。

三、扩张器故障诊断

扩张器故障诊断见表14-2。

表 14-2 扩张器故障诊断

问题	原因分析	解决方法
油缸不前进，前进较慢或突然前进	（1）泵的油箱液位过低 （2）卸荷阀打开 （3）液压接头松动 （4）负载太重 （5）系统中有空气 （6）油缸活塞卡死	（1）换符合标准的液压油 （2）关闭卸荷阀 （3）检查并拧紧所有接头 （4）不进行作业 （5）排出油中空气 （6）技术人员修理

问题	原因分析	解决方法
油缸可以前进，但不能建立压力	（1）连接处有泄漏 （2）密封处有泄漏 （3）油泵内部泄漏	（1）检查所有连接头 （2）技术人员修理 （3）技术人员修理
油缸不能缩回，部分缩回或缩回慢	（1）卸荷阀关闭 （2）泵油箱内油过多 （3）液压接头松动 （4）系统中有空气 （5）软管内径太小 （6）油缸回程弹簧断或其他油缸损坏	（1）打开卸荷阀 （2）排出多余油至标准线 （3）拧紧接头 （4）排出空气 （5）更换内径较大油管 （6）技术人员修理

第四节　注脂枪结构及工作原理

一、简介

注脂枪是将手动的机械能转换为液压体压力能的小型液压泵，主要应用于阀门注脂等操作。手压液压泵手柄，通过连接组件驱动活塞组件中的活塞，活塞推动所装载的密封脂进入出口高压软管中，在活塞组件出口有止回装置防止密封脂倒流。连续打压手柄就可以使压力不断增高。当超过管线压力时候，密封剂就被挤入阀门的密封剂空腔中（图14-11）。

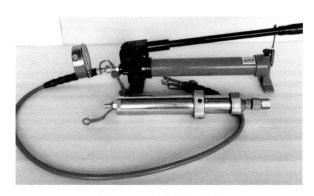

图14-11　注脂枪实物图

注脂枪主要结构与各部分的作用：

（1）泵体部分：泵体部分是油泵的主要部分，高压工作腔、低压工作腔，两个单向阀、高压阀（安全阀）、低压阀、卸载阀、两个止回阀、进油口等都在上面。各处孔有机地联系在一起。两个单向阀是防止压力油回流。两个单向阀其规格、作用是一样的。低压阀和高压阀的作用是压力控制。分别将压力控制在1MPa和63MPa。进油口处的两个钢球是止回阀，工作完毕后松动卸载阀，压力油流回储油管，完成卸载工作。

（2）手柄部分：主要由压杆、压把组成。靠两个销子与泵体和柱塞连接。手动力作用在压杆上，带动柱塞做往复运动，产生油液的压力。在压把上面有 M20×1.5 螺孔，是供垂直安装压杆用的，可以根据操作的方便性选用垂直或水平位置操作。

（3）胶管部分：是连接油泵和油缸输送压力油液的部件。在不使用时，胶管与油缸脱开，胶管头部用橡胶帽堵上，油缸接头处用接头堵上，以防污物进入油管和油缸。

（4）在后座或油箱上面装有注油、放气装置，油泵工作时须松开放气螺，以免储油箱内气压过低，影响正常工作，工作完毕后拧紧放气螺。在后端安装一个挂钩，当手提油泵时用挂钩锁住压杆。

二、工作原理与操作

工作原理如图 14-12 所示，可分 4 个过程：

（1）充液：油泵在开始工作时，油液被柱塞压入高压单向阀、低压单向阀后进入油缸，当压力升至 1MPa 时，则低压单向阀打开，低压油溢回储油管。

（2）升压：在上述的基础上，高压柱塞继续工作，压力逐渐升高当压力超过额定压力 63MPa 时，则高压单向阀打开，高压油从高压单向阀溢回储油管，压力始终保持在 63MPa，高压单向阀就是安全阀。

（3）工作：在工作过程中，由于工作缸做功，能量会减少，所以要随时摇动手柄，保持所需的工作压力，直至工作结束。

（4）卸载：油泵工作完毕，需要将压力减至为零，打开卸载阀，油液流回储油管。完成卸载工作。充油、升压、工作过程实际上是不可分割的，只摇动手柄就可完成这三个过程。

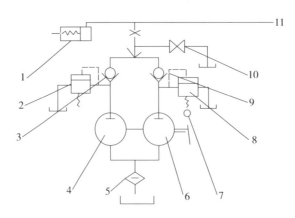

1—油缸　2—高压安全阀　3—高压单向阀　4—高压泵　5—滤油器　6—低压泵　7—压杆
8—低压安全阀　9—低压单向阀　10—卸载阀　11—高压胶管

图 14-12　注脂枪工作原理

三、使用与安全注意事项

（1）油泵的正常使用：在压力 63MPa 工作时，油泵的性能安全发挥出来，是最合理的使用。各处均不需调整。在实际工作压力低于 63MPa 时，各处也不需调整。

（2）扩大油泵的使用范围：为适应配套的油缸，可以低于 63MPa 的压力工作。此时先将压力表接在胶管上，调节高压阀，当压力表达到油缸的工作压力为止，即可使用。为了适应大吨位、大行程作业的需要，可另行设计制造大型油箱或辅助油箱。

（3）安全注意事项：

①不准超过 63MPa 压力工作。不得随意调动高低压单向阀。

②工作时应稳稳地摇动手柄，不得使油路有冲动现象，以使各阀门持久地工作。

③减压时应缓缓扭动手轮，不得使减压过速。

④油量不够时，不得在有压力情况下注油以免回油时储油管内有压力存在。

⑤各连接处拧紧，方可工作。

⑥高压胶管每年做一次打压试验，防止胶管老化发生意外，试验压力低于 90MPa 即发生凸起、渗漏时就不能使用。

四、维护与保养

（1）油泵各部经常保护清洁，各阀门处及柱塞周围不得有灰尘污物存在。

（2）严格遵守安全使用注意事项。

（3）工作液为运动黏度 20 ～ 28cSt，如 YB–N32 液压油。严禁用酒精、水、甘油、麻油、刹车液、普通发动机油等为工作液。

（4）工作液必须用 120 ～ 160 目滤油网过滤清洁。

（5）使用时应轻拿轻放、不得有碰撞现象。压杆要拧紧，以免损伤螺纹。

（6）不用时非喷漆表面涂有工业凡士林油一层，以防生锈。

（7）不用时应装入木箱，在干燥、温度适宜的房间存放。

（8）特别注意，胶管因长期使用，易产生老化、使强度降低，应经常检查定期更换。

第五节　测振仪的使用与操作

一、简介

Fluke 810 测振仪（图 14–13）采用诊断技术，该测振仪可快速标识并优化处理机械问题，可以进行机械维护决策，并且根据仪器知识将其用作判断的补充。

测振仪使用了简单的逐步过程，报告进行第一次测量时的机器故障，而无须以前测量的历史记录。该诊断技术可用来分析机械装置并提供基于测试的诊断、严重等级和可行的维修建议。通过将测振仪收集的振动数据与根据多年现场经验所收集的广泛的规则进行比较，来确定故障。

该测振仪主要用于对有问题设备进行故障检修，也用于在计划的维护前后对设备进行检查。诊断结果、严重度和可行的维修建议的组合，有助于做出更准确的维护决策，解决关键的问题。

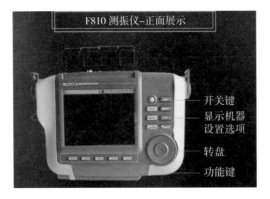
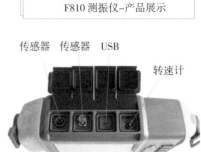

图 14-13　F810 测振仪

测振仪工作原理：利用石英晶体和人工极化陶瓷（PZT）的压电效应设计而成。当石英晶体或人工极化陶瓷受到机械应力作用时，其表面就产生电荷。采用压电式加速度传感器，把振动信号转换成电信号，通过对输入信号的处理分析，显示出振动的加速度、速度、位移值。

二、设置

（1）选择电动机类型：AC DC 滚柱轴承或轴颈轴承（图 14-14）；

（2）带有 VFD 的交流电动机：是——适用于变频驱动；否——适用于恒速驱动。

（3）以 RPM 为单位输入转速：输入电动机铭牌或转速计上的速度值。

（4）输入标称 hp（kW）：输入电动机铭牌上列出的马力值或千瓦值。

（5）安装的电动机：水平——电动机轴呈水平状态；垂直——电动机轴呈垂直状态。

（6）轴承类型：滚柱轴承——滚柱轴承使用圆形滚柱元件支撑重量。轴颈轴承——轴颈轴承不使用圆形滚柱支撑重量。如有疑问，则选择滚柱轴承。

 滚柱轴承
 轴颈轴承

图 14-14　滚柱轴承和轴颈轴承

（7）电动机与传动系统相互独立？是——仅测试独立电动机。确保电机轴上没有其他组件。否——测试电动机和组件。大多数情况下，选择"否"，然后转到步骤（8）。选择"是"不会消除电动机轴上的组件振动。

（8）电动机紧密连接？也叫作直接安装或直接驱动。

是——如果两个都是：

①电动机轴直接驱动从动组件。

②唯一的轴承安装在电机轴上（如当电机直接用螺栓锁紧在风扇、泵或压缩机上时）。

否——两个都不是。如有疑问，选择否并转到步骤（9）。

以下情况下，电动机是"紧密连接的"：

①从动单元上没有轴承。

②仅有一个以一种速度运转的轴。

（9）电动机和相邻组件之间是否连接？

是——连接器法兰之间有柔性材料。如果相邻组件为齿轮箱，则转到步骤（11）。否则，转到步骤（12）。如有疑问，则选择柔性连接。

否——连接器为刚性装置，用螺栓将法兰栓固到一起时未使用柔性材料，或没有连接器。如果相邻组件为皮带传动，则转到步骤（10）。如果相邻组件为齿轮箱，则转到步骤（11）。否则，转到步骤（12）。

无论采用柔性连接器还是刚性连接器（图14-15），电动机和从动轴上都带有轴承，且以相同速度运行。

柔性连接器 　　　刚性连接器

图14-15　柔性连接器和刚性连接器

（10）相邻组件：按下拨盘中央的"输入"，转动轮盘，然后选择"皮带传动"。做出以下选择：

①输入轴速度：输入电动机轴速（通常与步骤（3）相同）。

②输出轴速度：输入从动单元的轴速。

③转速（可选）：使用频闪观测器或接触型转速计测量皮带速度。

④皮带连接的相邻组件为：如果相邻组件为齿轮箱，则转到步骤（11）。

否则，转到步骤（12）。

⑤皮带驱动机器：轴承安装在电动机和从动轴上，两轴的转速不同。

（11）相邻组件：

按下拨盘中央的"输入"，转动轮盘，选择"齿轮箱"。做出以下选择：

①轴承类型：滚柱／轴颈选择滚柱轴承或轴颈轴承。如有疑问，则选择 滚柱型。

②变速级数：1／2／3。滚动选择变化级数。如有疑问，则选择（1）。

③已知数据：轴速／齿轮比／齿轮齿数。选择并输入轴速、齿轮比或齿轮齿数。如有疑问，则选择齿轮比并使用输入轴和输出轴转速计算比率值。

④齿轮箱和相邻组件之间采用柔性连接？是／否。

⑤变速箱连接的相邻组件为：如果相邻组件是皮带传送（仅在④为否时可用），则转到步骤（10）。否则，转到步骤（12）。

⑥齿轮驱动机器：轴承安装在电机、齿轮箱和从动轴上，电动机轴、齿轮轴和从动轴具有不同速度。

（12）相邻组件：按下拨盘中央的"输入"，转动轮盘，然后选择从动单元—泵、风扇、压缩机、鼓风机或主轴。

①从动组件（泵）轴承类型：滚柱／轴颈选择滚柱轴承或轴颈轴承。

②从动单元（泵）的支撑方式：双轴承—泵的两侧均有支撑。悬臂式—泵安装在轴的端部，且一侧没有支撑（图14-16）。

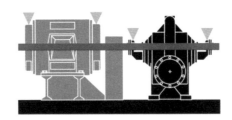

（a）支撑型或悬臂式组件

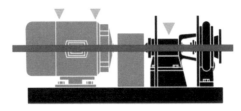

（b）鼓风机-Hoffman型（多级离心轮）或Roots型（叶片式）
如果鼓风机为带叶片的风扇，则选择"风扇"

螺杆压缩机-选择"滚柱轴承"，即使配有轴颈轴承。

图14-16　测试点示意图

③泵叶片数（可选）：如果您确定知道叶片数量，则输入该数值。如果不知，则跳过不填。

④完成之后，选择"下一页"，然后选择"完成"。

如有疑问，则选择主轴，这适用于所有不是泵、风扇、压缩机或鼓风机的从动单元。

（13）测量传感器位置和方向（图14-17）。

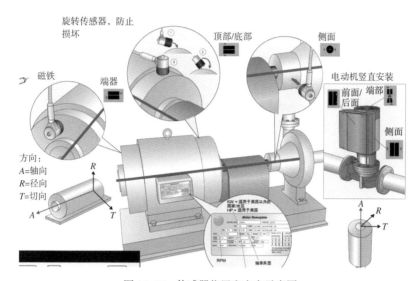

图14-17 传感器位置和方向示意图

电动机速度对于正常诊断极为重要。

①恒速—输入铭牌上的RPM值。

②变速—输入转速计、本地仪表上的或经由VFD面板计算得出的RPM值。

三、诊断：查看、报告和建议

将数据和结果传输到PC机上的查看器软件上，分析查看数据（图14-18）。

A 确定问题有多严重？	
轻度	不建议进行维修。在维护之后，重新测试机器并监测状况。
中等	（几个月，甚至长达一年）无需立即进行维修。增加测量的频率，并监控机器的状况。
严重	（数周）在下一次计划的停机或维护周期中，采取维护措施。
极严重	（数天）要求立即采取措施。考虑立即关闭设备和采取维修措施，以避免故障。

严重程度	建议	优先级	优先级描述
0-25	不用采取措施	1	未给出建议
26-50	监控震动 还未维修	2	需要维修
51-75	维修计划	3	重要
76-100	立即维修 避免产生重大故障 故障和生产损失	4	强制

图14-18 诊断依据

第六节　超声波测厚仪的使用与操作

一、简介

精确的超声波测量仪器（MX-5DL）与声呐操作原理相同，MX-5DL（图 14-19）可以测量不同材料的厚度，显示精度可达 ±0.01mm。MX-5DL 可存储 10 组，每组 100 个，共 1000 个数据。

MX-5DL 超声波测厚仪参数见表 14-3。

图 14-19　MX-5DL 超声波测厚仪

表 14-3　MX-5DL 超声波测厚仪参数

功　能	测量材料的厚度，材料种类：铸铁、塑料、玻璃纤维、钢、玻璃、铝、铜等
测量方式	双晶探头，脉冲回波
探头频率	1 ~ 10MHz
测量范围	0.63 ~ 500mm（取决于探头）
显示精度	0.01mm
显示方式	带背光的液晶显示器
校　准	对话式探头，自动校准
声速范围	1250 ~ 10000m/s
扫描方式	每秒测量 16 个点，可以捕捉到最薄点
电　源	2 节 1.5V 电池。连续使用时间达 200h，当电池供电不足时，显示器会闪烁报警，直至自动关机
键　盘	6 键防水，防油键盘
操作温度	-30 ~ 50℃
尺　寸	63.5mm × 114.3mm × 31.5mm
质　量	300g

（一）操作键介绍

ON/OFF 键为开关机键（图 14-20）。开机后，仪器先进行自检显示。1s 后，显示软件版本号，然后显示"0.00"，表明仪器可以使用。MX-5DL 关机后，可保存其所有设置。如果 5min 不做任何操作，将自动关机。

PRB-O 键用来将仪器调零，如果仪器没有准确调零，会影响测量精度。

CAL 键用来进入和退出 MX-5DL 校验模式。该模式用来调节声速值，可直接输入声速或通过样块计算某材料的声速。

图 14-20　操作键界面

MODE 键用来实现 MX-5DL 不同功能（报警、差值模式、扫描模式、背光、单位和按键声）的选择，结合上下键和 SEND 键一起使用。

△键有 3 个功能。当仪器自校验模式时，该键用来提高显示的数值，按住该键，数值会不断增大。在功能模式下，该键用来选择功能模式（报警、差值、扫描、测量模式、背光、单位和按键声）。在存储模式下，该键用来选择储存地址。

▽键有 3 个功能。当仪器自校验模式时，该键用来减少显示的数值，按住该键，数值会不断减少。在功能模式下，该键用来选择功能模式（报警、差值、扫描、测量模式、背光、单位和按键声）。在存储模式下，该键用来选择储存地址。

MEN 键用来储存数据，和上下键以及 SEND 和 CLR 键配合使用。

CLR 键用于删除存储的数据。

SEND 键用于存储数据和传输数据。

（二）屏幕显示

图 14-21　屏幕显示界面

显示屏显示数值不同的设置（图 14-21）。通常显示最后一个测量值。此外，电池电量不足时，屏幕开始闪动，应该更换电池。

8 个竖条为稳定性指示。仪器未使用时，仅显示最左边和下面的横线。测量时，显示 6～7 个竖条。如果少于 5 个竖条，读数不稳定，显示的厚度可能是错误的。

当 IN 显示时，厚度值为英制。最大厚度为 1.0000in。

当 MM 显示时，厚度值为公制。如果厚度超过 20mm，小数点自动右移，允许显示值达 25.4mm。

当 IN/μS 显示时，声速值以 in/s 为单位。

当 M/S 显示时，声速值以 m/s 为单位。

（三）探头

图 14-22 探头侧视图

探头发送和接收超声波，计算测量材料的厚度。探头应正确使用，以保证测量精确、可靠。

图 14-22 为探头的侧视图。该单晶探头用来传送超声波。测量时，用拇指和食指握住探头，轻压，使其充分接触测试材料表面。

二、使用操作

（一）测量

为避免接触面有空气层，必须使用耦合剂，通常一滴即可。然后将探头紧密贴在测试物体的表面，应显示 6 ~ 7 个竖条及一个数值。如果声速设置正确，显示值应为材料的厚度。如果显示少于 5 个竖条或读数不稳定，先检查是否充分耦合，探头是否放平。如果还不稳定，可能需要更换探头。探头放在测量材料表面时，每秒可进行 4 次测量。移走探头，显示最后一次测量值。

有时，探头移走时，会带走一层耦合剂，这样测量值会时大时小。可以明显观察到探头在位时，有一个读数；探头移走时，又有一个读数。

测量表面的开头和粗糙度非常重要。粗糙不平的表面会限制超声波穿过材料，导致测量不稳、不可靠。测量表面应清洁、无细小颗粒、灰尘等，这些物质会导致探头不能很好地接触测量面。应使用铁刷或砂纸以及砂轮等。对于特别粗糙的表面，如铸铁，很难测量，因为会造成声速发散。粗糙的表面除了给测量带来困难，还会增加探头的磨损。

（二）调零

调零对于超声测量是非常重要的。如果没有正确调零，测量得出的结果将不准确。如果正确调零将显示准确的测量结果。

（1）开机。

（2）将探头与主机连接。检查探头表面是否干净。

（3）仪器的顶部有一个标准块，在标准块上涂一些耦合剂。

（4）将探头按在标准块上，放平。LCD 显示测量的厚度，稳定性指示竖条显示。

（5）当探头与标准块耦合良好时，按 PRB-0 键，仪器将显示 Prb0。

（6）将探头从标准块上移开。

（三）校准

为保证测量精度，必须设置正确的声速。不同材料，声速不同。一点校准法是最简单常用的校准方法。设定声速的两种方法如下：

1.已知厚度的校验

注意：该步骤需要一个所要测量的特定材料的样块，已知厚度。

（1）开机。

（2）滴一滴耦合剂至样块。

（3）使探头紧贴样块表面。应显示厚度值（可能不正确），所有的竖条应都显示。

（4）读数温度后，移走探头。如果厚度值有变化，重复步骤（3）。

（5）按 CAL 键，IN 或 MM 符号用闪动。

（6）使用上下键调节厚度值至样块厚度。

（7）再按一次 CAL 键，IN/μS 或 M/S 应闪动，仪器显示厚度值计算出的声速值。

（8）再按 CAL 键透出校验模式。仪器可以开始测量已知声速的校验。

2. 已知声速的校验

注意：操作者必须知道测量材料的声速。

（1）开机。

（2）按 CAL 键进入检验模式。如果显示 IN（MM），再按 CAL 键，使得 IN/μS 或 M/S 闪动。

（3）使用上下键调节声速，直到变为要测量材料的声速。

（4）再按 CAL 键。退出校验模式。仪器可以开始测量。

为获得精确测量结果，建议一直使用同一样块检验。根据已知厚度样块校验声速，会保证声速设定尽可能接近材料的声速。

（四）背光

开启背光步骤：

（1）开机；

（2）按 MODE 键；

（3）按上下键直到至屏幕显示 LITE；

（4）按 SEND 选择背光 ON 开启 /OFF 关闭 /Auto 自动；

（5）按 MODE 键返回测量状态。

（五）扫描模式

本测厚仪不但可以进行单点测量，还可以使用 SCAN 扫描模式用来找出最薄点。通常，本机每秒可以进行 4 次测量；在扫描模式，每秒可进行 8 次测量，但并不显示。探头放在测量表面，仪器一直在找最薄点，在移走探头一秒后，仪器显示最小测量值。

（1）开机；

（2）按 MODE 键；

（3）按上下键直至屏幕显示 SCAN；

（4）按 SEND 选择扫描模式 ON 开启 /OFF 关闭；

（5）按 MODE 键返回测量状态。

（六）报警模式

该模式允许操作者设置可听报警的上 / 下限值。如果超出设定范围，面板上的红灯会亮，并听到"哔哔"声。

1. 使用蜂鸣设置

（1）开机；

（2）按 MODE 键；

（3）按上下键直至屏幕显示 BEEP；

（4）按 SEND 选择蜂鸣声 ON 开启 /OFF 关闭；

（5）按 MODE 键返回测量状态。

2. 报警模式设置

（1）开机；

（2）按 MODE 键，屏幕显示 ALAr；

（3）按 SEND 选择报警模式 ON 开启 /OFF 关闭；

（4）ON 状态时，屏幕显示 LO 为下限报警；

（5）使用上下键设定报警值，按 SEND 键确定；

（6）屏幕显示 HI 为上限报警，使用上下键设定报警值；

（7）按 SEND 键确定；

（8）按 MODE 键返回测量状态。

（七）差值模式

质量控制有时要求目标值与实际厚度的差别，利用差值功能，显示正负值。以下为设定的步骤。

（1）开机；

（2）按 MODE 键；

（3）按上下键直至屏幕显示 dlFF；

（4）按 SEND 选择差值模式 ON 开启 /OFF 关闭；

（5）ON 状态时，使用上下键设定报警值；

（6）按 SEND 键确定；

（7）按 MODE 键返回测量状态，按 MODE 键返回测量状态。

（八）测量单位

本测厚仪提供公制和英制两种测量单位。

测量单位选择步骤：

（1）开机；

（2）按 MODE 键；

（3）按上下键直至屏幕显示 unit；

（4）按 SEND 选择测量模式 in（英寸）/mm（毫米）；

（5）按 MODE 键返回测量状态。

（九）数据存储和计算机通信

MX-5DL 可存储 10 组，每组 100 个，共 1000 个数据。

1. 数据存储步骤

（1）开机；

（2）按 MEM，此时屏幕显示 FILE/F-01；

（3）按 SEND 键；

（4）用上下键选择文件组 F-01 至 F-10；

（5）再按 SEND 键；

（6）按 MEM 键；

（7）按上下键选择存储位置 LOO1-L0100，不选择时，仪器自动测量顺延到下一个存储位置；

（8）进行测量；

（9）按 SEND 键存储数据。

2. 清除一个存储数据

接上步骤：

（1）按上下键选择存储位置 L001-L0100；

（2）按 CLR 键清除。

3. 清除一组存储数据

（1）开机；

（2）按 MEM 键，此时屏幕显示 FILE/F-01；

（3）按 SEND 键；

（4）用上下键选择文件组 F-01 至 F-10；

（5）再次按 SEND 键；

（6）按上下键选择 CLR 闪动；

（7）按 SEND 键；

（8）按 CLR 键删除存储数据；

（9）按 MEM 键回到测量状态。

4. 删除所有文件

（1）开机，立即按 CLR 键；

（2）再次按 CLR 键。

5. 所有文件的计算机通信

（1）将连接线的一端和仪器底部的两针插孔相连，另一端和计算机的九针串口连接；

（2）在计算机上运行 DakView 软件；

（3）开机；

（4）按 MEM 键；

（5）按上下键选择 SEnd/ALL；

（6）按 SEND 键；

（7）按 MEM 键回到测量状态。

（十）单一文件组的打印

（1）将连接线的一端和仪器底部的两针插孔相连，另一端和计算机的九针串口连接；

（2）在计算机上运行 DakView 软件；

（3）开机；

（4）按 MEM 键；

（5）按 SEND 键；

（6）按上下键选择文件组 F-01 至 F-10；

（7）按 SEND 键；

（8）按上下箭头选择 Print 闪动，或 LISt 闪动；

（9）按 SEND 键；

（10）按 MEM 键回到测量状态。

常用材料声速见表 14-4。

表 14-4　声速表

材料	声速（m/s）	材料	声速（m/s）
铝	6350	石蜡	2210
铋	2184	铂	3962
青铜	4394	有机玻璃	2692
镉	2769	聚苯乙烯	2337
铸铁	4572	瓷	5842
康铜	5232	PVC	2388
铜	4674	石英玻璃	5639
环氧树脂	2540	硫化橡胶	2311
德国银	4750	银	3607
冕牌玻璃	5664	钢	5918

续表

材料	声速（m/s）	材料	声速（m/s）
氧化铅玻璃	4267	不锈钢	5664
金	3251	钨铬钴合金	6985
冰	3988	特氟龙	1422
铁	5893	锡	3327
铅	2159	钛	6096
镁	5791	钨	5334
汞	1448	锌	4216
镍	5639	水	1473
尼龙	2591		

三、注意事项

（1）超声波测厚仪含有自动关闭功能，5min 不使用，仪器将关闭。

（2）测量物体厚度前，应清洁物体表面。

（3）建议每次打开仪器都进行调零。

第七节　全自动燃油蒸汽清洗器

一、简介

（一）用途

全自动燃油蒸汽清洗器（DJZQ-32）（图 14-23）采用"瞬时汽化"技术，无锅炉设计原理，内置进口水泵，EXF 电磁感应燃烧系统，具有全自动、即热式、模块化特点。整机可无外接电源、可移动工作，压力足、气量大，适用工业重油污清洗和严寒天气解冻操作。

图 14-23　全自动燃油清洗器

（二）主要性能参数

水箱容积 500L；

耗水量 40L/h；

蒸汽压力 0 ~ 1.5MPa；

蒸汽温度 110 ~ 180℃；

二、操作规程

（一）操作前准备

（1）蒸汽清洗器内置电池电量需充足。

（2）油箱柴油充足，排气管防火帽投入使用。

（3）水箱装满水，吸入管与蒸汽车吸水口连接。

（4）使用扳手将蒸汽枪、蒸汽管线、蒸汽车连接好。

（5）检查车内流程走向，吹扫手阀关闭。

（6）打开柜门，合上对应电源空开，将面板上"交流 关 直流"旋钮开关旋至对应位置（图14-24）；将"蒸汽 冷水"旋钮至蒸汽位置；将"气泵 关 水泵"旋钮旋至水泵位置，蒸汽清洗器开始工作。

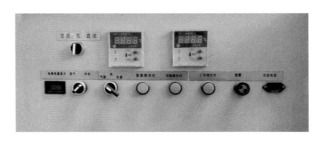

图14-24　按键与显示界面

（7）端起枪头对准需要解堵位置进行蒸汽解堵作业，在使用中不要将蒸汽管折上，否则会造成管线损坏。

（8）使用完毕，将"蒸汽 冷水"旋钮至关位置，即可停止蒸汽车，将车内吹扫阀门打开，将"气泵 关 水泵"旋钮旋至气泵位置，将管线内余水扫尽，防止管线冻堵。

（9）用后将蒸汽清洗器放置室内，及时将电池充满备用。

（二）注意事项

（1）蒸汽清洗器工作期间，喷枪喷出的水雾温度高达110 ~ 180℃，注意防止烫伤。

（2）使用中密切注意水罐的水位，低于10%时应立刻关闭点火开关并加水。

（3）使用中发现超压、超温应立即停止使用，关闭点火开关。

（4）冬季注意保存，防止因冰冻损坏设备。

（三）维护保养

（1）每月进行一次试运行，运行前检查蒸汽清洗器燃油液位是否在80%，不足时补充。

（2）每月检查电气部件是否正常，电线是否有破口裸露现象，绝缘是否合格，电源线以及插头是否完好。检查蒸汽清洗器各仪表感温元件是否完好正常。

（3）每年进行一次维护保养。

第十五章　安全管理

第一节　危险化学品管理

危险化学品，包括爆炸品、压缩气体和液化气体、易燃液体、易燃气体、易燃固体、自燃物品和遇湿易燃物品、氧化剂和有机过氧化物、有毒品和腐蚀品等。

辽河油田公司 QHSE 管理委员会办公室 2020 年 12 月 31 日下发了《辽河油田公司危险化学品目录（2020 版）》，辽河油田公司生产、经营涉及 130 种危险化学品，储气库公司涉及的危险化学品为天然气、甲醇、乙二醇、氮、石油醚和柴油。

一、一般规定

（1）储存和使用危险化学品的企业，应按国家有关规定办理相关登记手续、安全许可证和资质认定，建立、健全安全管理规章制度、操作规程和应急预案，并向从业人员如实告知作业场所和工作岗位存在的危险因素、防范措施以及事故应急措施。

（2）储存场所与居民区、商业中心、公园、学校、医院、影剧院、体育场（馆）等人口密集区域和公共设施的距离应符合国家标准或者国家有关规定。

（3）储存和使用危险化学品的单位应向周围单位和居民宣传有关危险化学品的防护知识，告知发生事故的应急措施。

（4）业务主管部门负责危险化学品的综合安全管理，安全管理部门负责危险化学品的安全监督工作。

（5）构成重大危险源的危险化学品储存场所，应按有关规定进行登记建档，定期检测、评估、监控，制订应急预案，并报地方安全监管部门备案。

二、使用的安全管理

（1）使用危险化学品的单位，应严格执行操作规程，设置工艺控制卡片，严格执行工业动火、进入有限空间、临时用电等高危作业许可制度，加强现场监督。严禁操作者违反工艺纪律，擅自改变工艺指标。

（2）使用危险化学品的场所，应配备相应的消防设施、防护器材和应急处理的工具、装备，生产、使用剧毒化学品的场所还应配备急救药品。

（3）使用危险化学品的装置、场所，其各类设备、报警和联锁保护系统等安全设施，应符合国家标准和行业规范规定，并定期进行维护、维修、检测，保持完好和安全可靠。

（4）使用单位对工作场所的危险化学品的危害因素应进行定期监测和评估，对接触人员定期组织职业健康体检，建立监测评估和人员健康监护档案。

（5）使用危险化学品的单位，应核对安全标签、危险化学品完全一致的化学品安全技术说明书（MSDS），与实物的一致性，并据此编制使用安全规程和注意事项。使用单位对于首次使用或 MSDS 发生变更的危险化学品，必须依据 MSDS 对其危害进行辨识、评价，依据评价结果建立操作规程和应急措施后方可使用。

三、储存的安全管理

（1）危险化学品应按其化学性质分类、分区存放，并有明显的标志，堆垛之间应留有足够的垛距、墙距、顶距和安全通道。

（2）相互接触能引起燃烧、爆炸或灭火方法等不同的危险化学品，不得同库储存，应设专用仓库、场地或专用储存室，存储易爆品库房应有足够的泄压面积和良好的通风设施。对于禁冻、禁晒的危险化学品，应有防冻、防晒设施；对储存温度要求较低的危险化学品，储存设施应有降温设施；对储存遇湿易溶解、燃烧、爆炸的物品，应有防潮、防雨措施。

（3）危险化学品仓库应符合安全和消防要求，通道、出入口和通向消防设施的道路应保持畅通，设置明显标志，并建立健全岗位防火责任制、用火用电管理、岗位巡检、门卫值班等制度，严格执行防火、防洪（汛）、防盗等各项措施。

（4）严格执行危险化学品出入库管理制度，设专人管理，定期对库存危险化学品进行检查，严格核对、检验进出库物品的规格、质量、数量，并登记和做好记录。对无产地、无安全标签、无 MSDS 和检验合格证的物品不得入库。

（5）储存场所的安全设备和消防设施应按规定进行检测、检验，过期、报废以及不合格的禁止使用。

（6）库房、储罐区的建筑设计应符合《建筑设计防火规范》《常用化学危险品贮存通则》等的规定。设置明显标志，并纳入要害部位管理。

（7）储存易燃和可燃化学品的仓库、露天堆垛附近，不准进行试验、分装、封焊、维修、动火等作业。如因特殊需要，应按规定办理审批手续方可作业。

（8）储罐应符合国家有关规定，安全附件应齐全完好。储罐的防雷、防静电接地装置，应符合设计规范和安全管理要求。

（9）罐区防火堤（墙）的排水管应当设置隔油池或水封井，并在出口管上设置切断阀。

（10）应按规定为仓库保管人员配备符合要求的防护用品、器具。

四、处置的安全管理

（1）建立危险化学品处置管理制度，处置方案应科学合理，符合国家标准和行业标准要求。

（2）剧毒物品的包装箱、纸袋、瓶、桶等包装废弃物，应由专人负责管理，统一销毁。金属包装容器不经彻底清理干净，不得改作他用。

（3）凡拆除的容器、设备和管道内有危险化学品的，应先清理干净，并验收合格后方可报废。

（4）闲置不用的危险化学品应按规定处置。对失效过期，已经分解、理化性质改变的危险化学品，不得转移，应组织销毁。

（5）危险化学品在报废销毁处理前，应进行分析、检验，根据物品的性质分别采取分解、中和、深埋、焚烧等相应处理方法。

（6）批量销毁危险化学品或剧毒等危险性大的危险化学品等，不具备销毁工艺技术和销毁能力的单位，应委托获得国家资质的单位完成，双方要签订协议，明确各自的责任、义务和完成时限，不能将危险化学品私自转移、变卖。

（7）严格按照国家有关规定处置生产过程中产生的危险化学品废渣、废料。严禁向下水井、地面和江河倾倒废弃的危险化学品。

五、培训与应急救援管理

（1）储存和使用危险化学品的单位应定期组织从业人员参加教育培训。主要负责人、安全管理人员和从业人员，应按有关规定经培训考核合格方可上岗。

（2）储存和使用危险化学品的单位应建立化学事故应急体系，制定应急预案，配备应急处置救援人员和必要的应急救援器材、设备，并定期组织演练。

第二节　劳动防护用品的使用

劳动防护用品，是为了保护工人在生产过程中的安全和健康而发给劳动者个人使用的防护用品。劳动防护用品不能不配，也不能配而不戴，一定要根据作业现状正确使用和佩戴劳动防护用品，确保作业安全健康。

主要劳动防护用品包括安全帽、安全带、防护服、工鞋、耳塞（耳罩）、护目镜、防护手套、正压呼吸器、气体检测仪、洗眼器、防毒面具等。

一、安全帽

（一）使用分类

管理人员佩戴白色安全帽，QHSE 监督、钻井监督及监理等监督监理人员佩戴黄色安全帽，操作人员佩戴红色安全帽，电力人员佩戴蓝色安全帽（图 15–1）。

图 15-1　建设单位安全帽

图 15-2　外部承包商安全帽

（二）使用要求

（1）进入生产作业施工现场的外部承包商（集团公司以外的承包商，包括多种经营企业、家属企业、福利企业及社会企业）所使用安全帽为橙色（图 15-2），帽帮两侧标示外部承包商企业或队伍简称（多种经营企业应以集团企业的简称为准），性能应满足生产作业现场的安全帽管理要求。对于临时零散用工，各单位可为外部承包商人员提供橙色安全帽，作业活动结束后收回。

（2）下列情况之一的安全帽应报废：

①受严重冲击的安全帽；

②破损或变形的安全帽；

③从产品制造完成之日计，达列 2.5 年的安全帽。物资采购部门定期回收报废安全帽，同时做破坏性处理。

（三）注意事项

（1）为充分发挥保护力，安全帽佩戴时必须按头围的大小调整帽箍并系紧下颚带，防安全帽滑落或碰掉。一般适用头围的大小范围为 53 ～ 61mm，安全帽在经受严重冲击后，即使没有明显损坏，也必须更换。除非按制造商的建议进行，否则对安全帽配件进行的任何改造和更换都会给使用者带来危险。

（2）未经许可，禁止改装。严禁在外表面上涂敷油漆、溶剂、不干胶贴及用粗糙物、化学溶剂擦洗。严禁用安全帽当坐垫、器皿以及当行车和运动头盔。

（3）普通型安全帽适用环境 –10 ～ 50℃，无特殊性能；阻燃防静电型安全帽适用环境 –10 ～ 50℃，具有阻燃防静电性能；低温防静电型安全帽适用环境 –20 ～ 50℃，具有耐低温防静电性能。

（4）每次佩戴前应仔细检查安全帽帽壳及各种组件有无损伤。禁止佩戴帽壳及各种组件有明显损伤的安全帽。保质期 2.5 年，禁止超期使用。

（5）请使用中性去污剂或温热肥皂水清洗，并用干布擦干。远离化学物质，接触化学溶液后应及时清洗。

二、坠落悬挂类安全带

坠落悬挂类安全带是防止高处作业人员发生坠落或发生坠落后将作业人员安全悬挂的个体防护装备（图 15-3）。

图 15-3　坠落悬挂类安全带

（一）适用对象

适用于高处作业、攀登、悬吊作业时使用。安全带适用于体重不大于 100kg 的使用者。

（二）报废要求

当安全带受到冲击后应当整体报废。安全带按使用频次高低定期检查，发现零部件有问题时或织带有断裂或严重磨损等现象时，应立即报废。

（三）清洁维护与储存方法

（1）安全带可放入温水中用肥皂水轻轻擦，然后用清水漂净，然后晾干，不可用热水浸泡或火烤；

（2）安全带应储藏在干燥、通风的环境中，不准接触高温明火和强酸以及尖锐的坚硬物体，也不准长期暴晒，120℃高温禁止使用；

（3）安全带上的各种部件不得任意拆掉，更换新绳时注意加绳套。

（四）安全带的穿戴方法

使用时要将腰带卡扣卡牢，并将带头穿入小套之中，腰带、肩带和腿带上有日字扣，可自行调节腰带、肩带和腿带的长度，松紧度以既舒适又牢固为宜。安全带应高挂低用，注意防止摆动碰撞，安全绳不准打结使用。

（五）日常检查的方法和部位

使用安全带前，应查看标牌及合格证，检查带子有无裂纹，缝线处是否牢靠，金属件有无缺少、裂纹及锈蚀情况，安全绳应挂在连接环上使用。

（六）扎紧扣的使用方法或带在扎紧扣上的缠绕方式

安全带腰带的一端穿入扎紧扣时应先将扎紧扣的卡子向上抬起，穿入腰带后调整好位置，然后松开卡子卡紧腰带，再将织带穿回腰卡的日字形方框中。

（七）系带扎紧程度

肩部：从肩部开始调整全身的织带，确保腿部织带的高度正好位于臀部的下方，背部 D 形环位于两肩胛骨之间。

腿部：然后对腿部织带进行调整，试着做单腿前伸和半蹲，调整使用的两侧腿部织带长度相同。

胸部：胸部织带要交叉在胸部中间位置并且大约离开胸部底部 3 个手指宽的距离。

（八）伸展长度及安全空间

安全带是否可用，可依据从挂点位置起，安全带的伸展长度加上使用者长度自腰带以下的高度来判断，以这长度为半径的工作现场不存在任何物体会对坠落者造成碰撞伤害。

（九）安全带使用年限

安全带使用两年后，按批量购入情况，抽验一次，使用频繁的安全绳，要经常进行外观检查，发现异常时，应立即更换新绳。安全带试用期为 2 ~ 3 年，在使用前发现异常应提前报废。

（十）注意事项

带缓冲器的安全带要注意安全带的使用高度，不得在低于安全带使用高度以下范围使用。

三、防静电耐油工作鞋

（一）性能

（1）防静电耐油工作鞋（图 15-4）可耐汽油、强酸、强碱、二丁酯、二辛酯等，但不防纯苯。

（2）电阻值为 $100k\Omega$ ~ $1000M\Omega$。

图 15-4　防静电耐油工作鞋

（二）注意事项

（1）穿用本鞋时应保证地面的电阻小于 $10^{10}\Omega$ 并保持人与地通路。

（2）当鞋底沾有绝缘物品时，应清除干净方能使用。

（3）严禁电工穿着，严禁当绝缘鞋使用。

（4）在穿着过程中，应避免同时穿着绝缘性强或毛制厚袜子，以及绝缘性鞋垫等。

（5）穿着时防接触尖锐器物，不宜在泥泞场地作业，定期擦油保持皮质光洁性，以保证防静电耐油工作皮鞋正常使用寿命。

（6）不宜在阳光下直接暴晒，防止皮鞋变形。

四、劳动防护服

（一）劳动防护服颜色要求

（1）严格执行《中国石油天然气集团公司视觉形象手册 – 应用设计系统 –5（服装）》要求，正确穿着红色劳动防护服（图 15-5）。

（2）进入采油站、联合站、轻烃厂、储气库、加油加气站、井场等油气生产场所工作的外部承包商员工，穿着蓝色劳动防护服，防护服后背用白字标示外部承包商企业或队伍简称（多种经营企业应以集团企业的简称为准），性能需满足油气生产场所的劳动防护要求。

（3）进入非油气场所工作的外部承包商员工，可穿着除红色外其他颜色劳动防护服，防护服后背用白字标示外部承包商企业或队伍简称（多种经营企业应以集团企业的简称为准），性能应满足作业活动的劳动防护要求。

（4）无须劳动防护服的生产作业活动，外部承包商员工可穿着橙色或黄色反光背心。

（5）对于临时零散用工，可按照外部承包商类别，配发劳动防护服或反光背心，作业活动结束后收回。

图 15-5　劳动防护服

（6）如国家标准、行业标准对特殊工种另有要求的，按标准执行。

（二）生产作业现场监督着装要求

（1）在生产作业现场开展监督工作的人员，应在劳动防护服外穿着黄色防静电反光背心。背心前左上方、背心后背设白色醒目文字标识，按照监督专业类别标示"QHSE监督""钻井监督""监理"等。

（2）所有监督人员在执行监督任务时，应在背心正面右侧上方佩挂个人监督证。

五、耳塞与耳罩

在噪声超过 85dB 的区域内工作的所有人员必须佩戴听力保护设备（图 15-6）。

（一）耳塞的使用方法

（1）由于大多数海绵耳塞不能清洗，所以使用前请保持双手干净；

（2）取出一只耳塞，用一只手的食指和大拇指将其搓细（越细越好）；

（3）另一只手将要塞入的耳朵向上向外提起并保持住，然后将搓细的耳塞塞入耳朵中；

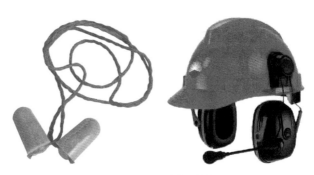

图 15-6　耳塞与耳罩

（4）用手扶住耳塞直至耳塞在耳中完全膨胀定型（要持续 30s 左右）。

注意事项：为保持耳道卫生，建议及时丢弃表面较脏的耳塞，以免滋生细菌。

（二）耳罩的使用方法

（1）将耳罩上的插件对准安全帽上的插槽插入。注：耳罩杯上有三个位置（工作位置、通风位置、停用位置）。

（2）使用时，耳罩杯必须处于工作位置。将两边金属带向内推进，直到两边都发出"咔"的声音，确认无论是耳罩杯还是金属带都没有压在安全帽的内衬上或边上，否则会导致泄漏。

（3）如果耳罩杯内侧因长时间使用而潮湿时，请不要将耳罩杯放在停用位置。

六、防护眼镜

防护眼镜是个体防护装备中重要的组成部分，按照使用功能可分为普通防护眼镜和特种防护眼镜。防护眼镜是一种特殊型眼镜，它是为防止放射性、化学性、机械性和不同波长的光损伤而设计的。防护眼镜的种类很多，不同的场合不同需求的眼镜也不同，常见的有防尘眼镜、防冲击眼镜、防化学眼镜和防光辐射眼镜等（图 15-7）。

图 15-7　防护眼镜

（一）分类

（1）气焊用护目眼镜。

这种镜片所用着色剂主要为氧化铁、氧化钴等，呈黄绿色，能全部吸收 500nm 以下波长的光波，可见光的透过率在1%以下，仅能有少量红外线通过。这种眼镜专供气焊操作焊接时使用。

（2）电焊用护目眼镜。

电焊产生的紫外线，对眼球短时间照射就会引起眼角膜和结膜组织的损伤（以28nm光最严重）。产生的强烈红外线很易引起眼晶体混浊。电焊用护目镜能很好阻截以上红外线和紫外线。这种镜片以光学玻璃为基础，采用氧化铁、氧化钴和氧化铬等着色剂，另外还加入一定量的氧化铈以增加对紫外线的吸收。外观呈绿色或黄绿色。能全部阻截紫外线，红外线透过率小于5%，可见光透过率约为0.1%。

（3）防化学溶液的防护眼镜。

化学性眼伤害，是指在生产过程中的酸碱液体或腐蚀性烟雾进入眼中，会引起角膜的烧伤，例如使用氢氧化钠、操作氧化钙罐子、输送含有腐蚀性液体或气体的管道、在金属淬火时有氰化物或亚硝酸盐飞溅等。防化学溶液的防护眼镜主要用于防御有刺激或腐蚀性的溶液对眼睛的化学损伤。可选用普通平光镜片，镜框应有遮盖，以防溶液溅入。通常用于实验室、医院等场所，一般医用眼镜即可通用。

（二）注意事项

（1）选用的护目镜要选用经产品检验机构检验合格的产品。护目镜的宽窄和大小要适合使用者的脸型。

（2）不戴眼镜时，请用眼镜布包好放入眼镜盒，保存时请避免与防虫剂、洁厕用品、化妆品、发胶、药品等腐蚀性物品接触，否则会引起镜片、镜架劣化、变质、变色。如果是暂时性放置眼镜，放置时镜片凸面朝上放置。

（3）防止重摔重压，防止坚硬的物体摩擦镜片和面罩。

（4）护目镜要专人使用，防止传染眼病。

七、防毒面具

（一）产品分类

按面具材质，可以分为高级橡胶面具及硅胶防毒面具；按滤盒数量配置，可以分为单滤盒和双滤盒防毒面具；按面具类型可分为半面具和全面具；按过滤方式可分为自吸过滤式防毒面具和电动送风呼吸器。常见防毒面具见图15-8。

（二）使用前注意事项

（1）确认防毒面具表面无裂痕、干净无沾污，完好无损；

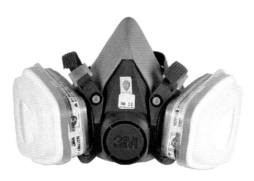

图15-8　防毒面具

（2）面具本体内部呼气阀、吸气阀无变形、破损，面具头带弹性合格；

（3）面具配件滤毒盒表面有无破裂、压伤、卡扣处无磨损，滤毒盒是否在有效期内。

（三）佩戴方法

（1）将防毒面具盖住口鼻，调节头带松紧至合适位置然后套在头顶；

（2）调整面具在脸部的位置，确认头发及胡须没有干涉；

（3）左手托住防毒面具的下方，使面具紧贴面部；右手将头带拉向颈后用力拉紧；

（4）参照防毒面具密闭性检测方法，检查密闭性，可以采用正压气密型检测或负压气密性检测两种方式，如果检测过程中发现面具有漏气，则需要反复调试直到具备优异的密闭性能。

（四）面具滤毒盒更换时机及安装方法

当佩戴防毒面具后，发现呼吸不畅或者呼吸阻力增加、能闻到有毒异味时，就需要立即退到安全区域更换滤毒盒。滤毒盒均采用卡扣固定方式，安装时先将滤盒边缘箭头标记部分对准面具本体上的箭头扣上，然后顺时针将滤盒选装到卡口位置固定，更换滤毒盒后，需要再次进行防毒面具密闭性测试。

（五）注意事项

防毒面具材质不论是橡胶或者硅胶，都是可以清洗后重复使用的，而滤毒盒或滤棉属于耗材，不能接触水或其他溶液。面具清洗后只能放置在通风处自然晾干，而滤毒盒不需要更换，可以将它放在密封袋内封装。

八、正压式空气呼吸器

常见正压式空气呼吸器见图 15-9。

（一）操作前检查

（1）正确穿戴劳保用品；

（2）检查背托是否和背部贴合，肩带是否牢靠紧固；

（3）检查面罩有无明显破损划痕，能否和面部完全贴合；

（4）检查连接导管有无破损和断裂；

（5）打开气瓶阀，关闭呼吸开关，检查气瓶压力在 27 ~ 30MPa 之间；

图 15-9 正压式空气呼吸器

（6）从面罩快速接头处断开，关闭气瓶阀，观察压力表 1min 内压降不能高于 2MPa；

（7）关闭气瓶阀，打开呼吸开关，检查余气报警器。

（二）佩戴步骤

（1）松开肩部束带，将呼吸器置于背上，拉动束带、腰带，确保舒适。

（2）松开头带，将颈带从头上套入，抓住下端头带，将下巴放到下巴托中并将带子拉到头上。

（3）将面罩放在脸部中间，并使头带中心平整的紧贴在头后部，拉紧两条下端的带子，不要过紧。

（4）拉紧鬓角和头顶的带子，确保所有头带都平贴在头上。

（5）将手掌紧贴盖在面罩的供气接口上，吸气并屏住呼吸几秒，感觉到面罩被吸瘪，且周围不漏气。若漏气，重新调整至不漏气。

（6）完全打开瓶阀，通过压力表读数查看气瓶压力，连接供气阀至面罩，听到"咔嗒"声，说明连接正常。

（7）戴好全面罩进行 2 ~ 3 次深呼吸，应感觉舒畅。屏气或呼气时，供给阀应停止供气，无"咝咝"的响声（可由其他人员进行检查）。

（三）注意事项

工作时切忌时常查看工作压力表读数，当罐体内剩余气体压力降为 5.5MPa ± 0.5MPa 时，报警器将被触发，直到气体用完才停止鸣笛。

（四）使用完后操作步骤

（1）将头部轻轻后仰，按压装卸扣按钮，即可解锁供气阀。

（2）取下呼吸面罩，关闭瓶阀，按压供气阀的旁通按钮清洁管路。

（3）松开胸部束带，松开背板束带，松开肩部束带，取下呼吸器。

（五）日常维护

（1）气瓶充气。气瓶充装需按《气瓶安全监察规定》执行，充装人员应持有特种设备作业人员证方可充装。充气压力不能高于额定工作压力，禁止彻底清空压缩气瓶。当气瓶不安装在呼吸器上时，在储存时必须有防震保护，在运输过程中瓶阀向上放置。

（2）清洁、消毒和干燥。每次使用后应及时清洁呼吸器上的灰尘和脏污，清洁后对空气减压系统进行消毒和清洗。然后在 5 ~ 50℃温度下干燥所有部件。

（3）清洁干燥的呼吸器应保存在专用箱中。储存地点应干燥，远离热源，避免强光直射和阳光。储存温度在 15 ~ 30℃之间。

九、便携式可燃气体检测仪

（一）操作前检查

（1）正确穿戴劳保用品；

（2）检查可燃气体检测仪（图 15-10）各部件是否齐全完好，是否贴有合格证；

（3）检查可燃气体检测仪是否安装电池，电池"+""−"是否安装正确。

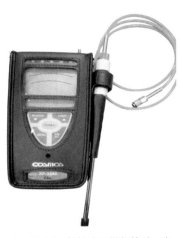

图 15-10　便携式可燃气体检测仪

（二）操作过程

（1）长按"POWER"键，蜂鸣器发出"哔"音，电源接通；

（2）LCD 主显示屏上显示"ADj"，模拟画面显示归零动作（预热运转中）。LCD 副显示屏上显示时钟；

（3）传感器稳定后，蜂鸣器发出"哔—"音，显示气体浓度画面（通常 30s 以内）；

（4）将检测仪的吸气管伸到可燃气体检测口处，停留 10s 以上；

（5）读出 LCD 主显示屏上显示的气体浓度；

（6）光线不足时，可按"LIGHT"，点亮 LCD 背景灯，约 30s 后背景灯会自动熄灭。

（三）操作后检查

检查关机前必须归零，关机。

十、洗眼器

洗眼器（图 15-11）是当发生有毒有害物质（如化学液体等）喷溅到工作人员身体、脸、眼或发生火灾引起工作人员衣物着火时，用于紧急情况下，暂时减缓有害物对身体的进一步侵害。进一步的处理和治疗需要遵从医生的指导，避免或减少不必要的意外。

（1）洗眼器使用前，应该先打开进水控制阀。一旦发生紧急情况，使用操作如下：

①需要洗眼时，先打开防尘盖（如果没有防尘盖这步骤可省略）。

②按顺时针方向轻推洗眼开关推板（如果配备洗眼器踏板，在打开开关时，可以踩下踏板）。

③开关打开之后，洗眼阀门开启，双眼上前可做冲眼，以用作紧急的处理。

图 15-11　洗眼器

（2）洗眼器使用完之后，关闭顺序如下：

①关闭进水控制阀（若工作区一直有人，进水控制阀建议一直开启，如果没人工作，建议关闭，尤其是冬季等）。

②等待 15s 以上，然后逆时针方向推回推板，洗眼阀门关闭（等待 15s 以上为的是让洗眼器管道内的积水排尽），将防尘盖复位。

十一、过滤式消防自救呼吸器

（一）用途

火灾时必然产生有毒烟气，据消防权威部门统计，发生火灾时，85%以上的受害者都死于火场中的毒气和毒烟，过滤式消防自救呼吸器（图15-12）是宾馆、办公楼等公共场所住宅发生火灾事故时，必备的个人安防系统防火呼吸保护装置。

（二）主要技术特征

（1）防护时间：30min以上，防毒、防热辐射、防烟多种保护，密封性好，适用于成年人各种面型；

（2）防护对象：一氧化碳、氰化氢、毒烟、毒雾；

（3）虑烟率达95%。

（三）注意事项

图15-12 过滤式消防自救呼吸器

（1）仅供一次性逃生使用，不能用于工作保护。

（2）靠过滤外部的空气呼吸，因此当火灾时空气中氧气浓度低于17%时不可使用。

（3）备用状态时，环境温度应为0~40℃，周边无热源，易燃、易爆及腐蚀性物品，通风应良好，无雨淋及潮气侵蚀。备用时应定期进行逃生使用演练，以免发生火灾时影响正常快速逃生。

（4）呼吸器仅供成年人佩戴。

（5）撕破包装盒盖的开启封条及包装袋，真空包装即已破坏，密封无法恢复，视为呼吸器已被使用。

十二、激光甲烷遥测仪

（一）用途

激光甲烷遥测仪（图15-13）在天然气泄漏的监测中，具有检测精度高（ppm级）、响应速度快（0.01s）、可遥测（35m）等优势，及方便、快捷、准确等特点，解决了传统仪器无法实现的天然气泄漏检测。现场应用激光甲烷遥测仪可大大提高天然气泄漏巡检效率。

（二）操作方法

1. 操作前检查

（1）检查设备本体、LCD显示屏和激光发射口是否完好无损。

图15-13 激光甲烷遥测仪

（2）开机检查设备电量，设备提示电量不足时需对设备进行充电后方可正常使用。

2. 操作过程

（1）开关机操作：

设备开机：长按设备开机键（约2s）进入开机画面，经设备预热后，进入到使用主界面，进入出厂默认带图表显示方式。

设备关机：在测量主界面状态下，长按设备关机键（约3s）进入关机程序，继续按住关机键5s完成关机。

（2）测量操作：

设备开机后，对准目标测量面，单击测量（MEASURE）键即可实现实时测量功能。

液晶屏实时显示测量浓度值；测量目标气体浓度低于设定报警值时，伴有测量音提示；信号过弱或过强时提示音延长，并于LCD屏幕右侧实测浓度值处提示光强过强或过弱。

测量过程中再次点击测量（MEASURE）键，测量终止。

十三、固定式可燃气体报警器

（一）使用的注意事项

固定式可燃气体报警器（图15-14）安装一经就位，其位置就不易更改。根据多年来积累的工作经验，具体应用时应考虑以下几点。

（1）弄清所要监测的装置有哪些可能泄漏点，分析它们的泄漏压力、方向等因素，并画出探头位置分布图，根据泄漏的严重程度分成Ⅰ、Ⅱ、Ⅲ三种等级。

（2）根据所在场所的气流方向、风向等具体因素，判断当发生大量泄漏时，可燃气体的泄漏方向。

（3）根据泄漏气体的密度（大于或小于空气密度），结合空气流动趋势，综合成泄漏的立体流动趋势图，并在其流动的下游位置做出初始设点方案。

图15-14　固定式可燃气体报警器

（4）研究泄漏点的泄漏状态是微漏还是喷射状。如果是微漏，则设点的位置就要靠近泄漏点一些。如果是喷射状泄漏，则要稍远离泄漏点。综合这些状况，拟定出最终设点方案。这样，需要购置的数量和品种即可估算出来。

（5）对于存在较大可燃气体泄漏的场所，根据有关规定每相距10～20m应设一个检测点。对于无人值班的小型且不连续运转的泵房，需要注意发生可燃气体泄漏的可能性，一般应在下风口安装一台检测器。

（6）对于有氢气泄漏的场所，应将检测器安装在泄漏点上方平面。

（7）对于气体密度大于空气的介质，应将检测器安装在低于泄漏点的下方平面上，并注意周围环境特点。对于容易积聚可燃气体的场所应特别注意安全监测点的设定。

（8）对于开放式可燃气体扩散逸出环境，如果缺乏良好的通风条件，也很容易使某个部位的空气中的可燃气体含量接近或达到爆炸下限浓度，这些都是不可忽视的安全监测点。

根据现场事故的分析结果，其中一半以上是由不正确的安装和校验造成的。因此，有必要介绍正确的安装和校验的注意事项以减少故障。

（二）安装的注意事项

（1）报警器的周围不能有对仪表工作有影响的强电磁场（如大功率电机、变压器）。

（2）报警器是安全仪表，有声、光显示功能，应安装在工作人员易看到和易听到的地方，以便及时消除隐患。

（3）报警器的安装高度一般应在 160 ~ 170cm，以便于维修人员进行日常维护。

（4）报警器探头主要是接触燃烧气体传感器的检测元件，由铂丝线圈上包氧化铝和黏合剂组成球状，其外表面附有铂、钯等稀有金属。因此，在安装时一定要小心，避免摔坏探头。

（5）被测气体的密度不同，室内探头的安装位置也应不同。被测气体密度小于空气密度时，探头应安装在距屋顶30cm外，方向向下；反之，探头应安装在距地面30cm处，方向向上。

十四、便携式四合一气体检测仪（QRAE3 泵吸式）

便携式四合一气体检测仪见图 15-15。

（一）操作前检查

（1）检查电池电量是否充足，不充足及时充电。

（2）检查进气口气滤有无杂物堵住，堵住需清理干净或更换。

（二）操作过程

（1）开机操作：按住 MODE 键并保持 1s，直到蜂鸣器一声报警声结束，然后松开 MODE 键。QRAE 3 启动后，会打开背光灯，然后关闭，仪表会蜂鸣、闪烁。当 QRAE 3 检测界面出现之前。传感器需要 1 ~ 2min 的预热和自检时间。预热自检结束后，仪器进入检测模式。

图 15-15 便携式四合一气体检测仪

（2）气体检测：将取样管端部置于测试点中，待测试值变化稳定后，读数并记录。

（3）关机操作：长按住 MODE 键。5s 关闭倒计时开始。直到 QRAE 3 关闭。

（三）主要风险及控制措施

（1）仪器更换电池或简单维修时应在安全场所进行。

（2）传感器和仪器要注意防水和杂质。

（3）仪器长期不工作时，应关机，置于干燥、无尘、符合储存温度的环境中。

（4）调整好的仪器不要随便开盖。

十五、红外火焰探测器

现场用 X3301 型红外火焰探测器设有三个红外传感器，各配有相关的信号处理电路，火焰探测器荧光屏上的多彩发光二极管可显示本探测器的状况。

图 15-16　红外火焰探测器

（一）探测器指示状态

开机 / 正常检测时，发光二极管指示器绿色；

故障时，发光二极管指示器黄色；

火警时，发光二极管指示器红色。

（二）探测器使用注意事项

（1）为了不必要的惊慌，灭火装置应在探测系统开始检测或维护作业开始前预先和探测器分离。

（2）要对危险区域安装足够的探测器，确保充分覆盖危险区。对探测器的安装定位要以火灾危险区域可以在探测器监控视野和探测范围之内。探测器应向下倾斜至少 10°～20° 角以保证镜头孔的干燥。不要安装在可能产生烟尘的区域。

（3）X3301 型火焰探测器是多频谱红外设备，只对含碳燃料有探测作用。本探测器不可用于探测非碳燃料发出的火焰。

十六、气体浓度常见换算关系

（一）ppm、LEL、VOL 的含义

ppm：气体体积百分比含量的百万分之一，是无量纲单位。

LEL：可燃气体在空气中能引爆的最低体积分数浓度（即气体爆炸下限浓度）。

LEL% 是指爆炸下限的百分比。

VOL：气体体积分数，是物理单位。

例如 5%VOL，指特定气体在空气中的体积占 5%。

三者相互之间的关系：一般来说 ppm 用在较为精确的测量；LEL 用于测爆的场合；VOL 的数量级是它们三个中最大的。

（二）三者之间的换算关系

ppm 换算成 LEL 公式如下：

$$ppm = \%LEL \times LEL（VOL\%）\times 100$$

例如：甲烷的爆炸下限是 5%VOL，所以，现场检测出 10%LEL 的甲烷气体有以下对应关系：10%LEL=5000ppm=0.5%VOL。

一般可燃气体探头测量的量程是 0 ~ 100%LEL，所以它的满量程对应的气体浓度是 5%VOL 的甲烷，也就是说仪表显示到 100%LEL，现场的气体浓度才到甲烷的爆炸下限 5%VOL。

（三）ppm 与 mg/m³ 的换算关系

质量体积浓度表示法来表示气体浓度，单位为 mg/m^3，表示 $1m^3$ 体积气体中所含污染物的质量数。

ppm 与 mg/m^3 的换算关系如下：

$$X = M \times C/22.4$$
$$C = 22.4 \times X/M$$

式中，X——污染物以每标准立方米的毫克数表示的浓度值；

C——污染物以 ppm 表示的浓度值；

M——污染物的分子量。

例如：硫化氢 H_2S 仪器测得为 20ppm，换算为质量体积浓度 $=34 \times 20/22.4=30mg/m^3$。

第三节 作业许可管理基础知识

一、名词释义

作业：是指在油气田企业生产或施工作业区域内，从事工作程序（规程）未涵盖的非常规作业（指临时性的、缺乏程序规定的作业活动），也包括有专门程序规定的高风险作业（如进入受限空间、挖掘、高处作业、吊装、管线打开、临时用电、动火等）。

辽河油田公司对以上作业实行作业许可管理，作业前必须办理作业许可证。

动火作业：指在具有火灾爆炸危险性的生产或施工作业区域内能直接或间接产生明火的各种临时作业活动。动火作业包括但不限于以下方式：

（1）各种气焊、电焊、铅焊、锡焊、塑料焊等各种焊接作业及气割、等离子切割机、砂轮机、磨光机等各种金属切割作业。

（2）使用喷灯、液化气炉、火炉、电炉等明火作业。

（3）烧、烤、煨管线、熬沥青、炒砂子、铁锤击（产生火花）物件、喷砂和产生火花的其他作业。

（4）在运行的生产装置、油罐区等爆炸危险范围内连接临时电源并使用非防爆电器设备和电动工具。

（5）使用雷管、炸药等进行爆破作业。

进入受限空间作业：是指在生产或施工作业区域内进入炉、塔、釜、罐、仓、槽车、烟道、隧道、下水道、沟、坑、井、池、涵洞等封闭或半封闭，且有中毒、窒息、火灾、爆炸、坍塌、触电等危害的空间或场所的作业。

挖掘作业：是指在生产、作业区域使用人工或推土机、挖掘机等施工机械，通过移除泥土、石方形成沟、槽、坑或凹地的挖土、打桩、地锚入土作业；或建筑物拆除以及在墙壁开槽打眼，并因此造成某些部分失去支撑的作业。

管线打开作业：是指使用任何方式使管线的组成部分形体分离，改变管线的完整性作业，或指将装置、设备的受压（负压）、有毒有害系统打开进行的相关作业。管线打开是指采取下列方式（包括但不限于）改变管线及其附件的完整性：

（1）解开法兰；

（2）从法兰上去掉一个或多个螺栓；

（3）打开阀盖或拆除阀门；

（4）调换 8 字盲板；

（5）打开管线连接件；

（6）去掉盲板、盲法兰、堵头和管帽；

（7）断开仪表、润滑、控制系统管线，如引压管、润滑油管等；

（8）断开加料和卸料临时管线（包括任何连接方式的软管）；

（9）用机械方法或其他方法穿透管线；

（10）开启检查孔；

（11）微小调整（如更换阀门填料）；

（12）其他。

高处作业：是指距坠落高度基准面 2m 及以上有可能坠落的高处进行的作业。坠落高度基准面是指可能坠落范围内最低处的水平面。

临时用电作业：是指在生产或施工区域内临时性使用非标准配置 380V 及以下的低电压电力系统不超过 6 个月的作业。非标准配置的临时用电线路是指除按标准成套配置的，有插头、连线、插座的专用接线排和接线盘以外的，所有其他用于临时性用电的电气线路，包括电缆、电线、电气开关、设备等。

流动式起重机吊装作业：是指使用流动式起重机进行的吊装作业。流动式起重机即自行式起重机，包括履带起重机、轮胎起重机，不包括桥式起重机、龙门式起重机、固定式桅杆起重机、悬挂式伸臂起重机以及额定起重量不超过 1t 的起重机。

二、工作要求

（一）作业许可（俗称大许可）

（1）许可范围：在所辖区域内或已交付的在建装置区域内，应实行作业许可管理、办理"作业许可证"的工作包括但不限于：

①非计划性维修工作（未列入日常维护计划或无规程指导的维修工作）；

②非常规承包商作业；

③偏离安全标准、规则、程序要求的工作；

④交叉作业；

⑤油气处理储存设备、管线带压作业；

⑥缺乏操作规程的工作；

⑦屏蔽报警、中断连锁和停用安全应急设备；

⑧对不能确定是否需要办理许可证的其他高风险作业。

如果工作中包含以下工作，还应同时办理专项作业许可证：

①进入受限空间；

②挖掘作业；

③高处作业；

④移动式吊装作业；

⑤管线与设备打开；

⑥临时用电；

⑦动火作业。

（2）批准和延期有效期。

（二）动火作业

1.动火作业分级审批

（1）特级动火作业

特级动火作业由所属单位机关业务部门组织审查，报所属单位业务分管领导审批。

（2）一级动火作业

一级动火作业至少由所属单位机关业务部门负责人或作业区域所在单位负责人审批。

（3）二级动火作业

二级动火作业原则上至少由基层单位负责人或分管负责人审批。

2. 动火作业有效期

特级动火作业和一级动火作业的许可证有效期不超过 8h；二级动火作业的许可证有效期不超过 72h。

辽河油田消防支队在特级动火作业前，应当安排消防力量到动火作业现场全过程执行消防监护任务，对动火作业现场进行消防条件确认审批，并对其他等级的动火作业进行监督检查。

（三）进入受限空间作业

进入受限空间作业许可证的期限一般不超过一个班次，延期后总的作业期限原则上不能超过 24h。办理延期时，作业申请人、批准人应当重新核查工作区域，确认所有安全措施仍然有效，且作业条件和风险未发生变化。

清罐作业或其他罐内工艺改造作业根据工期计划，由相关各方协商一致确定作业许可的有效期限，但总的作业期限最多不超过 30 个工作日。

（四）挖掘作业

1. 挖掘作业分级

一级：挖掘深度在 0.5 ~ 3m，由基层队级进行审批，批准人为基层队长；（无基层队级，执行二级管理）

二级：挖掘深度在 3 ~ 6m，由科级生产单位（项目部）级进行审批，批准人为科级生产单位（项目部）主管领导；

三级：挖掘深度在 6m 及以上，由二级单位级进行审批，批准人为二级单位业务主管部门。

2. 批准和延期有效期

挖掘作业许可票的有效期限一般不超过一个班次。如果在书面审查和现场核查过程中，双方确认确需延时作业，应根据作业性质、作业风险、作业时间，经相关各方协商一致确定许可票的有效期限（最多不超过 30 个工作日）。

（五）管线打开作业

管线打开作业许可票的有效期限一般不超过一个班次。如果在审查过程中，经确认需要延时进行作业，生产单位根据作业性质、作业风险、作业时间，经相关各方协商一致确定管线打开作业许可票有效期限和延期次数（总的作业期限最多不超过 7 个工作日）。

（六）高处作业

1.高处作业分级审批

高处作业分为一级、二级、三级和特级等四级。

（1）作业高度在 2 ～ 5m，称为一级高处作业，一级高处作业由班组长审批。

（2）作业高度在 5 ～ 15m，称为二级高处作业，二级高处作业由基层队长审批。

（3）作业高度在 15 ～ 30m，称为三级高处作业，三级高处作业由作业区域所在科级单位或二级单位业务部门科级主管人员审批。

（4）作业高度在 30m 及以上时，称为特级高处作业，特级高处作业由二级单位业务主管领导审批。

无对应审批人员的，高处作业审批权限上调一级执行。

2.批准和延期有效期

高处作业许可证的期限一般不超过一个班次。必要时，可适当延长高处作业许可期限，总的期限不超过 30 个工作日。办理延期时，作业申请人、作业批准人应重新核查工作区域，确认作业条件和风险未发生变化，所有安全措施仍然有效。

（七）临时用电作业

临时用电作业许可证的期限一般不超过一个班次。必要时，可适当延长作业许可期限，但总的期限最长不能超过 15 天。办理延期时，用电申请人、用电批准人、电气专业人员应重新核查工作区域，确认作业条件和风险未发生变化，所有安全措施仍然有效。

（八）流动式起重机吊装作业

1.吊装作业的"十不吊"

（1）超载或被吊物重量不清时不吊；

（2）指挥信号不明确时不吊；

（3）捆绑、吊挂不牢或不平衡可能引起吊物滑动时不吊；

（4）被吊物上有人或有浮置物时不吊；

（5）结构或零部件有影响安全工作的缺陷或损伤，如制动器及安全装置失灵、吊钩螺母防松装置损坏、钢丝绳损伤达到报废标准时不吊；

（6）遇有拉力不清的埋置物体时不吊；

（7）歪拉斜吊重物时不吊；

（8）工作场地昏暗，无法看清场地、被吊物情况和指挥信号时不吊；

（9）重物棱角处与捆绑钢丝绳之间未加衬垫时不吊；

（10）吊装运行路线上有障碍物且与吊装高度间距不足 0.5m 或下方有人员不吊。

2.关键性吊装作业

符合下列条件之一的，应视为关键性吊装作业：

（1）货物载荷达到额定起重能力的 75%；

（2）货物需要一台以上的起重机联合起吊的；

（3）吊臂和货物与管线、设备或输电线路的距离小于规定的安全距离；

（4）吊臂越过障碍物起吊，操作员无法目视且仅靠指挥信号操作；

（5）起吊偏离制造厂家的要求，如吊臂的组成与说明书中吊臂的组合不同；使用的吊臂长度超过说明书中的规定等；

（6）单件起重机量 100t 以上、新工艺或多台起重机吊一件物品、吊装物直线长度大于 70m 以上、结构特殊或薄壁柔性结构的大型吊装作业；

（7）注汽锅炉吊装、储罐安装维修。

3. 吊装作业分级审批

关键性吊装作业由二级单位业务主管部门审批，其他吊装作业许可票由科级单位审批。

4. 批准和延期有效期

吊装作业许可票的有效期限一般不超过一个班次。如果在书面审查和现场核查过程中，经确认需要更多的时间进行作业，应根据作业性质、作业风险、作业时间，经相关各方协商一致确定作业许可票有效期限和延期次数（最多不超过 7 个工作日），超过延期次数，应重新办理作业许可票。固定设备装置安装维修吊装作业许可期限视工期而定，最多不超过 30 个工作日，若场地条件、吊车、吊装作业人员、方案改变应重新办理作业许可票。

三、作业许可升级管理

双休日、法定假日、夜间、国家重大会议和活动等重要敏感时段施工作业实行升级管理，明确升级管理的程序和范围。

四、作业许可相关人员

作业申请、作业批准、作业实施、气体检测、作业监护、属地监督、作业关闭等人员必须经过作业许可专项培训和能力评估，取得相应资格和上一级授权方可承担工作。

五、许可证分发

作业许可证一式四联，许可证应统一编号。许可证分发：

（1）第一联：放置在作业现场并便于查阅；

（2）第二联：张贴在控制室或公开处以示沟通，让有关人员了解现场正在进行的作业位置和内容；

（3）第三联：送交相关方，以示沟通；

（4）第四联：保留在批准人处。

六、许可证保存

作业许可证分发后，不得再作任何修改。工作完成后，许可证第一联关闭后应收回，并由批准人保存一年。(包括已取消、作废的许可证)。

第四节　能量隔离及上锁挂签

一、术语和定义

(1)危险能量：不加控制，可能造成人员伤害或财产损失的电、机械、化学、热或任何其他形式的能量。

(2)隔离：将阀件、电器开关、蓄能配件等设定在合适的位置或借助特定的设施使设备不能运转或危险能量和物料不能释放的措施。

(3)隔离装置：防止危险能量和物料传递或释放的机械装置，如电路隔离开关、断开电源或保险开关、管道阀门、盲板、机械阻塞或用于阻塞、隔离能源等类似装置。

(4)个人锁：用于锁住单个隔离点或锁箱的标有个人姓名的安全锁，每人只有一把，供个人专用。

(5)集体锁：用于锁住隔离点并配有锁箱的安全锁，集体锁可以是一把钥匙配一把锁，也可以是一把钥匙配多把锁。

(6)铅封锁：主要用于防止误操作，保证工艺流程正常状态时可不挂牌。但当用铅封锁代替使用安全锁时，必须挂牌。

(7)上锁设施：保证能够上锁的辅助设施，如锁扣、阀门锁套、链条等。

(8)操作人员：对运行中的设备进行操作的人员。

(9)作业人员：对已经进行能量或物料隔离的设备进行操作、检修、维护，使设备恢复正常使用状态的人员，可以是承包商人员，也可以是操作人员。

(10)危险禁止操作标签：是用来对设备作整体性的管制，保护人员免于受伤、设备免于受损的一种措施，通常与安全锁配套使用。其标示内容应包含：

①挂签者姓名；

②挂签日期；

③挂签人联系方式；

④挂签者单位。

(11)测试：验证系统或设备隔离的有效性。

二、管理要求

(一)能量隔离及上锁挂签范围

(1)需断电的检、维修等作业；

（2）高温、高压作业；

（3）必要的进入有限空间作业；

（4）天然气管线打开作业；

（5）其他。

操作或维修人员根据设备运行中的检测规定必须在有能量的条件下工作时，在确保安全的情况下可以不执行上锁挂签（如必须带电的检、维修作业）。针对储气库注采气工艺压力等级不同，防止高压气体进入低压工艺造成安全生产事故，注（采）气生产分别设定了需锁定阀门。在作业时，为避免设备设施或系统区域内蓄积危险能量或物料的意外释放，对所有危险能量和物料的隔离设施均应上锁挂签。

作业前，参与作业的每一个人员都应确认隔离已到位并已上锁挂签，并及时与相关人员进行沟通。整个作业期间（包括交接班），应始终保持上锁挂签。上锁挂签应由操作人员和作业人员本人进行，并保证安全锁和标牌置于正确的位置上。特殊情形下，本人上锁有困难时，应在本人目视下由他人代为上锁。安全锁钥匙须由作业人员本人保管。为确保作业安全，作业人员可要求增加额外的隔离、上锁挂签。作业人员对隔离、上锁的有效性有怀疑时，可要求对所有的隔离点再做一次测试。上锁挂签后，应通过检测确认危险能量和物料已去除或已被隔离，否则所有危险能量和物料的来源都应认为是没有被消除的。对所有存在电气危害的，断电后应实施验电或放电接地检验。隔离点的辨识、隔离及隔离方案制定等应由属地人员、作业人员或双方共同确认。

（二）能量隔离及上锁挂签步骤

1. 辨识

在隔离、上锁挂签前，应辨识与作业相关的所有危险能量和物料的来源及类型。需要控制的危险能量包括但不限于以下种类：

（1）电能：电流或电子流（如微电流、微电压等）；

（2）动能：运转的设备等；

（3）势能：蒸汽（任何压力）、压缩气体（一个大气压以上）、真空、加压液体（一个大气压以上）等；

（4）化学能：危险化学品；

（5）热能：电热、冷却系统。

2. 隔离

根据辨识出的危险能量和物料及可能产生的危害，确定隔离点。

3. 上锁挂签

选择合适的锁具，填写"危险禁止操作标签"，对隔离点上锁挂签。

4.确认和测试

切断设备的电源开关并上锁挂签后，必须进行测试确认能量已经被彻底隔离。

（三）能量隔离及上锁挂签上锁方式

1.单个隔离点上锁

（1）单人作业单个隔离点上锁：

①操作人员和作业人员用各自个人锁对隔离点进行上锁挂签。

②多人共同作业对单个隔离点的上锁有两种方式，一是所有作业人员和操作人员将个人锁锁在隔离点上，二是使用集体锁对隔离点上锁，集体锁钥匙放置于锁箱内，所有作业人员和操作人员个人锁上锁于锁箱。

（2）多个隔离点上锁：用集体锁对所有隔离点进行上锁挂签，集体锁钥匙放置于锁箱内，所有作业人员和操作人员用个人锁对锁箱进行上锁挂签。

2.电气上锁

（1）对电气隔离点由电气专业人员上锁挂签及测试，作业人员确认。

（2）电气上锁应注意以下方面：

①主电源开关是电气驱动设备主要上锁点，附属的控制设备如现场启动/停止开关不可作为上锁点；

②若电压低于220V，拔掉电源插头可视为有效隔离，若插头不在作业人员视线范围内，应对插头上锁挂签，以阻止他人误插；

③采用保险丝、继电器控制盘供电方式的回路，无法上锁时，应装上无保险丝的熔断器并加警示标牌；

④若必须在裸露的电气导线或组件上工作时，上一级电气开关应由电气专业人员断开或目视确认开关已断开，若无法目视开关状态时，可以将保险丝拿掉或测电压或拆线来替代；

⑤具有远程控制功能的用电设备，不能仅依靠现场的启动按钮来测试确认电源是否断开，远程控制端必须置于"就地"或"断开"状态并上锁挂签。

3.解锁

（1）当完成维护工作时，上锁者应检查设备是否符合要求。检查设备时，如发现有任何问题，通知作业单位进行处理。当确认设备符合要求，上锁者方可移去锁及标签。

（2）非正常拆锁。

如锁的所有人不在场时，且其"危险禁止操作"标签或个人安全锁需要移去时，必须完成以下两个程序之一：

与锁的所有人联系并取得其核准。

联络上锁者直线领导及作业单位负责人并在两人已经：

①确知上锁的理由；

②确知目前工作状况；

③检查过相关设备；

④确知解除该标签及锁是安全的；

⑤在该员工回到岗位，告知其本人。

（四）能量隔离及上锁挂签的使用原则

（1）需上锁挂签的工作，应联系属地主管进行安全措施确认后，方可上锁挂签。

（2）当任何人对上锁隔离的效果有疑问时，均可要求与属地主管共同对所有的隔离点再进行一次检查。

（3）使用安全锁时，必须随锁附上"危险禁止操作标签"。

（4）在某些特殊情况下，如特殊尺寸的阀或电源开关无法上锁时，经生产单位负责人同意，可只挂"危险禁止操作标签"，而不用上锁。

（5）要移去标签必须先解锁，除非标签是单独使用。只有上锁者本人可解除或在本人目视下由他人解除安全锁和标签，如本人不在场时，必须满足一定要求方可使用备用钥匙进行解除或破坏锁具。

（6）如工作未完成，上锁人要离场，必须将工作进度状况及上锁情况告知接班人员，确认交接清楚后，可将钥匙交给接班人员，并在上锁点清单上注明钥匙持有人的变更情况。

（7）违反本程序属于严重违章。

（五）能量隔离及上锁挂签点清单

必须详细记录所有上锁点，上锁点清单张贴于站内值班室显著位置。

上锁点清单包含以下信息：

（1）每一上锁点的位置，必须详细到能够被找到；

（2）锁具编号；

（3）上锁时间；

（4）上锁人姓名；

（5）上锁人联系方式；

（6）解锁时间；

（7）钥匙持有人。

三、安全锁、标签的管理

安全锁应明确以下信息：

（1）个人锁和钥匙归个人保管并标明使用人姓名，个人锁不得相互借用。

（2）集体锁应在锁箱的上锁清单上标明上锁的系统或设备名称、编号、日期、原因等信息，锁和钥匙应有唯一对应的编号，集体锁应集中保管，存放于便于取用的场所。

（3）危险警示标牌应与其他标牌有明显区别。警示标牌应包括标准化用语（如"危险，禁止操作"或"危险，未经授权不准去除"）。危险警示标牌应标明员工姓名、联系方式、上锁日期、隔离点及理由。

（4）危险警示标牌不能涂改，一次性使用，并满足上锁使用环境和期限的要求。

使用后的标牌应集中销毁，避免误用。危险警示标牌除了用于指明控制危险能量和物料的上锁挂签隔离点外，不得用于任何其他目的。如果保存有备用钥匙，原则上备用钥匙只能在非正常拆锁时使用，其他任何时候，除备用钥匙保管人外，任何人都不能接触到备用钥匙。严禁私自配制备用钥匙。上锁设施的选择除应适应上锁要求外，还应满足作业现场安全要求。

第五节　现场急救知识

现场急救，是在事故现场对遭受意外伤害的人员所进行的应急救治。其目的是控制伤害程度，减轻人员痛苦，防止伤情迅速恶化，抢救伤员生命，然后将其安全地护送到医院检查和治疗。油气田事故造成的伤害往往都比较急促，并且往往是严重伤害，危及人员的生命安全，所以必须立即进行现场急救。伤害一旦发生，应该立即根据伤害的种类、严重程度，采取恰当的措施进行现场急救。特别是当伤员出现心跳、呼吸停止时，要及时进行心肺复苏；同时在转送医院途中，对有生命危险者要坚持进行人工呼吸，密切注意伤员的神经、瞳孔、呼吸、脉搏及血压情况。总之，现场急救措施要及时而稳妥，正确而迅速。

一、气体中毒及窒息的急救

（1）进入有毒有害气体场所进行救护的人员一定要佩戴可靠的防护装备，以防救护者中毒窒息而使事故扩大。

（2）立即将中毒者抬离中毒环境转移到新鲜空气中，取平卧位。

（3）迅速将中毒者口鼻内妨碍呼吸的黏液、血块、泥土及碎矿等除去。使伤员仰头抬颌，解除舌根下坠，使呼吸道通畅。

（4）解开伤员的上衣与腰带，脱掉胶鞋，但要注意保暖。

（5）立即检查中毒人员的呼吸、心跳、脉搏和瞳孔情况。

（6）如伤员呼吸微弱或已停止，应给伤员带苏生器，有条件时可给予吸纯氧；有毒气体中毒者不能做人工呼吸。

（7）心脏停止跳动者，立即进行胸外按压。

（8）呼吸恢复正常后，用担架将中毒者送往医院治疗。

二、触电急救

触电急救的要点是动作迅速，救护得法。发现有人触电，首先要尽快地使触电者脱离电源，然后根据触电者的具体情况，进行相应的救治。

（一）脱离电源

迅速使触电者脱离电源是触电急救的关键。一旦发现有人触电，应立即采取措施使触电者脱离电源。触电时间越长，抢救难度越大，抢救好的可能越小。使触电者迅速脱离电源是减轻伤害，赢得救护时间的关键。

（1）对于低压触电事故。如果离通电电源开关较近，要迅速断开开关；如果开关较远，可用绝缘物使人与电线脱离，如用有绝缘柄的电工钳或有干燥木柄的斧头切断电线，或用干木板等绝缘物插入触电者身下，以隔断电源。当电线搭落在触电者身上或被压在身上时，可以用干燥的衣服、手套、绳索、木板、木棒等绝缘物拉开绝缘物或挑开电线，使触电者脱离电源。挑开的电线应放置妥善，以免别人再触电。如果触电者的衣服是干燥的，又没有紧缠在身上，可以用一只手抓住他的衣服，拉离电源，但不得触及触电者的皮肤和鞋。

（2）对于高压触电事故。立即通知有关部门停电；抢救者戴上绝缘手套，穿上绝缘靴，用相应电压等级的绝缘工具拉开开关；抛掷裸金属线使线路短路接地，迫使保护装置动作，断开电源。注意抛掷金属前，先将金属线的一端可靠接地，然后抛掷另一端。抛掷的一端不可触及触电者和他人。

（3）注意事项。救护者不可直接用手或其他金属或潮湿的物体作为救护工具，必须使用绝缘工具；最好使用一只手操作，以防自己触电。要避免事故扩大，如事故发生在夜间，应迅速解决临时照明问题，以利于抢救。

（二）现场急救

（1）对触电者应立即就地抢救，解开触电者的上衣纽扣和裤带，检查呼吸心跳情况。

（2）如果触电者伤势不重，神志清醒，但有心慌、四肢发麻、全身无力等症状，或者触电者一度昏迷，但已清醒过来，应使触电者安静休息，不要走动，严密观察，并请医生前来诊治或送医院。

（3）如果触电者伤势较重，已失去知觉，但呼吸、心跳存在者，应使触电者舒适、安静地平卧；周围不要围人，使空气流通；解开他的衣服，以利观察；如天气寒冷，要注意保暖。如果发现触电者呼吸困难、稀少或发生痉挛，立即进行口对口人工呼吸，并速请医生诊治或送医院。

（4）发现伤员心跳停止或心音微弱，立即进行胸外心脏按压，同时进行口对口人工呼吸，并速请医生诊治或送医院。

（5）有条件的可给伤员吸氧气。

（6）进行各种合并伤的急救，如烧伤、止血、骨折固定等。

（7）局部电击伤的伤口应进行早期清创处理，创面宜暴露，不宜包扎，以防组织腐烂、感染。

急救及护理必须坚持到底，不得停止，直到触电者经医生做出无法救活的诊断后方可停止。实施人工呼吸或胸外心脏按压等抢救方法时，可以几个人轮流进行，不可轻易中断；在送往医院的途中仍必须坚持救护，直至交给医生。抢救中途，如触电者皮肤由紫变红、瞳孔由大变小，证明抢救有效；如触电嘴唇微动并略有开合或眼皮微动、或喉内有咽东西的微小动作以至脚或手有抽动等，应注意触电者是否有可能恢复心脏自动跳动或自动呼吸，并边救护边细心观察。当触电者能自动呼吸时，即可停止人工呼吸；如果人工呼吸停止后，触电者仍不能自己呼吸，则应继续进行人工呼吸，直到触电者能自动呼吸并清醒过来。

三、烧伤急救

（1）使伤员尽快脱离火（热）源，缩短烧伤时间。注意避免助长火势的动作，如快跑会使衣服烧得更炽热，站立将使头发着火并吸入烟火，引起呼吸道烧伤等。被火烧者应立即躺平，用厚衣服包裹，湿的更好，若无此类物品，则躺着就地慢慢滚动。用水及非燃性液体浇灭火焰更好，但不要用砂子或不洁物品。

（2）查心跳、呼吸情况，是否合并有其他外伤和有害气体中毒以及其他合并症状。对爆炸冲击烧伤人员，应检查有无颅胸损伤、胸腹腔内脏损伤和呼吸道烧伤。

（3）防休克、防窒息、防创面污染。烧伤的伤员常常因疼或恐惧发生休克，可用针灸止痛或给止痛药；现场检查和搬运伤员时，注意保护创面，防止污染。

（4）迅速脱去伤员被烧的衣服、鞋及袜等，为节省时间和减少对创面的损伤，可用剪刀剪开。不要清理创面，使其避免污染，并减少外界空气刺激创面引起疼痛，暂时用较干净的衣服把创面包裹起来。对创面一般不做处理，尽量不弄破水泡，保护表皮，避免涂一些效果不肯定的药物、油膏或油。

（5）迅速离开现场，立即把严重烧伤人员送往医院。注意搬运时动作要轻柔，行进要平稳，随时观察伤情。

四、溺水急救

立即将溺水人员运到空气新鲜又温暖的地点控水。控水时救护者左腿跪下，把溺水者腹部放在其右侧腿上，头部向下，用手压背，使水从溺水者的鼻孔和口腔流出。或将溺水者仰卧，救护者双手重叠置于溺水者的肚脐上方，向前向下挤压数次，迫使其腹腔容积减少，水从口腔、鼻孔喷出。水排出后，进行人工呼吸或胸外心脏按压等心肺复苏，有条件时用苏生器苏生（图15-17）。

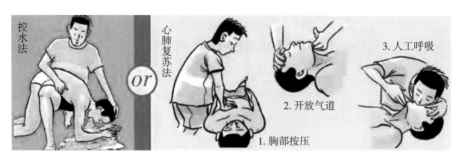

图 15-17　溺水急救方法

五、外伤救治法

（一）紧急止血

（1）指压法：根据动脉的走问，在出血伤口的近心端，用手指压住动脉，将中等或较大的动脉压在骨的浅面，可临时止血，多用于头、颈、四肢动脉出血。此法仅用于短时间控制动脉血流（图 15-18）。

（2）压迫包扎法：常用于一般的伤口出血，用消毒纱布或干净的毛巾、布块折成比伤口稍大的垫，盖住伤口，再用绷带或布带扎紧。但疑有骨折或伤口有异物时不宜用此法。注意应将裹伤的无菌面贴向伤口，包扎要松紧适中（图 15-19）。

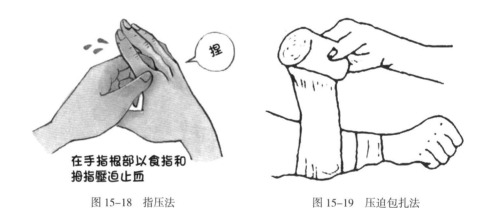

图 15-18　指压法　　　　　图 15-19　压迫包扎法

（3）止血带止血：用橡皮或布条缠绕扎紧伤口上方肌肉多的部位，其松紧以摸不到远端动脉搏动、伤口止血为宜，过松无止血作用，过紧会影响血液循环，损害神经，造成肢体坏死（图 15-20）。要在明显部位标明上止血带的时间，超过两个小时者，每隔一小时放松 1～3min，改为指压止血。此法适用于不能用加压止血的四肢大动脉出血。止血带位置应接近伤口（减少缺血组织范围）。

（二）骨折

（1）骨折的主要症状：①疼痛；②肿胀；③畸形；④功能障碍；⑤大出血。

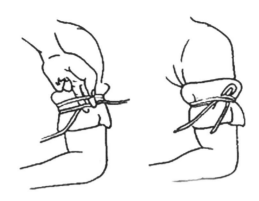

图 15-20　止血带止血

（2）骨折的急救要点：临时固定，使伤员在运送过程中免遭额外损伤，减轻伤员痛苦，其要点是：①止血；②加垫；③不乱动骨折的部位；④固定捆绑的松紧要适度。

（3）骨折固定的材料：①夹板；②敷料。

（4）脊椎骨折的固定方法：不得用软担架和徒手搬运。颈椎骨折时，伤员应仰卧，防止头左右摇晃；胸椎骨折时，应平卧；腰椎骨折时，应俯卧于硬木板上。

六、火灾急救

扑灭初起火源，打（7800119）119、120 电话报警。选择安全的逃生路线，寻找安全地点避险。从烟火中逃生，应注意防护口鼻，附身行走和匍匐逃生，防止烟火熏呛和中毒。楼下着火，楼上的人员应关闭通向走廊和阳台的门窗，在室内和阳台上待援，切忌跳楼和往楼下的火场跑。逃生时要按秩序从多个安全出口按上述逃生原则尽快疏散逃生。但是要防止拥挤、踩踏伤人。

七、烫伤（灼伤）急救

用清洁布覆盖伤面后包扎，不要弄破水泡，避免创面感染。伤员口渴时可给适量饮水或含盐饮料。经现场处理后的伤员要迅速送医院治疗。

（1）立即让伤员脱离伤源；

（2）强酸强碱烧伤可用清水反复冲洗伤处，强酸烧伤可用小苏打水等碱性溶液冲洗，以中和余酸。强碱烧伤可用稀盐酸或食醋冲洗，以中和余碱后包扎伤处。误服强酸强碱时，不得催吐、洗胃，可服相应的中和溶液、牛奶、蛋白清、植物油等流汁，以保护食管和胃黏膜。

八、脑血管意外急救

中风（Stroke）也叫脑卒中。中风是对急性脑血管疾病的统称。它是以猝然昏倒，不省人事，伴发口角歪斜、语言不利而出现半身不遂为主要症状的一类脑血液循环障碍性疾病。发病率高、死亡率高、致残率高、复发率高以及并发症多的特点同冠心病、癌症并列为威胁人类健康的三大疾病之一。

急救时，注意以下几个方面：

（1）不要摇晃患者，尽量少移动患者。

（2）宽松患者的衣服，畅通气道——松解颈、胸、腰紧身衣物。

（3）清醒者抬高头或 30° 坐卧位。

（4）昏迷者复苏体位。

（5）取出患者的假牙，及时清理口中呕吐物。

（6）安慰。

（7）切勿给予任何食物或水。

（8）密切注意患者的意识、血压、呼吸和脉搏。

（9）急送医院。

九、休克急救

迅速使病人安静平卧，下颌抬高以使呼吸通畅，下肢稍抬高，以利对大脑血流供应。应注意保暖，松解腰带、领扣，随时清除口咽中的分泌物，保持呼吸通畅，以防发生窒息。呼吸暂停者立即给氧或口对口人工呼吸。保持安静，避免随意搬动，以免增加心脏负担，使休克加重。过敏导致的休克，应尽快脱离致敏场所和致敏物质，对于未昏迷的病人，应酌情给予含盐饮料。尽快呼叫急救站或送医院抢治。

十、中暑急救

中暑的先兆症状是大量出汗、口渴、头昏、耳鸣、胸闷、心慌、恶心、四肢无力等。此时应立即停止工作或运动，到阴凉处休息，可喝些冷饮、盐糖水，可服用藿香正气水、十滴水、人丹等解暑成药。

中暑的施救程序：

（1）脱离热环境：首先应迅速将中暑者转移到阴凉通风处休息或静卧。

（2）补充盐水分：对先兆中暑和轻症中暑者口服凉盐水或清凉含盐饮料。有周围循环衰竭者应静脉补给生理盐水等。

（3）物理降温（对重症中暑者）：

①凉水浴：以 20 ~ 26℃水擦浴、淋浴、浸浴。

②置冰块：头部、腋窝、腹股沟处放冰袋

③吹冷风：纸扇、电扇吹风，加速散热。

（4）药物降温：氯丙嗪等静脉滴注。

（5）快速转院：重症中暑者应及时转院，尤其热射病预后严重，其死亡率可达 5% ~ 30%，故应边抢救边转送。

预防中暑措施：

（1）避免长时间在酷热及潮湿的环境下工作或运动；

（2）穿浅色和宽松的衣物，需要时戴太阳帽，避免太阳直接照射头部；

（3）多饮水，适当补充盐分，注意休息。

十一、胸外心脏按压术

胸外心脏按压术适用于各种创伤、电击、溺水、窒息、心脏疾病或药物过敏等引起的心搏骤停（图15-21）。

确保患者仰卧于平地上或用胸外按压板垫于其肩背下，急救者可采用跪式或踏脚凳等不同体位，将一只手的掌根放在患者胸部的中央，胸骨下半部上，将另一只手的掌根置于第一只手上。手指不接触胸壁。按压时双肘须伸直，垂直向下用力按压，成人按压频率为100～120次/min，下压深度5～6cm，每次按压之后应让胸廓完全回复。按压时间与放松时间各占50%左右，放松时掌根部不能离开胸壁，以免按压点移位。对于儿童患者，用单手或双手于乳头连线水平按压胸骨，对于婴儿，用两手指于紧贴乳头连线下放水平按压胸骨。为了尽量减少因通气而中断胸外按压，对于未建立人工气道的成人，2010年国际心肺复苏指南推荐的按压—通气比率为30∶2。对于婴儿和儿童，双人时可采用15∶2的比率。

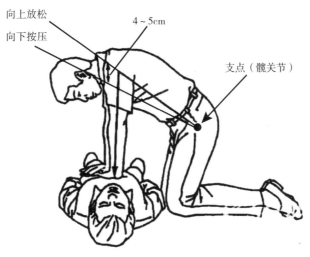

图15-21 胸外心脏按压术

十二、人工呼吸

给予人工呼吸前，正常吸气即可，无须深吸气；所有人工呼吸（无论是口对口、口对面罩、球囊－面罩或球囊对高级气道）均应该持续吹气1s以上，保证有足够量的气体进入并使胸廓起伏；如第一次人工呼吸未能使胸廓起伏，可再次用仰头抬颌法开放气道，给予第二次通气；过度通气（多次吹气或吹入气量过大）可能有害，应避免（图15-22）。

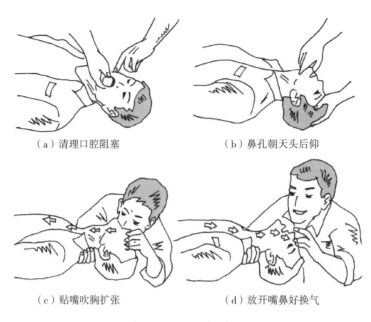

（a）清理口腔阻塞　　　　　　　　（b）鼻孔朝天头后仰

（c）贴嘴吹胸扩张　　　　　　　　（d）放开嘴鼻好换气

图 15-22　人工呼吸方法

实施口对口人工呼吸是借助急救者吹气的力量，使气体被动吹入肺泡，通过肺的间歇性膨胀，以达到维持肺泡通气和氧合作用，从而减轻组织缺氧和二氧化碳潴留。方法为：将受害者仰卧置于稳定的硬板上，托住颈部并使头后仰，用手指清洁其口腔，以解除气道异物，急救者以右手拇指和食指捏紧病人的鼻孔，用自己的双唇把病人的口完全包绕，然后吹气 1s 以上，使胸廓扩张；吹气毕，施救者松开捏鼻孔的手，让病人的胸廓及肺依靠其弹性自主回缩呼气，同时均匀吸气，以上步骤再重复一次。对婴儿及年幼儿童复苏，可将婴儿的头部稍后仰，把口唇封住患者的嘴和鼻子，轻微吹气入患者肺部。如患者面部受伤则可妨碍进行口对口人工呼吸，可进行口对鼻通气。深呼吸一次并将嘴封住患者的鼻子，抬高患者的下巴并封住口唇，对患者的鼻子深吹一口气，移开救护者的嘴并用手将受伤者的嘴敞开，这样气体可以出来。在建立了高级气道后，每 6 ~ 8s 进行一次通气，而不必在两次按压间才同步进行（即呼吸频率 8 ~ 10 次 /min）。在通气时不需要停止胸外按压。

第六节　安全环保事故隐患判定标准

一、较大安全环保事故隐患判定标准（通用部分）

根据国家有关安全环保的法律法规、部门规章、标准规范和集团公司规定，以下情形应当判定为较大事故隐患：

（1）机关部门未按照"管工作管安全环保"落实安全环保责任的；

（2）未按规定取得安全环保行政许可证照进行生产经营活动的；

（3）所属企业或者二级单位主要负责人与安全生产管理人员未按规定经培训考核合格，或者特种作业人员和特种设备作业人员未持有效资格证上岗作业，或者岗位员工未经安全教育培训考核合格的；

（4）未按规定编制设计、施工方案或者未按方案施工的；

（5）高危和非常规作业未按规定办理作业许可的，或者办理作业许可审批人未到现场确认风险防范措施落实情况的，或者未按规定实行升级管控的；

（6）未按规定对可能造成能量意外释放的作业进行能量隔离的；

（7）未明确并控制高危作业施工现场、易燃易爆危险场所人员数量的，或者作业场所安全通道不畅通的；

（8）脱岗、睡岗和酒后上岗的；

（9）违反规定运输、储存、使用危险物品的；

（10）未按规定在新工艺、新技术、新材料和新设备采用前组织安全环保论证的；

（11）易燃易爆危险场所防爆泄压、防静电和防爆电气设备缺失或者失效，或者重点防火部位消防系统缺失或者失效的；

（12）未按规定制定现场应急处置方案，或者未按规定进行应急培训演练的；

（13）未按规定开展工作场所职业病危害因素检测，或者未安排接害人员进行上岗前、在岗期间、离岗时职业健康检查的；

（14）使用无资质、超资质等级或者范围、套牌承包商的，或者未开展承包商施工作业前安全准入评估的；

（15）建设单位未按规定提供安全生产施工保护费用或者承包商未按规定使用的；

（16）建设项目环境影响评价、安全设施设计专篇未批先建的，或者逾越资源生态红线进行生产开发建设活动的；

（17）建设项目未签订施工合同、未批准开工报告进行施工的，或者未通过安全、消防、环保设施竣工验收投入正式生产的；

（18）特种设备未按规定办理使用登记或者定期检验的，或者达到设计使用年限未按规定进行变更登记继续使用的，或者海上油气生产设施和建设项目未按规定进行发证检验和专业设备检测的；

（19）废水、废气、固体废弃物排放存储不符合国家或者地方标准但尚未构成环境事件的，三级防控设施不完善、未开展环境风险评估、环境应急预案不健全或者环保数据造假的；

（20）对国家、地方政府和集团公司检查发现的安全环保问题未按要求进行整改的。

二、较大安全环保事故隐患判定标准（油气田企业）

根据国家有关安全环保的法律法规、部门规章、标准规范和集团公司规定，以下情形应当判定为较大事故隐患：

（1）高温、高压、含酸性气体的区域和新区钻井、试油、井下作业，开工前或者打开油气层前未经验收（评价）合格而进行施工的；

（2）钻井、修井、井下作业未按有关要求和标准安装井控装备或者采取防喷措施的；

（3）井口装置压力等级低于设计要求的；

（4）生产井转变开发方式或者生产用途未进行安全评估的；

（5）高含硫气井井口大四通法兰、套管双公短接等部位渗漏的，气水井井筒套管腐蚀严重或破损已危及饮用水层的，但未采取防护或治理措施的；

（6）油气管道占压、安全距离不足的，或者油气管道位于滑坡、崩塌、塌陷、泥石流、洪水严重侵蚀等地质灾害地段或者矿山采空区未采取有效防护措施的；

（7）在油气管道周边施工未及时告之施工方风险、未对施工区域管线进行监护或者未设立明显的管道标志桩和风险警示标识的；

（8）锅炉、承压加热炉未按要求配备超压、熄火保护等联锁保护功能或者保护装置失效的；

（9）天然气压缩机组未按要求配备安全监测及预警停机保护功能或者装置失效的，或者阀门失效、法兰连接处密封不严及工艺气管线泄漏的；

（10）滩海油田设施在日常巡检中发现路岛护坡护底有缺失、损坏，海底管道检测后发现管道悬空超过允许长度、缺陷尺寸与腐蚀速率超过设计要求，但未及时进行处置的；

（11）发生严重灾害海况（冰情、风暴潮、地震等）后对海上设施未及时巡查处置的；

（12）海上油井、钢平台、海底管道等设施在永久停用后未及时弃置的；

（13）外部架空电力线路跨越人员密集区、高秆植物区的净间距不符合国家标准要求的；

（14）油气生产区域内一级负荷未采用双回路或者双电源供电的；

（15）汛期汛情来临之前，未及时对低洼区域或者行洪区内设施设备采取有效防护措施的或者未制定人员撤离方案的；

（16）使用硫化氢、一氧化碳等有毒气体含量超标的伴生气进行加热取暖的；

（17）含硫化氢场所未按规定配备检测报警装置或者未进行危害公示告知的；

（18）自建含油污泥综合利用、油基钻井废弃物无害化处理等环保处理设施非正常运行，可能导致发生较大环境事件的；

（19）放射源与射线装置风险防控措施缺失或者执行不到位的；

（20）国家或者地方强制安装的在线监测数据传输有效率未达到 85%，且未按规定进行数据异常申报和数据修约补遗的。

本标准与《较大安全环保事故隐患判定标准（通用部分）》配套使用。

三、化工和危险化学品生产经营单位重大生产安全事故隐患判定标准

依据有关法律法规、部门规章和国家标准，以下情形应当判定为重大事故隐患：

（1）危险化学品生产、经营单位主要负责人和安全生产管理人员未依法经考核合格。

（2）特种作业人员未持证上岗。

（3）涉及"两重点一重大"的生产装置、储存设施外部安全防护距离不符合国家标准要求。

（4）涉及重点监管危险化工工艺的装置未实现自动化控制，系统未实现紧急停车功能，装备的自动化控制系统、紧急停车系统未投入使用。

（5）构成一级、二级重大危险源的危险化学品罐区未实现紧急切断功能；涉及毒性气体、液化气体、剧毒液体的一级、二级重大危险源的危险化学品罐区未配备独立的安全仪表系统。

（6）全压力式液化烃储罐未按国家标准设置注水措施。

（7）液化烃、液氨、液氯等易燃易爆、有毒有害液化气体的充装未使用万向管道充装系统。

（8）光气、氯气等剧毒气体及硫化氢气体管道穿越除厂区（包括化工园区、工业园区）外的公共区域。

（9）地区架空电力线路穿越生产区且不符合国家标准要求。

（10）在役化工装置未经正规设计且未进行安全设计诊断。

（11）使用淘汰落后安全技术工艺、设备目录列出的工艺、设备。

（12）涉及可燃和有毒有害气体泄漏的场所未按国家标准设置检测报警装置，爆炸危险场所未按国家标准安装使用防爆电气设备。

（13）控制室或机柜间面向具有火灾、爆炸危险性装置一侧不满足国家标准关于防火防爆的要求。

（14）化工生产装置未按国家标准要求设置双重电源供电，自动化控制系统未设置不间断电源。

（15）安全阀、爆破片等安全附件未正常投用。

（16）未建立与岗位相匹配的全员安全生产责任制或者未制定实施生产安全事故隐患排查治理制度。

（17）未制定操作规程和工艺控制指标。

（18）未按照国家标准制定动火、进入受限空间等特殊作业管理制度，或者制度未

有效执行。

（19）新开发的危险化学品生产工艺未经小试、中试、工业化试验直接进行工业化生产；国内首次使用的化工工艺未经过省级人民政府有关部门组织的安全可靠性论证；新建装置未制定试生产方案投料开车；精细化工企业未按规范性文件要求开展反应安全风险评估。

（20）未按国家标准分区分类储存危险化学品，超量、超品种储存危险化学品，相互禁配物质混放混存。

第七节　安全生产应知应会常识

（1）五严、五狠抓：即思想上要严肃、狠抓依法合规；制度上要严密、狠抓责任落实；组织上要严谨、狠抓危害辨识；管理上要严格、狠抓过程管控；纪律上要严明、狠抓作风建设。

（2）五个不放松：强化理念意识不放松，强化责任落实不放松，强化能力建设不放松，强化专业管理不放松，强化体系建设不放松。

（3）四不放过：事故原因未查清不放过；责任人员未受到严肃处理不放过；事故责任人和广大员工没有受到深刻教育不放过；事故制定的防范措施未落实不放过。

（4）反"三违"：指反违章指挥、反违章操作、反对违反劳动纪律。

（5）五个"零容忍"：对生态环境保护违法违规"零容忍"；对油气泄漏火灾爆炸"零容忍"；对不合格承包商"零容忍"；对特种设备带病运行"零容忍"；对井筒工程质量问题"零容忍"。

（6）中石油八大安全风险：油气火灾爆炸、井喷失控、泄漏污染、中毒窒息、冻凝、交通事故、人员密集场所火灾、重大自然灾害。

（7）储气库安全生产八条禁令：严禁无注采气方案进行储气库注采气作业。严禁超设计压力注采气。严禁未经安全评估变更注采气参数。严禁擅自停用装置设施的安全保护系统、连锁保护装置或者擅自变更报警控制参数。严禁无专项方案或者设计开展气井环空带压处置作业。严禁带压处置生产装置和管道设备故障。严禁高低压区采用单阀隔断进行检修及施工作业。严禁压缩机超负荷运行。

（8）六大禁令：严禁特种作业无有效操作证人员上岗操作，严禁违反操作规程操作，严禁无票证从事危险作业，严禁脱岗、睡岗和酒后上岗，严禁违反规定运输民爆物品、放射源和危险化学品，严禁违章指挥、强令他人违章作业。

（9）HSE管理九项原则：任何决策必须优先考虑健康安全环境；安全是聘用的必要条件；企业必须对员工进行健康安全环境培训；各级管理者对业务范围内的健康安全环

境工作负责；各级管理者必须亲自参加健康安全环境审核；员工必须参与岗位危害识别及风险控制；事故隐患必须及时整改；所有事故事件必须及时报告、分析和处理；承包商管理执行统一的健康安全环境标准。

（10）安全检查"四不两直"：不发通知、不打招呼、不听汇报、不陪同接待；直奔基层、直插现场。

（11）HSE两书一表：HSE《作业指导书》《作业计划书》《现场检查表》。

（12）红线意识：人命关天，发展决不能以牺牲人的生命为代价，这必须作为一条不可逾越的红线。

（13）安全生产"四条红线"：一是可能导致火灾、爆炸、中毒、窒息、能量意外释放的高危和风险作业；二是可能导致着火爆炸的生产经营领域的油气泄漏；三是节假日和重要敏感时段的施工作业；四是油气井井控等关键作业。

（14）三同时：新、改、扩建设项目的安全设施、环境保护设施和职业卫生设施，必须与主体工程同时设计、同时施工、同时投入生产和使用。

（15）安全管理"三个必须"：管行业必须管安全，管业务必须管安全，管生产经营必须管安全。

（16）危险源：指可能造成人员伤害、职业相关病症、财产损失、作业环境破坏或其组合的根源或状态。

（17）重大危险源：长期地或临时地生产、搬运、使用或储存危险物品，且危险物品的数量等于或超过临界量的单元。

（18）事故隐患：泛指生产系统导致事故发生的人的不安全行为、物的不安全状态和管理上的缺陷，分为一般事故隐患和重大事故隐患。

（19）隐患整改五落实：防范措施、责任、人员、资金和时间的"五落实"。

（20）安全生产方针：安全第一、预防为主、综合治理。

（21）事故上报时限：事故发生后，事故现场有关人员应当立即向属地单位负责人报告，属地单位负责人应当立即向所在单位安全主管部门报告，单位安全主管部门应当按规定及时上报油田公司质量安全环保部。其中，对于一般事故及较大事故，事故单位必须在事故发生后1h之内向油田公司质量安全环保部报告；对于重大及以上事故，事故单位必须在事故发生后30min之内向油田公司质量安全环保部报告。

（22）双重预防性工作机制：风险分级管控和隐患排查治理。

（23）五落实、五到位：①五落实指：必须落实"党政同责"要求、必须落实安全生产"一岗双责"、必须落实安全生产组织领导机构、必须落实安全管理力量、必须落实安全生产报告制度。②五到位指：安全责任到位、安全投入到位、安全培训到位、安全管理到位、应急救援到位。

（24）消防安全"四个能力"：检查消除火灾隐患能力；扑救初起火灾能力；组织疏散逃生能力；消防宣传教育能力。

（25）安全生产"五要素"：安全文化、安全法规、安全责任、安全科技、安全投入。

（26）三不生产：不安全不生产，隐患不消除不生产，安全措施不落实不生产。

（27）安全色分类：红色代表禁止、停止、危险的信息；蓝色代表必须遵守规定的指令性信息；黄色代表注意、警告的信息；绿色代表安全的提示性信息。

（28）安全工作"五严"：安全思想要严肃、安全管理要严格、安全制度要严密、安全组织要严谨、安全纪律要严明。

（29）三不伤害：不伤害自己，不伤害他人，不被他人伤害。

（30）事故等级：特别重大事故、重大事故、较大事故、一般事故。

（31）特别重大事故：造成30人以上死亡，或者100人以上重伤（包括急性工业中毒），或者1亿元以上直接经济损失的事故。

（32）重大事故：造成10人以上30人以下死亡，或者50人以上100人以下重伤（包括急性工业中毒），或者5000万元以上1亿元以下直接经济损失的事故。

（33）较大事故：造成3人以上10人以下死亡，或者10人以上50人以下重伤（包括急性工业中毒），或者1000万元以上5000万元以下直接经济损失的事故。

（34）一般事故：造成3人以下死亡，或者10人以下重伤，或者1000万元以下直接经济损失的事故。具体细分为三级：①一般事故A级，是指造成3人以下死亡，或者3人以上10人以下重伤，或者10人以上轻伤，或者100万元以上1000万元以下直接经济损失的事故；②一般事故B级，是指造成3人以下重伤，或者3人以上10人以下轻伤，或者10万元以上100万元以下直接经济损失的事故；③一般事故C级，是指造成3人以下轻伤，或者1000元以上10万元以下直接经济损失的事故。

（35）辽河油田公司HSE方针：以人为本、预防为主、全员参与、持续改进。

（36）安全目视化管理：通过安全色、标签、标牌等方式明确工器具、工艺设备的使用状态以及生产作业场所的危险状态等的一种现场安全管理方法。

（37）安全管理和监督"四全""四查"原则：全员、全过程、全天候、全方位；查思想、查管理、查技术、查纪律。

（38）预防硫化氢中毒的防护措施：进入可疑作业环境或有限空间前，应进行采样分析；进入高浓度的硫化氢场所，应有人监护，作业工人要戴防毒面具；工作场所应安装自动报警器；对接触硫化氢工人进行中毒预防及急救知识教育；生产过程密闭，加强通风排毒。

（39）安全观察与沟通的步骤：观察、表扬、讨论、沟通、启发、感谢等六步法。

（40）工作循环分析步骤：准备阶段、初始评估、现场评估、最终评估、记录。

（41）冬季"八防"：防冻堵、防触电、防火防爆、防中毒、防机械伤害、防井喷、防高空坠落、防重大交通事故。

（42）雨季"十防"：防火防爆、防中毒防中暑、防触电、防机械伤害、防倒塌、防雷击、防淹溺、防井喷、防高空坠落、防重大交通事故。

（43）消防工作方针：预防为主、防消结合。

（44）油田公司生产安全事故责任追究：行政处分、组织处理、经济处罚。

（45）事故事件有关责任人员的责任：直接责任、主要责任、主要领导责任、重要领导责任。

（46）生产安全事故类别：工业生产安全事故，道路交通事故，火灾事故三类。

（47）生产安全事件级别：限工事件、医疗处置事件、急救箱事件、经济损失事件和未遂事件五级。

（48）有感领导：企业各级领导通过以身作则的良好个人安全行为，使员工真正感知到安全生产的重要性，感受到领导做好安全的示范性，感悟到自身做好安全的必要性。

（49）直线责任：各级管理人员，包括机关职能部门的领导和人员在内，都有安全管理责任，都应该对业务范围内的 HSE 工作负责，都应结合本岗位管理工作负责相应 HSE 管理。

（50）属地管理：生产作业现场的每一个员工对自己所管辖区域内人员（包括自己、同事、承包商员工和访客）的安全、设备设施的完好、作业过程的安全、工作环境的整洁负责。

（51）安全生产月：每年 6 月为全国安全生产宣传月。

（52）三知、四查、五主动：知责任、知风险、知规程；查环境、查程序、查工具、查人员；主动学习安全技能、主动识别作业风险、主动报告事故隐患、主动隔离施工危险、主动纠察三违现象。

（54）本质安全：设备、设施或技术工艺含有内在的能够从根本上防止发生事故的功能。

（55）三级安全教育：指生产单位的从业人员，在上岗前必须经过厂（矿）、车间（工段、区、队）、班组三级安全培训教育培训。

（56）我国的安全生产方针：安全第一、预防为主、综合治理。

（57）新冠病毒的传播途径：经呼吸道飞沫和密切接触是主要的传播途径；在相对封闭的环境中存在经气溶胶传播的可能；粪便及尿对环境污染也可能造成气溶胶或接触传播。

（58）新冠肺炎患者的临床表现：潜伏期 1～14 天，多为 3～7 天；以发热、干咳、乏力为主要表现；少数患者伴有鼻塞、流涕、咽痛、肌痛和腹泻等症状；轻型患者仅表现为低热、轻微乏力等，无肺炎表现。

（59）飞沫传播：飞沫一般指直径大于 5μm 的含水颗粒，飞沫可以通过一定的距离（一般为 1m）进入易感的黏膜表面。咳嗽、打喷嚏或说话，吸痰或气管插管、拍背等刺激咳嗽的过程中等都可能产生飞沫。

（60）密切接触者：与病例（观察和确诊病例）发病后有如下接触情形之一的，如①病例共同居住、学习、工作或其他有密切接触的人员；②诊疗、护理、探视病例时未采取有效防护措施的医护人员、家属或其他与病例有类似近距离接触的人员；③病例同病室的其他患者及陪护人员；④与病例乘坐同一交通工具并有近距离接触人员；⑤现场调查人员调查后经评估认为符合条件的人员。

（61）口罩使用注意事项：①在新冠肺炎流行期间，非医疗高风险的一般工作人员建议佩戴一次性使用医用口罩或医用外科口罩，并可适当延长口罩使用时间，反复多次使用。口罩专人专用，人员间不能交叉使用。口罩佩戴前按规程洗手，佩戴时避免接触口罩内侧。口罩脏污、变形、损坏、有异味时需及时更换。②口罩被呼吸道 / 鼻腔分泌物，以及其他体液污染要立即更换。③如需再次使用的口罩，可悬挂在洁净、干燥通风处，或将其放置在清洁、透气的纸袋中。口罩需单独存放，避免彼此接触，并标识口罩使用人员。④医用标准防护口罩不能清洗，也不可使用消毒剂、加热等方法进行消毒。

第八节　消防基础知识

一、火灾与爆炸常识

（一）燃烧

1.燃烧的定义

燃烧是可燃物质（气体、液体或固体）与助燃物（氧或氧化剂）发生的伴有放热和发光的一种激烈的化学反应。它具有发光、发热、生成新物质三个特征，这也是区分燃烧和非燃烧现象的依据。最常见、最普通的燃烧现象是可燃物在空气或氧气中燃烧。

燃烧必须具备下述三个条件（三要素）：

（1）有可燃物；

（2）有助燃物（氧或氧化剂）；

（3）能导致着火的引火源，如明火、静电火花、均热物体等。

每个条件要有一定的量，相互作用，燃烧方可发生。

引火源主要有机械引火源（撞击、摩擦）、热火源（高温热表面、日光照射）、电火源（电火花、静电火花、雷电）、化学火源（明火、化学反应热、发热自燃）四类。

2. 燃烧的分类

（1）根据可燃物状态的不同，燃烧分为气体燃烧、液体燃烧和固体燃烧三种形式；

（2）根据燃烧方式的不同，燃烧分为扩散燃烧、预混燃烧、蒸发燃烧、分解燃烧和表面燃烧；

（3）根据燃烧发生瞬间的特点，燃烧分为闪燃、阴燃、爆燃及自燃四种。

①闪燃：在液体（固体）表面上能产生足够的可燃蒸气，遇火能产生一闪即灭的火始燃烧现象称为闪燃。

②阴燃：没有火焰的缓慢燃烧现象称为阴燃。

③爆燃：以亚音速传播的爆炸称为爆燃。

④自燃：可燃物质在没有外部明火等火源的作用下，因受热或自身发热并蓄热所产生的自行燃烧现象称为自燃。

3. 燃烧的特点

（1）可燃气体的燃烧特点。

由于各种可燃气体的化学组成不同，它们的燃烧过程也不一样。简单的可燃气体（如氢气）燃烧只经过受热和氧化过程，而复杂的可燃气体（如甲烷）燃烧，要经过受热、氧化、分解等过程才能进行。

（2）可燃液体的燃烧特点。

可燃液体的燃烧实际上是可燃蒸气的燃烧。因此，液体是否能发生燃烧，燃烧速率的高低与液体的蒸气压、闪点、沸点和蒸发速率等性质有关。

闪点是评定可燃液体火灾爆炸危险性的主要标志。液体火灾危险分类及分级是根据其闪点来划分的，分为甲类（一级易燃液体）：液体闪点小于 $28℃$ ；乙类（二级易燃液体）：闪点大于等于 $28℃$ 小于 $60℃$ ；丙类（可燃液体）：液体闪点大于等于 $60℃$ 三种。

（3）可然固体的燃烧特点。

固体可燃物必须经过受热、蒸发、热分解，固体上方可燃气体浓度达到燃烧极限，才能持续不断地发生燃烧。燃烧方式分为蒸发燃烧、分解燃烧、表面燃烧和阴燃四种。

（4）热传播。

可燃物燃烧放出的热量通过热传导、热对流、热辐射三种方式向外传播。

①热传导：热量通过接触的物体从温度较高部位传递到温度较低部位的现象称为热传导。

②热对流：热量通过流动的气体或液体由空间中的一处传到另一处的现象称为热对流。

③热辐射：以热射线传播热能的现象称为热辐射。

4.燃烧产物及其毒性

燃烧产物是指由燃烧或热解作用产生的全部物质。燃烧产物包括燃烧生成的气体、能量可见烟等。燃烧生成的气体一般是指一氧化碳、二氧化碳、丙烯醛、氯化氢、二氧化硫等。

火灾统计表明，火灾中死亡人数大约80%是由于吸入火灾中燃烧产生的有毒烟气而致死的。二氧化碳是主要的燃烧产物之一，而一氧化碳是火灾中致死的主要燃烧产物之一，其毒性在于对血液中血红蛋白的高亲和性，其对血红蛋白的亲和力比氧气高出250倍。

（二）爆炸

1.爆炸及其分类

物质由一种状态迅速地转变为另一种状态，并瞬间以机械功的形式放出大量能量的现象称为爆炸。爆炸是迅速的氧化作用并引起结构物破坏的能量释放，一般具有以下特征：

（1）爆炸过程进行得很快；

（2）爆炸点附近瞬间压力急剧上升；

（3）发出声响；

（4）周围介质发生震动或邻近物质遭到破坏。

按爆炸能量的来源分类，爆炸可分为物理爆炸和化学爆炸和核爆炸三类。化学爆炸按参加物质的反应类型，分为简单分解爆炸、复杂分解爆炸和爆炸性混合物爆炸。

2.爆炸性气体混合物

可燃气体和空气以一定比例均匀混合后若遇到火源，这种混合气体的瞬间快速燃烧就会引起爆炸。该气体混合物称为爆炸性混合物。

天然气的爆炸是在一瞬间（千分之一秒或万分之一秒）产生高压、高温（可达2000～3000℃）的燃烧过程，爆炸波速可达2000～3000m/s，造成极大的磁坏力。

可燃气体与空气混合物，并不是在任何混合比例下都是可燃和可爆的，混合物的混合比例不同，火焰蔓延的速度也不同。浓度低于某一极限或高于某一极限，火焰便不能蔓延。可燃气体、可燃液体蒸气或可燃粉尘与空气混合并达到一定浓度时，遇火源就会燃烧或爆炸。这个遇火源能够发生燃烧或爆炸的浓度范围称为爆炸极限。

爆炸极限是评定气体火灾爆炸危险的主要指标。可燃气体在空气中刚足以使火焰蔓延的最低浓度，称为该气体的爆炸下限（LEL）；刚足以使火焰蔓延的最高浓度，称为爆炸上限。爆炸极限一般用可燃气体在混合物中的体积分数表示。爆炸极限对防火、防爆具有重要意义，为保证安全生产，必须避免所处理的气体和空气的混合比在爆炸范围之内。

可燃气体的爆炸极限受以下4个方面的影响：

（1）火源能量。引燃混合气体的火源能量越大，可燃混合气体的爆炸极限范围越宽，爆炸危险性越大。

（2）初始压力。可燃混合气体初始压力增加，爆炸范围增大，爆炸危险性增加。值得注意的是，干燥的一氧化碳和空气的混合气体初始压力上升，其爆炸极限范围缩小。

（3）初温。混合气体初温越高，混合气体的爆炸极限范围越大，爆炸危险性越大。

（4）惰性气体。可燃混合气体中加入惰性气体，会使爆炸极限范围变小，一般上限降低，下限变化比较复杂。当加入的惰性气体超过一定量以后，任何比例的混合气体均不能发生爆炸。

3. 可燃粉尘的爆炸

粉尘爆炸极限是粉尘和空气混合物，遇火源能发生爆炸的最低浓度（下限）和最高浓度（上限），通常用单位体积中所含粉尘的质量（g/m^3）表示。试验表明，许多工业粉尘的爆炸下限为 20 ~ 60g/m^3，爆炸上限为 200 ~ 600g/m^3。由于粉尘沉降等原因，实际情况下很难达到爆炸上限值。因此，粉尘的爆炸上限一般没有实用价值，通常只应用粉尘的爆炸下限。爆炸下限越低的粉尘，爆炸的危险性越大。此外，爆炸压力、悬浮状态下的粉尘自燃点等也是衡量粉尘爆炸危险性大小的重要参数。能够燃烧的固体物质的粉尘一般都能产生粉尘爆炸（如镁、铝、钛、铁、锌、煤、硫、玉米、黄豆、花生壳、砂糖、小麦、木粉、纸浆等）。

（三）火灾

1. 概念

火灾是指在时间或空间上失去控制的灾害性燃烧现象。在各种灾害中，火灾是最经常、最普遍地威胁公众安全和社会发展的主要灾害之一。

人类能够对火进行利用和控制，是文明进步的一个重要标志。所以说人类使用火的历史与同火灾做斗争的历史是相伴相生的，人们在用火的同时，不断总结火灾发生的规律，尽可能地减少火灾及其对人类造成的危害。在遇到火灾时人们需要安全、尽快地逃生。

2. 火灾类型

《火灾分类》（GB/T 4968—2008 2008 年 11 月 4 日发布 2009 年 4 月 1 日实施）火灾根据可燃物的类型和燃烧特性，分为 A、B、C、D、E、F 六大类。

A 类火灾：指固体物质火灾。这种物质通常具有有机物质性质，一般在燃烧时能产生灼热的余烬。如木材、干草、煤炭、棉、毛、麻、纸张等火灾。

B 类火灾：指液体或可熔化的固体物质火灾。如煤油、柴油、原油、甲醇、乙醇、沥青、石蜡、塑料等火灾。

C 类火灾：指气体火灾。如煤气、天然气、甲烷、乙烷、丙烷、氢气等火灾。

D 类火灾：指金属火灾。如钾、钠、镁、钛、锆、锂、铝镁合金等火灾。

E 类火灾：指带电火灾。物体带电燃烧的火灾。

F 类火灾：指烹饪器具内的烹饪物（如动植物油脂）火灾。

3. 等级划分

根据 2007 年 6 月 26 日公安部下发的《关于调整火灾等级标准的通知》，新的火灾等级标准由原来的特大火灾、重大火灾、一般火灾三个等级调整为特别重大火灾、重大火灾、较大火灾和一般火灾四个等级

特别重大火灾：指造成 30 人以上死亡，或者 100 人以上重伤，或者 1 亿元以上直接财产损失的火灾。

重大火灾：指造成 10 人以上 30 人以下死亡，或者 50 人以上 100 人以下重伤，或者 5000 万元以上 1 亿元以下直接财产损失的火灾。

较大火灾：指造成 3 人以上 10 人以下死亡，或者 10 人以上 50 人以下重伤，或者 1000 万元以上 5000 万元以下直接财产损失的火灾。

一般火灾：指造成 3 人以下死亡，或者 10 人以下重伤，或者 1000 万元以下直接财产损失的火灾（注："以上"包括本数，"以下"不包括本数）。

4. 火灾发生的原因

火灾的起因是多种多样，归纳起来大致有以下六类：

（1）生活和生产用火不慎；

（2）违反生产安全制度；

（3）电器设备设计、安装、使用维护不当等电气火灾；

（4）自然雷击、静电、地震等引起；

（5）人为纵火、吸烟、玩火；

（6）建筑布局不合理，建筑结构材料使用不当，装修采用大量的易燃可燃材料。

5. 火灾的发展蔓延规律

（1）初期阶段：一般可燃物质着火燃烧后，在 15min 内，燃烧面积不大，火焰不高，辐射热不强，烟和气体流动缓慢，燃烧速度不快，是扑救的最好时机，只要发现及时，用较少的人力和应急的消防器材工具就能将火控制住或扑灭。

（2）发展阶段：由于初起火灾没有及时发现，扑灭，随着燃烧时间延长，温度升高，周围的可燃物质或建筑构件被迅速加热，气体对流增强，燃烧速度加快，燃烧面积迅速扩大，形成了燃烧发展阶段。从灭火角度看，这是关键性阶段。在燃烧发展阶段内，必须投入相当的力量，采取正确的措施，来控制火势的发展，以便进一步加以扑灭。

（3）猛烈燃烧阶段：如果火势在发展阶段没有得到控制，由于燃烧时间继续延长，燃烧速度不断加快，燃烧面积迅速扩大，燃烧温度急剧上升，气体对流达到最快的速度，辐射热最强，建筑构件的承重能力急剧下降。

（4）下降和熄灭阶段：火场火势被控制以后，由于灭火剂的作用或因燃烧材料已烧尽，火势逐渐减弱直到火熄灭这一过程。

6.防火的基本方法

预防火灾发生应从限制燃烧的三个基本条件入手，并避免它们的相互作用。

（1）控制可燃物。

在条件允许的情况下，控制可燃物的做法通常有以下几种：以难燃、不燃材料代替可燃材料，如用水泥代替木材建造房屋；降低可燃物质（通常指可燃气体、粉尘等）在空气中的浓度，如在车间或库房采取全面通风或局部排风，使可燃物不易积聚；将可燃物与化学性质相抵触的其他物品隔离保存，并防止"跑、冒、漏、滴"等。

（2）隔绝助燃物。

对于一些易燃物品，可采取隔绝空气的方法来储存，如钠存于煤油中、磷存于水中、二硫化碳用水封存放等。在有的生产、施工环节，可以通过在设备容器中充装惰性介质保护的方式来隔绝助燃物，如水入电石式乙炔发生器在加料后，用惰性介质氮气吹扫，燃料容器在检修焊补（动火）前，用惰性介质置换等。

（3）控制引火源。

在多数场合，可燃物在生产、生活中的存在不可避免，作为最常见助燃物的氧气也几乎无处不在，所以防火防爆技术的重点应是对引火源的控制。在生产加工过程中，各类必要的热能源即可能成为导致火灾发生的引火源，故须采取合理的技术手段和管理措施来加以控制，既要保证安全生产的需要，又要设法避免引起火灾爆炸。对于几类常见引火源，通常的做法有禁止明火、控制温度、使用无火花和静电消除设备、接地避雷、设置火星熄灭装置等。

7.灭火的基本方法

（1）隔离法。将正在发生燃烧的物质与其周围可燃物隔离或移开，燃烧就会因为缺少可燃物而停止。如将靠近火源处的可燃物品搬走，拆除接近火源的易燃建筑，关闭可燃气体、液体管道阀门，减少和阻止可燃物质进入燃烧区域等等。

（2）窒息法。阻止空气流入燃烧区域，或用不燃烧的惰性气体冲淡空气，使燃烧物得不到足够的氧气而熄灭。如用二氧化碳、氮气、水蒸气等惰性气体灌注容器设备，用石棉毯、湿麻袋、湿棉被、黄沙等不燃物或难燃物覆盖在燃烧物上，封闭起火的建筑或设备的门窗、孔洞等等。

（3）冷却法。将灭火剂（水、二氧化碳等）直接喷射到燃烧物上把燃烧物的温度降低到可燃点以下，使燃烧停止；或者将灭火剂喷洒在火源附近的可燃物上，使其不受火焰辐射热的威胁，避免形成新的着火点。此法为灭火的主要方法。

（4）抑制法（化学法）将有抑制作用的灭火剂喷射到燃烧区，并参加到燃烧反应过程中去，使燃烧反应过程中产生的游离基消失，形成稳定分子或低活性的游离基，使燃烧反应终止。目前使用的干粉灭火剂、1211等均属此类灭火剂。

二、石油天然气燃烧特性

（一）油气生产场所

油气生产场所是指有火灾或爆炸的危险环境。在油田油气场所主要是生产、输送、使用和储存易燃易爆气体或液体等介质的存在火灾或爆炸的危险环境。在油田的大多数油气生产场所其易燃易爆和发生火灾的危险介质主要是石油、天然气。

（二）石油的燃烧特性

石油的燃烧具有以下特性：易燃性、易爆性、易挥发性、易产生静电、漂浮流动性、沸溢性。

（三）天然气的燃烧特性

天然气的主要成分为甲烷，以及乙烷、丙烷、丁烷等烃类成分，另外还含有少量非烃类体，如 H_2S、CO_2、CO 等。这些气体都是易燃、易爆气体，与空气混合达到一定比例后就成为爆炸性的混合气体。

（1）天然气低密度、无色，富含甲烷。

（2）天然气密度为 0.6，比空气轻，甲烷含量约占 90%。

（3）高发热量。

（4）点燃仅需极小点火能量。天然气中的甲烷、乙烷等点火能量低，极微弱的静电放电或者金属撞击产生的火花就可点燃，爆炸浓度极限为 5% ~ 15%。

（5）爆炸威力大。

（四）石油天然气火灾危险性分类

石油天然气火灾危险性分类见表 15-1。

表 15-1　石油天然气火灾危险性分类

火灾危险性类别		特征	石油天然气举例
甲	A	37.8℃时蒸气压力＞200kPa 的液态烃	液化石油气、天然气凝液、未稳定凝析油、液化天然气
	B	（1）闪点＜28℃的液体（甲A类和液化天然气除外）（2）爆炸下限＜10%（体积百分比）的气体	原油、稳定轻烃、汽油、天然气、稳定凝析油、甲醇、硫化氢
乙	A	（1）闪点≥28℃至＜45℃的液体（2）爆炸下限≥10%的气体	原油、氨气、煤油
	B	闪点≥45℃至＜60℃的液体	原油、轻柴油、硫黄
丙	A	闪点≥60℃至≤120℃的液体	原油、重柴油、乙醇胺、乙二醇
	B	闪点＞120℃的液体	原油、二甘醇、三甘醇

甲类：液体如汽油、气体如甲烷；

乙类：如柴油、煤油；

丙类：机油、润滑油。

（五）气体爆炸危险场所的区域等级

爆炸性气体、易燃或可燃液体的蒸汽与空气混合形成爆炸性气体混合物的场所，按其危险程度的大小分为三个区域等级。

0级区域（简称0区），是指在正常情况下，爆炸性气体混合物，连续地、短时间频繁地出现或长时间存在的场所（如油罐取样口，卸油岗卸油口3m内空间等）。

1级区域（简称1区），是指在正常情况下，爆炸性气体混合物有可能出现的场所（如油罐内空间等）。

2级区域（简称2区），是指在正常情况下，爆炸性气体混合物不能出现，仅在不正常情况下偶尔短时间出现的场所（如通风良好的原油泵房室内等）。

三、消防设施简介

（一）消防炮

隔爆固定式远控消防水炮（图15-23）是一种流量大、水流集中、射程远、操作简单、方便灵活的点触式遥控新型消防产品，功能齐全，具有国内先进水平，是现代高科技和现代消防的完美结合。可进行远距离无线遥控或有线电控操作，轻巧灵便地完成水炮的水平回转、上下俯仰、直流喷雾等一系列操作。实现远程控制，远离火场，安全有效，扑火面积广等优越性能，从而完善消防救火的全新概念，是消防装备中理想的配置。

图 15-23　消防炮

1.操作前检查

（1）正确穿戴劳保用品。

（2）检查消防水系统流程已导通。

（3）检查电动或柴油消防泵能够正常启动，出水压力达到0.75MPa。

（4）检查水炮的完好性和操作灵活性，水炮转动部位应添加润滑剂，以保证转动灵活；发现紧固件松动，应及时修理，使水炮一直处于良好的使用状态。

（5）使用遥控器时，应严格按使用说明书操作使用。在不用时，应及时关闭开关，将其放置干燥处，每周充电一次。

（6）检查消防水炮控制盘是否带电，控制盘按钮灵活好用。

（7）检查消防水炮直流—喷雾的无级转换功能是否正常。

2. 操作过程

（1）现场面板（图15-24）操作：

①首先在控制柜面板上把电源开关打开，电源指示灯以及水炮的手动工作指示灯均为亮灯状态（绿色）；

②寻找确定救援区域，把阀门打开；

③可按"仰射""俯射""左转""右转""直流""喷雾"等操作按钮调整方位及出水的状态，对准需要救援的区域进行救援工作。

图15-24 控制柜面板

（2）远程遥控操作：

①确定控制柜电源是否开启；遥控器（图15-25）运行情况下，手动面板均不能操作；

②按遥控器上的红色按钮，启动遥控器，此时"开机"灯为红色并一直闪烁；

③寻找确定救援区域，把阀门打开；

④可按"仰射""俯射""左转""右转""直流""喷雾"等操作按钮调整方位及出水的状态，对准需要救援的区域进行救援工作；

⑤遥控器应每隔一个月检查电量是否欠压，并进行充电工作，遥控器充电时，充电器上的绿灯常量，单次充电不超过8h；

⑥按动遥控器上的按钮时"运行"灯为红灯，若出现故障或者遥控器电池没电的情况，则遥控器上的"故障"灯或"欠压"灯为亮红灯。

（3）现场手动操作：

①选择对应的救援区域，把阀门打开；

②把手动复位阀杆拨到手动状态，可直接旋转旋动手轮来控制水炮的角度状态；

③手动操作情况下将不能自动限位，需现场操作者自行观察电缆软管是否够长度，俯、仰、左、右等方位角度知否会与其他物品相撞。

3. 注意事项

（1）使用遥控器时，应严格按使用说明书操作使用。在不用时，应及时关闭开关，将其放置干燥处，严格保护。

图15-25 遥控器

（2）控制炮头部分系统接好后，应注意炮身与炮头连接部位一定要密封严实，防止漏水。

（3）根据消防炮的额定流量，选好消防泵的额定供水量，使应消防泵的额定供水量大于消防炮的最大流量，以保证额定工作压力下消防炮达到最佳射程。

（4）根据火灾实际情况，按动遥控器或电控柜按钮，调整喷射方向和角度，喷射时应尽量顺风喷射。

（二）消防泵

消防泵是用作输送水或泡沫溶液等液体灭火剂的专用泵。根据不同的分类方式分为不同的种类，以它全密封、无泄漏、耐腐蚀之特点，广泛应用于消防系统。泵类型都差不多的，只是扬程和流量有不同。消防泵的选型依据，应根据工艺流程，给排水要求等五个方面加以考虑。消防泵其性能、技术条件符合《消防泵性能和试验方法》标准的要求。

1. 电动消防泵

电动消防泵是使用电力驱动的消防泵（图15-26）。电动消防泵控制柜在平时应使消防水泵处于自动启泵状态。消防水泵不应设置自动停泵的控制功能，停泵应由具有管理权限的工作人员根据火灾扑救情况确定。消防水泵应确保从接到启泵信号到水泵正常运转的自动启动时间不应大于2min。电动消防泵应按如下方法操作：

（1）检查准备。

①正确穿戴劳保用品。

②导通消防管网流程。

③检查消防泵各紧固件牢固。

图 15-26　电动消防泵

④检查配电柜内电气设备完好，电源指示灯亮。

⑤将配电柜"手动 / 自动"按钮处于"手动"位置。

⑥盘车 2 ~ 3 圈，确定轴承灵活好用。

⑦消防泵润滑油为 1/2 ~ 2/3 处。

⑧查看消防水罐液位在 8m 以上。

（2）启动操作。

①将配电柜将"手动 / 自动"开关切换到"手动"挡。

②按下"启动"按钮，消防泵启动。

③手动调节出口阀门至所需压力。

（3）运行中的检查。

①是否有跑、冒、滴、漏。

②确认电机是否断电。

（4）停运操作。

①按下"停止"按钮，消防泵停运。

②将"手动 / 自动"开关恢复到"自动"位置。

2. 柴油消防泵

柴油机消防泵（图 15-27）与电动水泵的最大不同之处就是它有自己独立的供电系统——蓄电池，因此，柴油机消防泵的启动和运行可完全与电脱离关系。柴油机消防泵通常作为备用设施，与电动消防泵联控，因此，只有消防信号来时，且电动水泵故障时或电源断电的情况下才自动启动。当其有超低压启泵的装置时，与其配套的电动水泵控制柜，也应有超低压启泵的装置，且二者的启泵下限应有一定的压差。

图 15-27 柴油消防泵

柴油机消防泵的正确保养，特别是预防性的保养，是最容易、最经济的保养，因此是延长使用寿命和降低使用成本的关键。日常维护可按以下步骤进行：

检查燃油箱的燃油量——观察燃油箱的存油量，根据需要添足。

检查油底壳中机油平面——观察油面是否达到机油标尺上的刻线标记，不足时应加到规定量，但不能超过标尺刻线的上限。

检查喷油泵调速器机油平面——如果未达到规定的刻线标记，应添足机油（有的喷油泵调速器上没有标尺，可省去此步骤）。

检查水泵的注油点内是否有充足润滑油脂——把柴油机循环水泵上的注油嘴卸下来，观察里面的润滑油脂是否充足，如不足，应用油枪向里面注入充足润滑油脂。

检查水箱中的水是否充足——发现水箱中的水不足应及时补充，加入的水应为清洁的淡水，如自来水或清洁的河水。如果直接用地下水，容易在水箱内形成水垢，影响冷却效果而造成故障，因此，地下水软化后方可使用。柴油消防泵应按如下方法操作：

（1）启动操作。

①柴油消防泵在正常状态下处于自动状态，即与电动消防泵联控，手动启机时按"手动"键。

②然后按"启动"键，则启动发动机，LED显示屏显示预热/预润滑输出，供油输出，启动输出。

③柴油机启动，进入怠速、升速运行状态（升速时间设定为 8s）。

④观察控制面板，显示"系统正常运行中"，柴油机启动完。

⑤观察消防管网出口压力，不高于 0.8MPa 为正常。

（2）停运操作。

①按停机/复位键，柴油机"冷却停机"，延迟 60s，柴油机停止运行。

②将控制面板"自动"按键按下，将柴油机恢复至联控状态。

（3）操作后检查。

①是否有跑、冒、滴、漏。

②确认电机是否断电。

（三）消火栓

消防栓，正式叫法为消火栓，一种固定式消防设施，主要作用是控制可燃物、隔绝助燃物、消除着火源。分室内消火栓和室外消火栓。

1. 室内消火栓

室内消火栓（图15-28）是室内管网向火场供水的，带有阀门的接口，为工厂、仓库、高层建筑、公共建筑及船舶等室内固定消防设施，通常安装在消火栓箱内，与消防水带和水枪等器材配套使用。减压稳压型消火栓为其中一种。消火栓应该放置于走廊或厅堂等公共的共享空间中，一般会在上述空间的墙体内，不能对其做何种装饰，要求有醒目的标注（写明"消火栓"），并不得在其前方设置障碍物，避免影响消火栓门的开启。消火栓一般不设在房间（如包厢）内，不符合消防的规定，也不利于消防人员的及时救援。室内消火栓，是消防水系统重要的一部分，它安装在室内消防箱内，一般公称通径（mm）：DN50、DN65两种，公称工作压力1.6MPa，强度测验压力2.4MPa，适用介质为清质水及泡沫混合液。

图15-28　室内消火栓

室内消火栓使用方法：

（1）打开消火栓门，按下内部启泵报警按钮（按钮是启动消火栓和报警的）。

（2）一人接好枪头和水带奔向起火点。

（3）另一人将水带的另一端接在和枪头铝口上。

（4）逆时针打开阀门水喷出即可。注：电起火要确定切断电源。

2.室外消火栓

室外消火栓是设置在建筑物外面消防给水管网上的供水设施（图15-29），主要供消防车从市政给水管网或室外消防给水管网取水实施灭火，也可以直接连接水带、水枪出水灭火，是扑救火灾的重要消防设施之一。室外消火栓设置安装应明显容易发现，方便出水操作，地下消火栓还应当在地面附近设有明显固定的标志。地上式消火栓选用于气候温暖地面安装，地下室选用气候寒冷地面。地上式在地上接水，操作方便，但易被碰撞，易受冻；地下式防冻效果好，但需要建较大的地下井室，且使用时消防队员要到井内接水，非常不方便。

图15-29　室外消火栓

工业企业单位室外消火栓的设置要求。工艺区等采用高压或临时高压消防给水系统的场所，其周围应设置室外消火栓，数量应根据计算确认，且间距不得大于60m。当工艺装置区宽度大于120m时，宜在工艺区内的路边设置室外消火栓。当工艺区、储罐、堆场、可燃气体和液体码头等构筑物的面积较大或高度较高，室外消火栓的冲水实柱无法覆盖时，宜在合适的地方设置消防水炮。当工艺区、储罐区、堆场等构筑物财务高压或者临时高压给水系统时，其室外消火栓处宜配置消防水带和消防水枪。工艺装置区等需要设置室内消火栓的地方，应设置在工艺区休息平台处。

甲、乙、丙类液体储罐和液化烃储罐区等构筑物的室外消火栓，应设置在防火堤或防护墙外，数量应根据每个储罐的设计流量计算，但是距离罐壁15m范围内的消火栓，不应该计算在该储罐的可使用的数量内，但可以使用降温。

常见地下室室外消火栓使用方法：

（1）一般由两个人打开井盖板，露出地下消火栓。

（2）打开消防柜门，取出消防水带，向着火点展开。向火场方向铺设消防水带时避免水带扭折。

（3）打开消火栓上的闷盖，将水带靠近消火栓端与消火栓连接，连接时将连接扣准确插入槽，按顺时针方向拧紧。

（4）将水带另一端与水枪连接（连接程序与消火栓连接相同），手握牢水枪头及水管。

（5）用加长的开关扳手套入到地下消火栓顶部丝杠处，逆时针旋开阀门，对准火源进行喷水灭火。

（四）消防水带与枪头

消防水带是用来运送高压水或泡沫等阻燃液体的软管（图15-30）。传统的消防水带

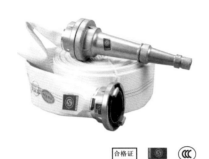

图 15-30　消除水带

以橡胶为内衬，外表面包裹着亚麻编织物。先进的消防水带则用聚氨酯等聚合材料制成。消防水带的两头都有金属接头，可以接上另一根水带以延长距离或是接上喷嘴以增大液体喷射压力。

消防水带是消防现场输水用的软管。按材料可分为有衬里消防水带和无衬里消防水带。其中无衬里消防水带耐压低、阻力大，容易漏水，且易霉腐，寿命较短，适合于建筑物内火场中铺设；有衬里水带耐高压，耐磨损，耐霉腐，经久耐用，且不易渗漏，阻力小，也可任意弯曲折叠，随意搬动，使用方便，适用于外部火场铺设及接通消防车。消防箱一般配有喷嘴口径 19mm 的水枪两个及两盘长 25m 有衬里麻质消防水带。

消防水带使用时应注意：

（1）铺设时应避免骤然曲折，以防止降低耐水压的能力；还应避免扭转，以防止充水后水带转动而使内扣式水带接口脱开。

（2）充水后应避免在地面上强行拖拉，需要改变位置时要尽量抬起移动，以减少水带与地面的磨损。

（3）应避免与油类、酸、碱等有腐蚀性的化学物品接触。

（4）在可能有火焰或强辐射热的区域，应采用棉或麻质水带。

（5）用毕后应清洗干净，无衬里水带要挂晒，干后盘卷保存于阴凉干燥处。

（6）使用过程中如发现有破损小孔，应用水带包布裹紧，事后尽早织补或粘补；当出现明显破损时，应立即更换。

（7）车辆需通过铺设中的水带时，应事先在通过部位安置水带护桥。

（8）寒冷地区建筑物外部应使用有衬里水带，以免水带冻结。

（五）手动火灾报警器

手动火灾报警按钮是火灾报警系统中的一个设备类型（图 15-31），当人员发现火灾时在火灾探测器没有探测到火灾的时候人员手动按下手动火灾报警按钮，报告火灾信号。

正常情况下当手动报火灾警按钮报警时，火灾发生的概率比火灾探测器要大得多，几乎没有误报的可能。因为手动火灾报警按钮的报警出发条件是

图 15-31　手动火灾报警器

必须人工按下按钮启动。按下手动报警按钮的时候过 3 ~ 5s 手动报警按钮上的火警确认灯会点亮，这个状态灯表示火灾报警控制器已经收到火警信号，并且确认了现场位置。

在每个防火分区应至少设置一个手动火灾报警按钮。从一个防火分区内的任何位置到最邻近的一个手动火灾报警按钮的距离不应大于 30m。手动火灾报警按钮宜设置在区域的出入口处。另外，手动火灾报警按钮应设置在明显的和便于操作的部位。当安装在墙上时，其底边距地高度宜为 1.3 ~ 1.5m，且应有明显的标志。

常见的使用方法：当确认现场发生火情时，立即按下手动报警器的面板开关，产生火警信号，同时红色灯闪亮。同时在火灾报警系统上显示报警部位。当火警排除后，用复位钥匙插入复位孔内复位。

（六）消防应急灯

消防应急灯（图 15-32），是消防应急中最为普遍的一种照明工具，应急时间长，高亮度具有断电自动应急功能。消防应急灯具有耗电小、亮度高、使用寿命长等特点，边上设计有电源开关和指显灯，适合工厂、酒店、学校、单位等公共场所以备停电作应急照明之用。常见的双头消防应急照明灯，一般安装于疏散通道大门出口的门框上方，消防控制室、消防泵房、自备发电机房、配电室、走廊、安全出口走道的墙壁上，距离地面约 2m 以上的高度。主要为紧急情况提供照明的作用。

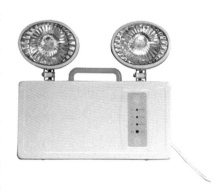

图 15-32 消防应急灯

（七）疏散指示标识牌

图 15-33 疏散指示标识牌

安全出口或疏散出口的上方、疏散走道应设有灯光疏散指示标志（图 15-33）。疏散指示标志的方向指示标志图形应指向最近的疏散出口或安全出口；灯光疏散指示标志可采用蓄电池作备用电源，其连续供电时间不应少于 20min（设置在高度超过 100m 的高层民用建筑和地下人防工程内，不应少于 30 min）。工作电源断电后，应能自动接合备用电源。

消防疏散指示标志安装要求：

（1）安全出口和疏散门的正上方应采用"安全出口"作为指示标志。

（2）沿疏散走道设置的灯光疏散指示标志，应设置在疏散走道及其转角处距地面高度 1.0m 以下的墙面上。

（3）对于位于走道中间的安全出口或疏散门，如果只在其正上方设置【安全出口标志灯】，由于该标志灯设置在墙面上，平行于走道，不容易被直接观察到，不利于人们在紧急情况发生时慌乱的状态下及时的疏散，因此在疏散门正对的疏散走道上方，应吊设应急疏散出口指示灯。

（八）防火门

防火门分为常开式防火门和常闭式防火门。平时呈开启状态，火灾时自动关闭，称之为常开式防火门。平时关闭状态，有人走动时，要推动门开启，人走过后在闭门器作用下自动关闭，又恢复到关闭状态，称之为常闭式防火门。目前，还是以常闭式防火门为主，主要是敞开式防火门价格较贵。

按照国家建筑设计防火规范要求，常闭式防火门平时应保持关闭状态。当人们打开并通过后，门上的闭门器又会使防火门自动关闭。这样的防火门在发生火灾后才能有效地阻挡浓烟烈火的侵袭。将常闭式防火门处于敞开状态，一旦发生火灾，防火门将无法起到阻止火势蔓延、防止烟气蔓延等应有的作用。如果长期呈敞开状态，常闭式防火门轻则无法正常回位，重则可能破坏门框、门板，使其失去隔烟阻火的作用。如果防火门失去作用，一旦发生火灾，很容易"小火"酿成"大灾"。

防火门按耐火极限及隔热的性能划分以下三类：

（1）甲级防火门不小于 1.5h；

（2）乙级防火门不小于 1h；

（3）丙级防火门不小于 0.5h。

防火门一般设在以下部位：

（1）封闭疏散楼梯，通向走道；封闭电梯间，通向前室及前室通向走道的门。

（2）电缆井、管道井、排烟道、垃圾道等竖向管道井的检查门。

（3）划分防火分区，控制分区建筑面积所设防火墙和防火隔墙上的门。

（九）消防喷淋头

消防喷淋头是在热的作用下，在预定的温度范围内自行启动，或根据火灾信号由控制设备启动，并按设计的洒水形状和流量洒水的一种喷水装置（图15-34）。常见玻璃球消防喷淋头的工作原理是，玻璃球洒水喷头的玻璃球体内，充有热膨胀系数高的有机溶液，常温下，球体的外壳可承受一定的支撑力，保证喷头的密封性能，火灾发生时，有机溶液温度升高而膨胀，直至玻璃体破碎，球座、密封件失去支撑后被水流冲脱，从而开始喷水灭火。防喷淋头上的红色液体是一种对热极其敏感的东西，当温度升高，他就迅速膨胀，让装它的玻璃破裂，然后玻璃内的压力传感器就会使消防喷水泵喷水。

图 15-34　消防喷淋头

消防喷淋头用于消防喷淋系统，当发生火灾时，水通过喷淋头溅水盘洒出进行灭火，分为下垂型洒水喷头、直立型洒水喷头、普通型洒水喷头、边墙型洒水喷头等。

下垂型喷头是使用最广泛的一种喷头，下垂安装于供水支管上，洒水的形状为抛物体型，将总水量的80% ~ 100%喷向地面。保护有吊顶的房间，在吊顶下方布置喷头，应采用下垂型喷头或吊顶型喷头。

直立型喷头直立安装在供水支管上，洒水形状为抛物体型，将总水量的80% ~ 100%向下喷洒，同时还有一部分喷向吊顶，适宜安装在移动物较多，易发生撞击的场所如仓库，还可以暗装在房间吊顶夹层中的屋顶处以保护易燃物较多的吊顶顶棚（不做吊顶的场所，当配水支管布置在梁下时，应采用直立型。易受碰撞的部位，应采用带保护罩喷头或吊顶型喷头）。

普通型洒水喷头既可直接安装，又可下垂安装于喷水管网上，将总水量的40% ~ 60%向下喷洒，较大部分喷向吊顶。适用于餐厅、商店、仓库、地下车库等场所（普通型用得较少）。

边墙型洒水靠墙安装，适宜于空间布管较难的场所安装，主要用于办公室、门厅、休息室、走廊、客房等建筑物的轻危险部位。顶板为水平面的轻危险级、中危险级 I 级居室和办公室，可采用边墙型喷头。

（十）烟感探测器

烟感式火灾探测器（图 15-35）分为点型与线型，点型分为离子型烟感和光电型烟感，线型主要有红外光束烟感。

光电烟感火灾探测器采用特殊结构设计的光电传感器，SMD 贴片加工工艺生产，具有灵敏度高、稳定可靠、低功耗、美观耐用、使用方便等特点。电路和电源可自检，可进行模拟报警测试。该类产品适用于家居、商店、

图 15-35 烟感探测器

歌舞厅、仓库等场所的火灾报警。火灾的起火过程一般情况下伴有烟、热、光三种燃烧产物。在火灾初期，由于温度较低，物质多处于阴燃阶段，所以产生大量烟雾。烟雾是早期火灾的重要特征之一，烟感式火灾探测器就是利用这种特征而开发的，能够对可见的或不可见的烟雾粒子响应的火灾探测器。它是将探测部位烟雾浓度的变化转换为电信号实现报警目的一种器件。

离子烟感式探测器是点型探测器它是在电离室内含有少量放射性物质，可使电离室内空气成为导体，允许一定电流在两个电极之间的空气中通过，射线使局部空气成电离状态，经电压作用形成离子流，这就给电离室一个有效的导电性。当烟粒子进入电高化区域时，它们由于与离子相结合而降低了空气的导电性，形成离子移动的减弱。当导电

性低于预定值时，探测器发出警报。

光电烟感探测器也是点型探测器，它是利用起火时产生的烟雾能够改变光的传播特性这一基本性质而研制的。根据烟粒子对光线的吸收和散射作用。光电烟感探测器又分为遮光型和散光型两种。根据接入方式和电池供电方式等的不同，又可分为联网型烟感、独立型烟感、无线型烟感。

红外光束烟感探测器是线型探测器，它是对警戒范围内某一线状窄条周围烟气参数响应的火灾探测器。它同前面两种点型烟感探测器的主要区别在于线型烟感探测器将光束发射器和光电接收器分为两个独立的部分，使用时分装相对的两处，中间用光束连接起来。红外光束烟感探测器又分为对射型和反射型两种。

烟感式火灾探测器适宜安装在发生火灾后产生烟雾较大或容易产生阴燃的场所；它不宜安装在平时烟雾较大或通风速度较快的场所。

（十一）泡沫灭火系统

泡沫灭火系统主要由泡沫消防泵、消防水源、泡沫灭火剂储存装置、泡沫比例混合装置、泡沫产生装置及管道等组成。它是通过泡沫比例混合器将泡沫灭火剂与水按比例混合成泡沫混合液，再经泡沫产生装置形成空气泡沫后施放到着火对象上实施灭火的系统，同时电动消防泵供水给罐顶四周的喷头对着火罐外壁进行降温。泡沫灭火系统按泡沫产生倍数的不同，分高、中、低倍数三种系统。泡沫液按发泡倍数（泡沫的体积与产生这些泡沫的混合液的体积比）不同分为：低倍数泡沫液、中倍数泡沫液和高倍数泡沫液。

发泡倍数在20以下的统称低倍数泡沫液，发泡倍数为21～200的统称中倍数泡沫液，发泡倍数在201～1000的统称为高倍数泡沫液。低倍数泡沫比重较大，泡沫可远距离喷射，抗风干扰比中、高倍数泡沫强，在油罐的液上泡沫喷放中，易覆盖表面形成保护泡沫层。泡沫液按发泡机制不同分为化学泡沫液和空气泡沫液，化学泡沫液需要专用化学反应装置，已不常见，目前一般为空气泡沫液。空气泡沫种类较多，一般有蛋白泡沫、抗溶蛋白泡沫、氟蛋白泡沫、水成膜泡沫等。

泡沫灭火系统的主要机理就是通过泡沫层的覆盖、冷却、窒息等作用，实现扑灭火灾的目的。泡沫液本身不能灭火，是通过与水混合形成混合液，再吸入或鼓入空气产生泡沫来灭火。泡沫灭火系统的作用就是将泡沫液与水按比例混合，用管道输送至泡沫产生装置，将产生的泡沫按一定形式喷出，以覆盖或淹没实现灭火。

现场常见压力式泡沫比例混合器（图15-36）主要是储罐式，储罐式压力式泡沫比例混合器安装在泡沫罐上，可以直接使用消防水泵的压力水，在混合器标定工作压力内能自动使泡沫与水按比例混合，向各种型号的泡沫产生设备和喷射设备输送混合液产生空气泡沫。

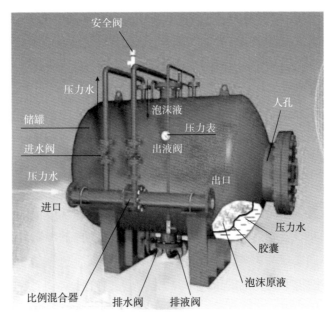

图 15-36　压力式泡沫比例混合器

其工作原理为：当消防泵的压力沿供水管进入比例混合器时，大部分压力水经喷嘴向扩散管喷出，由于射流质点的横向紊动扩散作用，在混合室形成一个低压区，使流经压力水管的水进入泡沫罐，再将泡沫液经泡沫管道通过孔板挤压入混合室，使泡沫按6% 或 3% 比例混合，输送给空气泡沫产生装置，产生空气泡沫扑救火灾。

有囊式储罐从比例混合器向泡沫液储罐内分别引入两根管路，用文丘里管与孔板组合，在比例混合器的两根管路之间制造流体动压差，系统工作时压力高的管路向泡沫液储罐充水，压力低的管路将泡沫液引进比例混合器，即用水置换泡沫液的方式实现泡沫液与水混合。

空气泡沫产生器是一种固定安装在油罐上以产生和喷射空气泡沫来扑救油类火灾的灭火设备（图 15-37）。在泡沫混合液流经产生器喷嘴时形成扩散的雾化射流，在其周围产生负压从而吸入大量空气并与

图 15-37　空气泡沫产生器

其接触形成空气泡沫，空气泡沫通过泡沫喷管和导板输入油罐内，沿罐壁淌下，平稳地覆盖在燃烧液面上。

空气泡沫枪（图 15-38）是一种移动轻便灭火器材，能喷射空气泡沫。由泡沫比例混合器产生的带压力的泡沫混合液由水带经过 65mm 管牙接口进入枪体，泡沫混合液

图 15-38　空气泡沫枪

图 15-39 泡沫消火栓

离开枪体进入枪筒时，从枪筒侧壁所开得小孔吸入大量空气，形成空气泡沫，再喷射出去进行灭火。使用时，直接将消防水带一端接入泡沫消火栓，另一端接空气泡沫枪，即可灭火。

泡沫消火栓是泡沫灭火系统中的重要装置之一（图 15-39），特别适用于大面积有火灾危险的易燃液体和可燃液体的产生、储存和使用场所。泡沫消火栓主要由法兰、筒体、球阀、内接、消防管牙及端盖组成。

水泵接合器主要用于当发生火灾时，消防车的水泵可迅速方便地通过该接合器的接口与建筑物内的消防设备相连接，并送水加压，从而使室内的消防设备得到充足的压力水源，用以扑灭不同楼层的火灾，有效地解决了建筑物发生火灾后，消防车灭火困难或因室内的消防设备因得不到充足的压力水源无法灭火的情况。

水泵接合器选用要点：

（1）规格应根据设计选定，墙壁型、地上型、地下型、多用式。

（2）其安装位置应有明显标志，阀门位置应便于操作，接合器附近不得有障碍物。

（3）安全阀应按系统工作压力定压，防止消防车加压过高破坏室内管网及部件，接合器应装有泄水阀。

四、常见灭火器简介

灭火器是一种可携式灭火工具。灭火器内放置化学物品，用以救灭火灾。灭火器是常见的防火设施之一，存放在公众场所或可能发生火灾的地方，不同种类的灭火器内装填的成分不一样，是专为不同的火灾起因而设。使用时必须注意以免产生反效果及引起危险。

灭火器的种类很多，按其移动方式可分为：手提式和推车式；按驱动灭火剂的动力来源可分为：储气瓶式、储压式、化学反应式；按所充装的灭火剂则又分为泡沫、干粉、卤代烷、二氧化碳、清水等。

（一）干粉灭火器

干粉灭火器内充装的是干粉灭火剂。干粉灭火剂是用于灭火的干燥且易于流动的微细粉末，由具有灭火效能的无机盐和少量的添加剂经干燥、粉碎、混合而成微细固体粉末组成。利用压缩的二氧化碳（或氮气）吹出干粉（主要含有碳酸氢钠、磷酸铵盐）来灭火，可有效扑救初起火灾。除扑救金属火灾的专用干粉化学灭火剂外，干粉灭火剂一般分为 BC 干粉灭火剂（碳酸氢钠等）和 ABC 干粉（磷酸铵盐等）两大类。

1.原理

一是靠干粉中的无机盐的挥发性分解物，与燃烧过程中燃料所产生的自由基或活性基团发生化学抑制和负催化作用，使燃烧的链反应中断而灭火（主要作用）。

二是靠干粉的粉末落在可燃物表面外，发生化学反应，并在高温作用下形成一层玻璃状覆盖层，从而隔绝氧，进而窒息灭火。另外，还有部分稀释氧和冷却作用。

2. 灭火范围

碳酸氢钠干粉灭火器适用于易燃、可燃液体、气体及带电设备的初起火灾，即 B、C、E 类火灾；磷酸铵盐干粉灭火器除可用于上述几类火灾外，还可扑救固体类物质的初起火灾，但都不能扑救金属燃烧火灾，即 A、B、C、E 类火灾。

3. 结构与使用方法

（1）手提式干粉灭火器。

手提式干粉灭火器（图 15-40）筒体采用优质碳素钢经特殊工艺加工而成。该系列灭火器具有结构简单、操作灵活应用广泛、使用方便、价格低廉等优点。灭火器主要由筒体、瓶头阀、喷射软管（喷嘴）等组成，灭火剂为碳酸氢钠（ABC 型为磷酸铵盐）灭火剂，驱动气体为二氧化碳，常温下其工作压力为 1.5MPa。使用的干粉灭火器若是内置式储气瓶的或者是储压式的，操作者应先将开启把上的保险销拔下，然后握住喷射软管前端喷嘴部，另一只手将开启压把压下，打

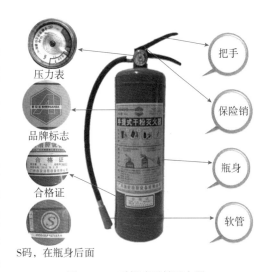

图 15-40　手提式干粉灭火器

开灭火器进行灭火。有喷射软管的灭火器或储压式灭火器在使用时，一手应始终压下压把，不能放开，否则会中断喷射。

干粉灭火器扑救可燃、易燃液体火灾时，应对准火焰根部扫射，如果被扑救的液体火灾呈流淌燃烧时，应对准火焰根部由近而远，并左右扫射，直至把火焰全部扑灭。

（2）推车式干粉灭火器。

推车式干粉灭火器（图 15-41）主要由筒体、器头总成、喷管总成、车架总成等几部分组成，灭火剂为碳酸氢钠（ABC 型为磷酸铵盐）干粉灭火剂，驱动气体为氮气，常温下其工作压力为 1.5MPa。推车式干粉灭火器主要适用于扑救易燃液体、可燃气体和电器设备的初起火灾。推车式干粉灭火器移动方便，操作简单，灭火效果好。推车式干粉灭火器的使用方法：把灭火器拉或推到现场，用一只手抓着喷粉枪，另一只手顺势展开喷粉胶管，直至平直，不能弯折或打圈，接着除掉铅封，

图 15-41　推车式干粉灭火器

拔出保险销，用手掌使劲按下供气阀门，再用手把持喷粉枪管托，一只手把持枪把用手指扳动喷粉开关，对准火焰喷射，不断靠前左右摆动喷粉枪，把干粉笼罩住燃烧区，直至把火扑灭为止。

（二）二氧化碳灭火器

二氧化碳灭火器是利用所充装的液态二氧化碳喷出灭火的灭火器（图 15–42）。二氧化碳灭火剂是一种具有一百多年历史的灭火剂，价格低廉，获取、制备容易，其主要依靠窒息作用和部分冷却作用灭火。

1. 灭火原理

在加压时将液态二氧化碳压缩在小钢瓶中，灭火时再将其喷出，有降温和隔绝空气的作用。二氧化碳具有较高的密度，约为空气的 1.5 倍。在常压下，液态的二氧化碳会立即汽化，一般 1kg 的液态二氧化碳可产生约 $0.5m^3$ 的气体。因而，灭火时，二氧化碳气体可以排除空气而包围在燃烧物体的表面或分布于较密闭的空间中，降低可燃物周围或防护空间内的氧浓度，产生窒息作用而灭火。另外，二氧化碳从储存容器中喷出时，会由液体迅速汽化成气体，而从周围吸收部分热量，起到冷却的作用。

2. 灭火范围

有流动性好、喷射率高、不腐蚀容器和不易变质等优良性能，用来扑灭图书，档案，贵重设备，精密仪器、600V 以下电气设备及油类的初起火灾。主要适用于扑救 B 类火灾（如煤油、柴油、原油，甲醇、乙醇、沥青、石蜡等火灾），扑救 C 类火灾（如煤气、天然气、甲烷、乙烷、丙烷、氢气等火灾）和扑救 E 类火灾（物体带电燃烧的火灾）。

图 15–42　二氧化碳灭火器

3. 使用方法

使用常见手提式灭火器时，先拔出保险销，再压合压把，将喷嘴对准火焰根部喷射。

注意事项：使用时要尽量防止皮肤因直接接触喷筒和喷射胶管而造成冻伤。扑救电器火灾时，如果电压超过 600V，切记要先切断电源后再灭火。不可倒置使用。

4. 称重方法

二氧化碳灭火器钢瓶上都有钢印字母及数字，钢瓶编号、生产日期、钢瓶重量、最高承压值。二氧化碳灭火器可用称重法检查。

（1）注意使用期限（二氧化碳灭火器 12 年报废）。

（2）每月测量 1 次，质量减少 5% 时应充气。

用称得灭火器质量减去钢瓶壳质量（此质量数一般钢印在钢瓶底部"W：空瓶质量符号 kg"）就是被测量钢瓶内二氧化碳的气量（g）。例如：MT/2 手提式二氧化碳灭火器，钢瓶颈部铅印的钢瓶壳重 5.8kg（W5.8），瓶内二氧化碳质量为 2kg，正常二氧化碳钢瓶总重应为 7.8kg。按照二氧化碳质量减少 5% 这个标准计算，即低于 1.9kg 为不合格。加上壳重 5.8kg，也就是说实际称重过程中，如发现总质量低于 7.7kg 时为不合格，需要充装。

（三）水基灭火器

水基灭火器（图 15-43），灭火剂主要成分是表面活性剂等物质和处理过的纯净水搅拌，以液态形式存在，因此简称水基型灭火器。主要有水基型泡沫灭火器和水基型水雾灭火器两类。一般能扑救 A、B、C、E、F 类火灾。

图 15-43 水基灭火器

水基型泡沫灭火器适用于扑救易燃固体或液体的初起火灾，广泛应用于油田、油库、轮船、工厂、商店等场所，是预防火灾发生保障人民生命财产的必备消防装备。水基型泡沫灭火器通过内部装有 AFFF 水成膜泡沫灭火剂和氮气产生的泡沫，其喷射到燃料表面，泡沫层析出的水在燃料表面形成一层水膜，使可燃物与空气隔绝，具有操作简单、灭火效率高、使用时不需倒置、有效期长、抗复燃、双重灭火等优点，能扑灭可燃固体、液体的初起火灾，是木竹类、织物、纸张及油类物质的开发加工、贮运等场所的消防必备品。

水基型水雾灭火器在喷射后，成水雾状，瞬间蒸发火场大量的热量，迅速降低火场温度，抑制热辐射，表面活性剂在可燃物表面迅速形成一层水膜，隔离氧气，降温、隔离双重作用，同时参与灭火，从而达到快速灭火的目的。水基型水雾灭火器具有绿色环保，灭火后药剂可 100% 生物降解，不会对周围设备、空间造成污染；高效阻燃、抗复燃性强；灭火速度快，渗透性极强等特点。手提式水雾灭火器不同于传统灭火器，有红、黄、绿三色可以选择。手提式水雾灭火器的瓶身顶端与底端还有纳米高分子材料，可在夜间发光，以便在晚上起火时第一时间找到灭火器。

（四）灭火器维修和报废年限

依据《建筑灭火器配置验收及检查规范》（GB 50444—2008），常见灭火器维修期限见表 15-2。

表 15-2 常见灭火器维修期限

灭火器类型		维修期限
水基型灭火器	手提式水基型灭火器	出厂期满 3 年 首次维修以后每满 1 年
	推车式水基型灭火器	
干粉灭火器	手提式（贮压式）干粉灭火器	出厂期满 5 年 首次维修以后每满 2 年
	手提式（储气瓶式）干粉灭火器	
	推车式（贮压式）干粉灭火器	
	推车式（储气瓶式）干粉灭火器	
洁净气体灭火器	手提式洁净气体灭火器	
	推车式洁净气体灭火器	
二氧化碳灭火器	手提式二氧化碳灭火器	
	推车式二氧化碳灭火器	

依据《建筑灭火器配置验收及检查规范》（GB 50444—2008），常见灭火器报废期限见表 15-3。

表 15-3 常见灭火器报废期限

灭火器类型		报废期限（年）
水基型灭火器	手提式水基型灭火器	6
	推车式水基型灭火器	
干粉灭火器	手提式（贮压式）干粉灭火器	10
	手提式（储气瓶式）干粉灭火器	
	推车式（贮压式）干粉灭火器	
	推车式（储气瓶式）干粉灭火器	
洁净气体灭火器	手提式洁净气体灭火器	
	推车式洁净气体灭火器	
二氧化碳灭火器	手提式二氧化碳灭火器	12
	推车式二氧化碳灭火器	